教育部高等学校电工电子基础课程教学指导分委员会推荐教材

新工科建设·电子信息类系列教材

FPGA 数字系统设计

王建民 楼建明 袁红星 编著

电子工业出版社·

Publishing House of Electronics Industry

北京·BEIJING

内 容 简 介

本书针对数字系统设计和工程开发的要求与特点，按照数字系统的整体结构，通过由浅入深的设计实例，采用 Verilog HDL 对 FPGA 数字系统设计流程、关键技术及原理和方法进行深入讲解，包括 FPGA 数字系统设计的基本流程及其实现、组合与时序逻辑电路设计、有限状态机、数据通道设计、时序分析、流水线及设计优化等内容。全部设计原理和方法通过具体设计实例演示，主要包括通用计数器、通用异步收发器（UART）、有符号数算术运算电路、FIR 滤波器等内容。

本书既可作为电子信息类、自动化类、电气类及计算机类各专业高年级本科生和研究生的教材或参考书，也可作为电子系统设计及数字集成电路设计工程师的专业技术培训教材或自学参考书。

图书在版编目（CIP）数据

FPGA 数字系统设计/王建民，楼建明，袁红星编著. —北京：电子工业出版社，2023.8
ISBN 978-7-121-46127-9

Ⅰ. ①F… Ⅱ. ①王… ②楼… ③袁… Ⅲ. ①可编程序逻辑器件－系统设计－高等学校－教材 Ⅳ.①TP332.1

中国国家版本馆 CIP 数据核字（2023）第 152273 号

责任编辑：凌　毅
印　　刷：涿州市般润文化传播有限公司
装　　订：涿州市般润文化传播有限公司
出版发行：电子工业出版社
　　　　　北京市海淀区万寿路 173 信箱　邮编　100036
开　　本：787×1 092　1/16　印张：17.5　字数：493 千字
版　　次：2023 年 8 月第 1 版
印　　次：2024 年 10 月第 2 次印刷
定　　价：59.80 元

凡所购买电子工业出版社图书有缺损问题，请向购买书店调换。若书店售缺，请与本社发行部联系，联系及邮购电话：（010）88254888，88258888。

质量投诉请发邮件至 zlts@phei.com.cn，盗版侵权举报请发邮件至 dbqq@phei.com.cn。

本书咨询联系方式：（010）88254528，lingyi@phei.com.cn。

前　　言

现场可编程门阵列（Field Programmable Gate Array，FPGA）应用广泛，逐渐成为数字电路实现的主要手段。基于硬件描述语言的 FPGA 数字系统设计已成为电子信息类专业本科生和研究生必须具备的基本能力，目前高等学校电子信息类专业开设了不同层次的硬件描述语言或 FPGA 课程。近些年，为了配合相关课程而出版了众多优秀的教材，这些教材大致分为两类：一类侧重硬件描述语言语法介绍，包括 Verilog HDL 和 VHDL；另一类侧重 FPGA 的工作原理和设计工具。在 FPGA 系统设计发展的早期，这些优秀教材有力地推动了高等学校数字电路与系统设计的教学及学习，促进了 FPGA 数字系统设计技术的普及。随着 FPGA 技术的不断进步与提高，高等学校电子信息类专业的数字电路课程体系发生了深远的变化：① 硬件描述语言语法内容放到数字电路基础课程中，一般不再单独设课；② 随着 FPGA 的广泛应用，FPGA 开发流程和开发工具发生了深刻变化，且更新快速，教材和课程建设严重滞后；③ 实践教学内容和形式无法满足教学与学习需要。另外，信息化技术及水平的提高正在重塑高校的教学模式，传统教学模式和课程内容设置无法满足新形势的要求，建设和开发立体化课程体系与教材成为优秀课程的必需。

本书定位

为深入贯彻党的二十大精神，全面提高人才自主培养质量，全力造就创新型工程人才，本书定位于高等学校电子信息类专业的数字电路与系统设计进阶课程，通过实践过程帮助读者建立数字系统设计的基本思路和方法。本书可作为具有数字电路基础的本科生、研究生的教材，也可作为从事数字系统设计的工程技术人员的参考书。

本书特点

（1）注重工程实践：将 Verilog HDL 语法介绍和数字电路原理融入具体的设计实例，通过实例设计的详细过程，讲授设计思路、设计方法和工具使用，全部设计实例通过 DE2-115 开发板验证实现；将数字电路基础知识和思想分解并融合到设计实例中，通过设计实例完成相应知识点的学习。

（2）配套资源丰富：提供所有项目完整的设计资源；提供本书配套的电子课件、教学大纲、教学日历、源代码等、实验指导书及实验源代码；提供重要知识点和软件工具使用的小视频（可扫描二维码查看）；"学银在线"上提供 MOOC 课程。

课程简介及重要知识点视频

本书主要内容

本书从数字系统设计基本原理和设计工具两个角度逐步展开本书内容。从数字系统设计基本原理角度，本书包括以下内容：

（1）组合逻辑电路设计，如数据选择器、编码器和译码器、加法器等。

（2）时序逻辑电路设计，如计数器、分频电路（奇分频和偶分频）、线性反馈移位寄存器、同步时序电路等。

（3）有限状态机，如状态转换图和算法状态机图、米利状态机和摩尔状态机等。

（4）数据通道，如数据通道的电路结构和描述方法、握手信号、资源共享等。

（5）时序分析基础，如时序路径、时序分析原理与实现。

（6）运算电路，如无符号数和有符号数算术运算电路。

（7）设计模块，如 UART、DDS 信号发生器、FIR 滤波器。

从数字系统设计工具角度，本书包括如下内容：

（1）Verilog HDL 基础语法。

（2）ModelSim 软件功能和时序仿真。

（3）Quartus Prime 软件功能和完整的设计流程。

（4）Signal Tap Logic Analyzer 逻辑分析仪。

（5）Timing Analyzer 时序分析原理和实践。

本书力求将设计原理融入设计实例，通过设计实例的实现过程完整展现数字系统的设计思想和设计方法，从而完成设计原理和设计思路的学习。

致谢

本书在编写过程中，参考了大量已经出版的优秀教材和文献，在此对所有著作者表示衷心感谢。由于编者水平有限且时间仓促，书中难免存在错误和不妥之处，诚恳希望读者提出宝贵意见和建议，以便今后不断改进，作者 E-mail：wjmfuzzy@126.com。

目　录

第1章 设计流程：Quartus Prime 简介

本章通过一个简单设计实例，基于 Intel 公司的 Quartus Prime 软件介绍 FPGA 设计的典型流程，目的在于帮助读者掌握 Quartus Prime 软件的使用，熟悉 FPGA 设计的典型流程，能够独立开始简单数字电路设计。

1.1 典型设计流程

现场可编程门阵列（FPGA）逐渐成为实现数字电路的主要手段，FPGA 典型设计流程如图 1.1 所示，包括设计输入（Design Entry）、逻辑综合（Logic Synthesis）、功能仿真（Functional Simulation）、适配（Fitter）、时序分析（Timing Analysis）和下载（Programing/Download）等步骤。

设计输入：采用硬件描述语言（Hardware Description Language，HDL）或原理图（Schematic）方式描述需要实现的数字电路。

逻辑综合：设计输入的电路描述被转换为由逻辑单元（Logic Element，LE）实现的电路，逻辑单元是 FPGA 内部的基本单元。

功能仿真：验证电路功能的正确性，验证过程不考虑任何时序信息。

适配：包括布局（Placement）和布线（Routing）两个步骤。决定网表（Netlist）中的逻辑单元在 FPGA 中的实际位置，称为布局；每个逻辑单元具体的连接方式，称为布线。

时序分析：分析设计中不同路径的传播延迟，进而确定所设计电路的性能。

时序仿真：验证电路功能的正确性，验证过程考虑元件的时序信息。

下载：将数据配置到 FPGA 芯片的过程称为下载。

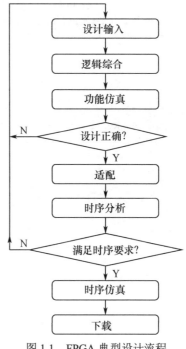

图 1.1　FPGA 典型设计流程

1.2 设计实例：LED 控制电路设计与实现

本节遵循图 1.1 给出的 FPGA 典型设计流程，以一个简单的 LED 控制电路（异或电路）为例，介绍 Quartus Prime 软件的使用方法。

1.2.1 启动 Quartus Prime 软件

启动 Quartus Prime 软件，主窗口如图 1.2 所示。Quartus Prime 主窗口包含菜单栏、工具栏等，通过菜单栏可以访问 Quartus Prime 提供的绝大多数命令，工具栏提供常用菜单命令的快捷访问方式。

图 1.2   Quartus Prime 主窗口

图 1.3   File 菜单命令

单击 File 菜单，弹出 File 的相关命令，如图 1.3 所示。单击 Exit 命令，可退出 Quartus Prime 软件。单击 Help 菜单，可获取有关软件使用的更多详细信息。

1.2.2   创建工程

Quartus Prime 软件通过工程（Project）管理整个设计，工程中保存了与设计相关的所有信息，一个工程保存在一个独立的文件夹中。为了开始新的设计，首先新建一个文件夹用于保存设计的相关文件。按照如下步骤创建工程：

（1）选择 File→New Project Wizard 命令，弹出 New Project Wizard:Introduction 对话框，此对话框介绍工程创建过程包含的步骤，单击 Next 按钮，弹出 Directory, Name, Top-Level Entity 对话框，在此设定工程所在的文件夹（Directory）、工程名（Name）及顶层模块名（Top-Level Entity），如图 1.4 所示，单击 Next 按钮，弹出 Project Type（工程类型选择）对话框，如图 1.5 所示。

注意：①工程文件夹、工程名及顶层模块名设置中不要包含空格，不要全部都是数字，通常以英文字母开头。考虑到兼容性问题，尽量不要包含汉字字符。②如果事先没有创建好工程文件夹，Quartus Prime 将弹出对话框提示创建工程文件夹，单击 OK 按钮确认。

（2）在图 1.5 中，可从 Empty project 和 Project template 两种类型中选择其一。本节选择 Empty project 类型，从头开始新建工程。单击 Next 按钮，弹出 Add Files 对话框，如图 1.6 所示。

（3）Add Files 对话框允许用户将已经存在的设计文件添加到工程中，如果没有需要添加的文件，直接单击 Next 按钮，弹出 Family, Device & Board Settings（器件选择）对话框，如图 1.7 所示。

图 1.4 Directory, Name,Top-Level Entity 对话框

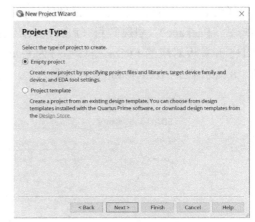

图 1.5 Project Type 对话框

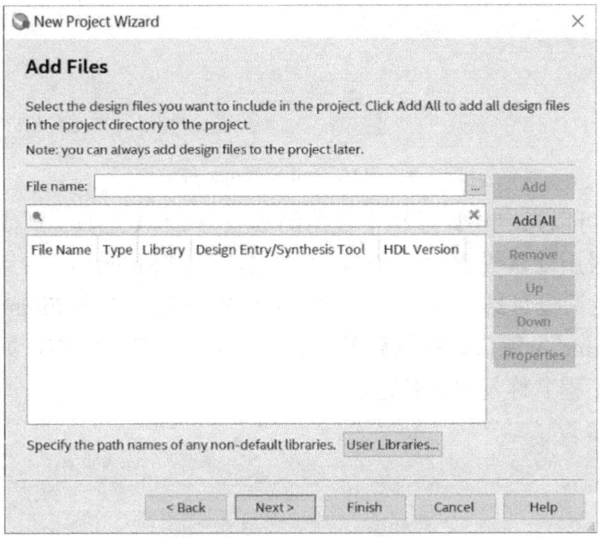

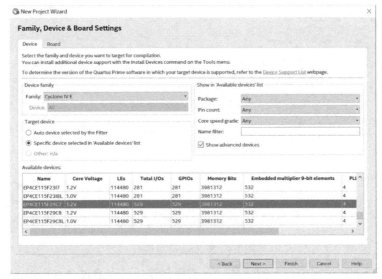

图 1.6 Add Files 对话框

图 1.7 Family, Device & Board Settings 对话框

（4）图 1.7 所示对话框允许用户设置工程使用的具体器件型号。Quartus Prime 允许选定某一系列（Family）器件，而不指定器件的具体型号。由于支持的器件型号较多，可通过指定器件封装形式（Package）、引脚数目（Pin count）及速度等级（Core speed grade）等参数进行过滤。DE2-115 开发板对应的 FPGA 器件型号为 Cyclone I VE EP4CE115F29C7。单击 Next 按钮，弹出如图 1.8 所示 EDA Tool Settings 对话框。

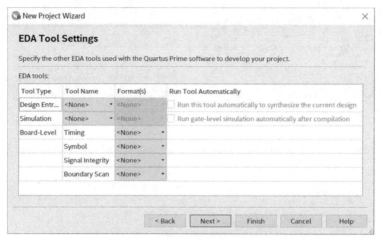

图 1.8　EDA Tool Settings 对话框

（5）在图 1.8 中，可以指定设计过程中使用的第三方 EDA 工具。例如，可以指定 ModelSim 作为仿真工具。当前采用默认设置，单击 Next 按钮，弹出 Summary 对话框，如图 1.9 所示。

（6）图 1.9 所示对话框总结工程创建过程中的设置信息，单击 Finish 按钮，完成工程创建过程，返回 Quartus Prime 主窗口。新创建的工程 Light 处于打开状态，如图 1.10 所示，在主窗口的标题栏中会显示工程名称及路径信息。

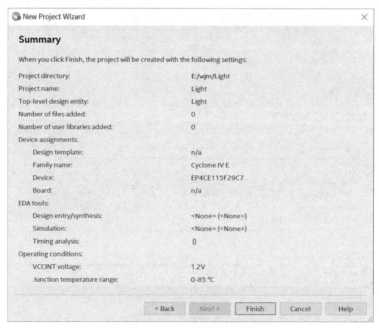

图 1.9　Summary 对话框

绝大多数工程创建过程中设定的参数，在工程创建后可以通过 Assignments→Settings 菜单命令修改。在工程创建过程中，如果单击 Finish 按钮完成工程创建，将采用默认设置。

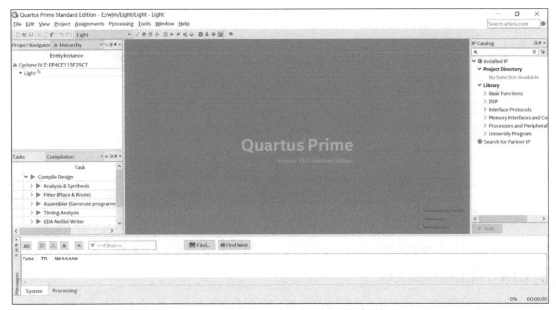

图 1.10　创建工程后的 Quartus Prime 主窗口

1.2.3　设计输入

本章设计一个简单的 LED 控制电路（见图 1.11），输入信号为 x1 和 x2，输出信号为 f，电路由 2 个非门、2 个与门和 1 个或门组成。本设计的目的是演示 Quartus Prime 软件的使用。

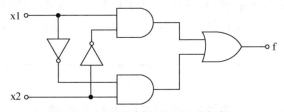

图 1.11　LED 控制电路（异或电路）

Listing1.1 给出图 1.11 所示电路的 Verilog HDL 描述。

Listing1.1　LED 控制电路的 Verilog HDL 描述

```
module Light (
        input x1, x2,
        output f
);
    /* body */
    assign f = (x1 & ~x2)|(~x1 & x2);
endmodule
```

Quartus Prime 软件支持多种设计输入（Design Entry）方式，本书采用 Verilog HDL。

（1）单击 File→New 命令，弹出 New 对话框，如图 1.12 所示。

（2）在图 1.12 中，选择 Verilog HDL File，单击 OK 按钮。打开 Quartus Prime 文件编辑器，默认打开 Verilog1.v 文件，单击 File→Save as 命令，弹出"另存为"对话框，保存文件为 Light.v，勾选 Add file to current project 选项，如图 1.13 所示。建议：每个文件中只包含一个模块，模块名与文件名一致。

（3）按照 Listing1.1 编辑文件，并保存文件。

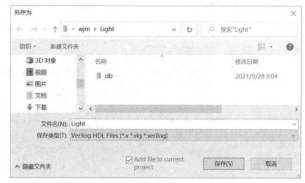

图 1.12　New 对话框　　　　　　　　图 1.13　"另存为"对话框

1.2.4　向工程添加文件

（1）为了确定 Light 工程中已经包含的文件，单击 Assignments→Settings 命令，弹出 Settings 对话框，在左侧面板中选择 Files，如图 1.14 所示。注意：单击 Project→Add/Remove Files 命令，也可以打开 Settings 对话框。

（2）如果 Light.v 文件没有加入工程，需要手动将其加入工程。在 Settings 对话框中，单击 File name 后面的█按钮，在弹出的对话框中选择 Light.v 文件，单击 Open 按钮，Light.v 文件出现在 File name 区域，单击 Add 按钮，然后单击 OK 按钮。如果工程包含多个文件，可以按照上述方法将文件加入工程。一次选择多个文件，可以将多个文件一次性加入工程。当然，也可以向工程中加入其他类型的文件。

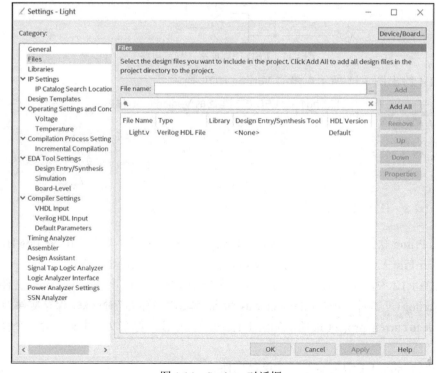

图 1.14　Settings 对话框

1.2.5　编译

Quartus Prime 包含多个工具可对 Light.v 文件进行处理，包括语法分析、逻辑综合、适配、时序分析及产生下载文件等，这些处理工具统称编译器（Complier），对工程进行处理的过程称为编译（Compile）。

单击 Processing→Start Compilation 命令，启动编译过程，Quartus Prime 会显示编译的进度，并在 Messages 面板中窗口显示编译的详细信息。如果出现错误，Messages 面板中会显示出错信息。编译结束后，Quartus Prime 会自动给出编译报告，如图 1.15 所示。

单击 Processing→Compilation Report 命令，可以打开或关闭编译报告。在 Table of Contents 面板中，分类显示编译的详细信息。选择 Flow Summary 面板，对应的编译信息显示在右侧。

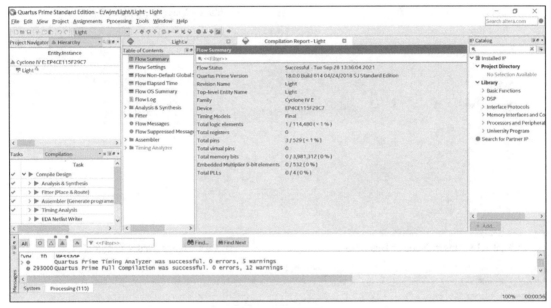

图 1.15　编译报告

1.2.6　功能仿真

在使用 FPGA 实现设计前，可通过功能仿真（Function Simulation）验证电路功能的正确性。对于简单电路，Quartus Prime 提供图形化方式产生输入信号进行电路功能仿真。具体按照如下步骤执行：

（1）单击 File→New 命令，在弹出的对话框中选择 University Program VWF，如图 1.16 所示，单击 OK 按钮，打开 Simulation Waveform Editor 窗口，如图 1.17 所示。

（2）在图 1.17 中，单击 Edit→Insert→Insert Node or Bus 命令，弹出 Insert Node or Bus 对话框，如图 1.18 所示。单击 Node Finder 按钮，弹出 Node Finder 对话框，如图 1.19 所示。

（3）在图 1.19 的 Filter 栏中选择 Pins:all，单击 List 按钮，全部的输入和输出信号显示在 Nodes Found 区域，单击中间的 >> 按钮将全部信号加入 Selected Nodes 区域，单击 OK 按钮，返回图 1.18，单击 OK 按钮，返回图 1.17，设计包含的输入/输出引脚如图 1.20 所示。

（4）在图 1.20 中，通过菜单命令或直接单击工具栏中的相关命令，可编辑输入信号 x1 和 x2 的波形，输出信号 f 的波形不需要编辑。

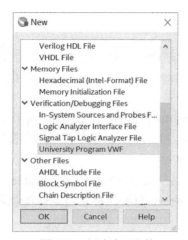

图 1.16　新建波形文件

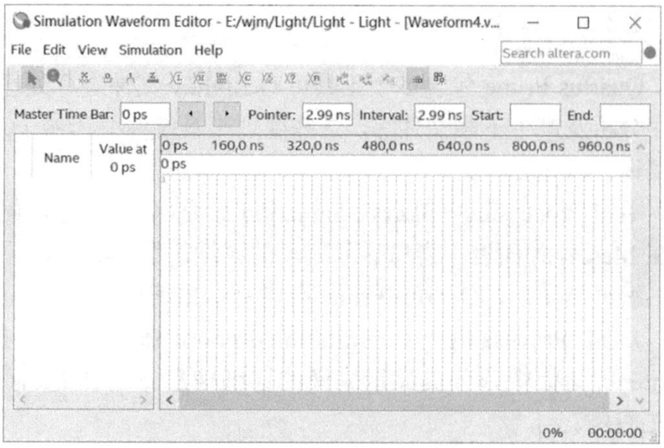

图 1.17　Simulation Waveform Editor 窗口

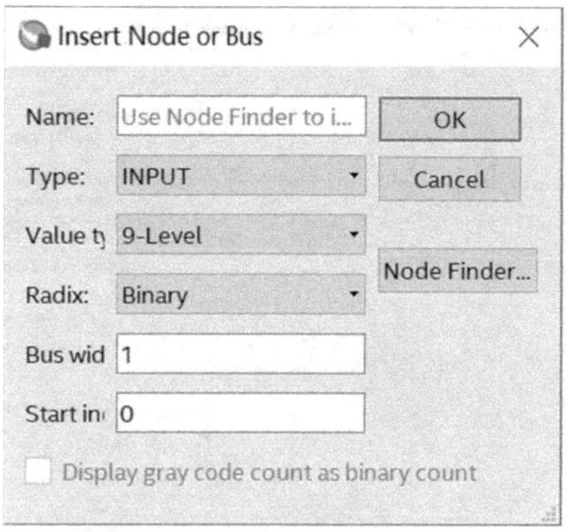

图 1.18　Insert Node or Bus 对话框

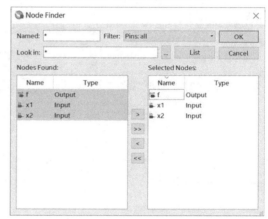

图 1.19　Node Finder 对话框

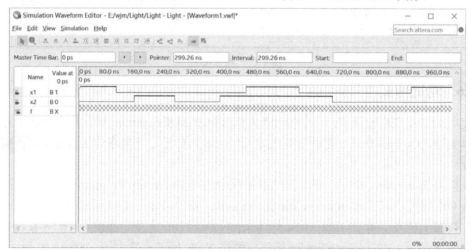

图 1.20　设计包含的输入/输出引脚

（5）单击 Simulation→Run Functional Simulation 命令，运行功能仿真，并给出仿真结果，如图 1.21 所示。

大规模电路中输入信号的数量非常大，实际仿真过程一般选择少量有代表性的输入信号进行仿真即可，但代表性输入信号的选择十分困难。规模较小的电路中输入信号数量较少，列出所有的输入组合是可能的。

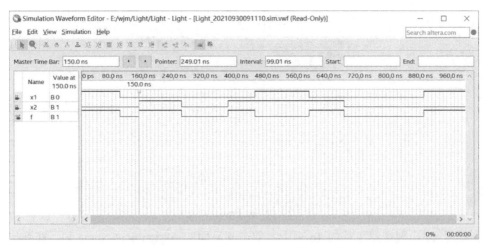

图 1.21　仿真结果

1.2.7　引脚分配

在 1.2.5 节的编译过程中，输入信号 x1、x2 和输出信号 f 与 FPGA 器件引脚之间的对应关系是随机选择的。但是，DE2-115 开发板上 FPGA 器件引脚与外电路连接是固定的。为了向信号 x1 和 x2 输入高、低电平，需要执行引脚分配（Pin Assignments），将信号 x1 和 x2 连接外电路滑动开关 SW[0]和 SW[1]，输出信号 f 连接外部绿色发光二极管 LEDG[0]。在 DE2-115 开发板上，滑动开关 SW[0]、SW[1]和发光二极管 LEDG[0]分别连接 FPGA 器件的 PIN_AB28、PIN_AC28和 PIN_E21。注意：DE2-115 开发板的引脚使用情况可参考 DE2-115 开发板使用手册。

引脚分配通过 Assignment Editor 工具实现，具体步骤如下：

（1）单击 Assignments→Assignment Editor 命令，打开 Assignment Editor 窗口，如图 1.22所示。

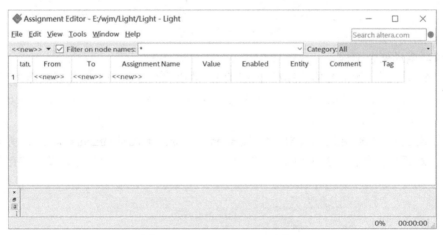

图 1.22　Assignment Editor 窗口

（2）单击 Category 栏后的下拉按钮，选择 All。

（3）双击左上角的 <<new>> ，打开 Node Finder 对话框，在 Filter 栏中选择 Pins:all，单击 List按钮，Matching Nodes 区域显示设计中包含的输入/输出引脚，如图 1.23 所示。

（4）在 Matching Nodes 区域中，选择 x1 信号，单击 > 按钮，信号 x1 出现在 Nodes Found区域中，单击 OK 按钮。

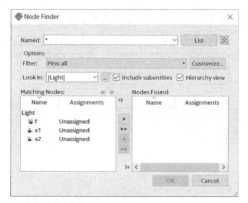

图 1.23　Node Finder 对话框

（5）信号 x1 出现在第 1 行的 To 列中，双击其后面的 Assignment Name 列，在弹出的菜单中选择 Location（Accepts wildcards/groups）选项。

（6）双击其后面的 Value 列，输入对应的引脚 PIN_AB28。

（7）重复上面的步骤，对信号 x2 分配引脚 PIN_AC28、对输出信号 f 分配引脚 PIN_E21。

（8）结果如图 1.24 所示，单击 File→Save 命令，关闭 Assignment Editor 窗口。

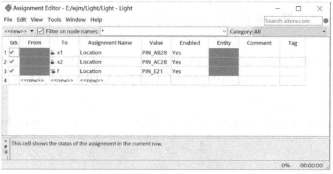

图 1.24　引脚分配结果

（9）重新编译整个工程。

完成一个设计后，如果希望后续设计采用相同的引脚分配，一般不需要按照上面步骤重复执行引脚分配。Quartus Prime 支持将引脚分配结果以简单的文件格式（Quartus Settings File，QSF）导出和导入工程。

为了导出引脚分配结果，单击 Assignments→Export Assignments 命令，弹出 Export Assignments 对话框，如图 1.25 所示。设置输出文件的文件名及保存目录，单击 OK 按钮。

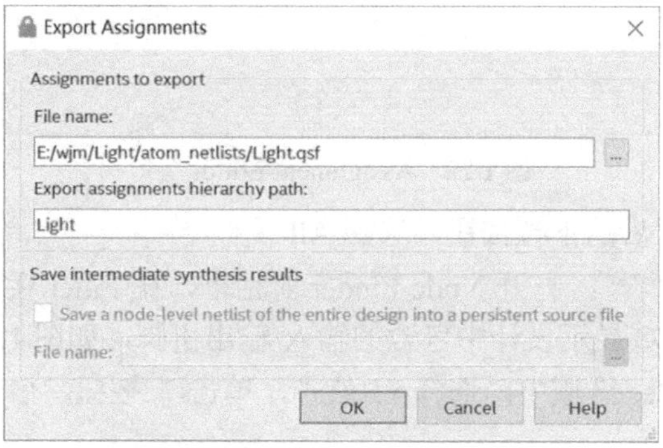

图 1.25　Export Assignments 对话框

导出的 QSF 文件包含工程设置的全部信息，部分内容如 Listing1.2 所示，前面 3 条引脚分配命令给出引脚分配信息，用户可以按照标准格式增加新的引脚分配，之后将 QSF 文件导入工程，从而完成引脚分配。注意：Listing1.2 只列出了 QSF 文件的部分内容。

Listing1.2　QSF 文件（部分内容）

```
set_location_assignment PIN_AB28 -to x1
set_location_assignment PIN_AC28 -to x2
set_location_assignment PIN_E21 -to f

set_global_assignment -name FAMILY "Cyclone IV E"
set_global_assignment -name DEVICE EP4CE115F29C7
set_global_assignment -name TOP_LEVEL_ENTITY Light
set_global_assignment -name ORIGINAL_QUARTUS_VERSION 18.0.0

set_global_assignment -name PROJECT_OUTPUT_DIRECTORY output_files
set_global_assignment -name MIN_CORE_JUNCTION_TEMP 0
set_global_assignment -name MAX_CORE_JUNCTION_TEMP 85
set_global_assignment -name ERROR_CHECK_FREQUENCY_DIVISOR 1
set_global_assignment -name NOMINAL_CORE_SUPPLY_VOLTAGE 1.2V
set_global_assignment -name VERILOG_FILE Light.v

set_global_assignment -name PARTITION_COLOR 16764057 -section_id Top
```

1.3　下　载

为了实现电路，需要将编译过程产生的配置文件下载到 FPGA 器件内部。Quartus Prime Compiler's Assembler 工具可产生配置文件。DE2-115 开发板支持两种配置模式：JTAG 模式和 AS 模式。

JTAG 模式由 Joint Test Action Group 制定，是数字电路测试与下载的国际标准，已被 IEEE 采纳为正式标准。JTAG 模式将配置数据（电路数据）直接下载到 FPGA 器件内部，系统掉电后，配置数据丢失，系统下一次上电时需要重新配置。

AS（Active Serial，主动串行）模式除了 FPGA 器件，还需要带 Flash 存储器（一般被称为配置器件），用于存储配置数据。Quartus Prime 软件将数据下载到 DE2-115 开发板的配置器件（EPCS64）中，系统上电或重新配置时，配置器件内的配置数据会自动地下载到 FPGA 器件中。因此，FPGA 器件不需要在系统掉电后每次都由 Quartus Prime 软件重新配置。注意，通过改变 DE2-115 开发板上的 RUN/PROG 开关位置，可在两种配置模式之间进行切换：开关扳到 RUN 位置，选择 JTAG 模式；开关扳到 PROG 位置（靠近板边一侧），选择 AS 模式。

1. JTAG 模式

JTAG 模式按如下步骤下载配置文件到 FPGA：

（1）将 DE2-115 开发板上的 RUN/PROG 开关扳到 RUN 位置。

（2）单击 Tools→Programmer 命令，打开 Programmer 窗口，如图 1.26 所示。

（3）指定下载使用的 FPGA 器件和下载模式。如果默认选中的不是 JTAG，单击 Mode 栏后的下拉按钮，选择 JTAG 模式。如果 Hardware Setup 没能选中 USB-Blaster，单击 Hardware Setup 按钮，在弹出的 Hardware Setup 对话框中选择 USB-Blaster 作为下载硬件，如图 1.27 所示。

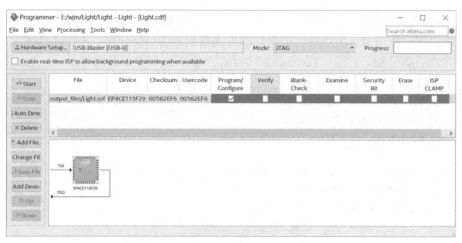

图 1.26　Programmer 窗口（JTAG 模式）

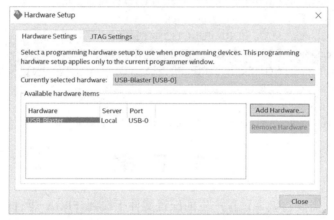

图 1.27　Hardware Setup 对话框

（4）在图 1.26 中，Light.sof 文件自动被选中。如果没能自动选择好下载文件，单击 Add File 按钮，选择需要的下载文件。

（5）单击 Start 按钮，完成 JTAG 模式配置。

JTAG 模式对应配置文件的扩展名为.sof。注意：下载时，要勾选图 1.26 中的 Program/Configure 选项。

2. AS 模式

AS 模式按如下步骤下载配置文件到配置器件：

（1）将 DE2-115 开发板上的 RUN/PROG 开关扳到 PROG 位置。

（2）单击 Tools→Programmer 命令，弹出 Programmer 窗口，如图 1.28 所示。

（3）指定下载使用的硬件和下载模式。如果 Mode 栏中默认选中的不是 Active Serial Programming，单击 Mode 栏后的下拉按钮，选择 Active Serial Programming 模式。如果 Hardware Setup 没能选中 USB-Blaster，单击 Hardware Setup 按钮，在弹出的 Hardware Setup 对话框中选择 USB-Blaster 作为下载硬件。

（4）在图 1.28 中，Light.pof 文件自动被选中。如果没能自动选择好下载文件，单击 Add File 按钮，选择需要的下载文件。

（5）单击 Start 按钮，完成 AS 模式配置。

AS 模式对应的文件扩展名为.pof。注意：下载时，要勾选图 1.28 中的 Program/Configure 选项。

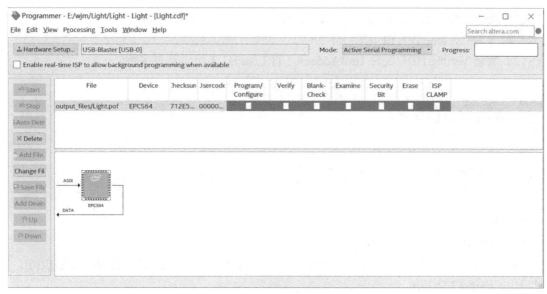

图 1.28　Programmer 窗口（AS 模式）

1.4　电 路 测 试

电路数据下载到 FPGA 器件，即采用 FPGA 实现上述的 LED 控制电路。拨动滑动开关 SW[0] 和 SW[1]，改变输入信号 x1 和 x2 的高低电平，观察输出信号 f 的电平变化。由于输出信号 f 连接外部绿色发光二极管 LEDG[0]，因此，通过观察 LEDG[0] 的点亮或熄灭即可知道 f 的输出电平。尝试可能的输入组合，确认电路输出是否正确。当输入信号 x1 和 x2 输入不同值时，输出信号 f 输出高电平，LEDG0 会点亮；否则输出信号 f 输出低电平，LEDG0 会熄灭。

1.5　思 考 题

1．试述 FPGA 设计的典型流程。
2．列举 FPGA 设计支持的设计输入方式及各自的主要特点。
3．试述时序仿真和功能仿真的区别。
4．试述引脚分配在 FPGA 设计中的作用和具体的执行步骤。
5．试述 JTAG 模式和 AS 模式的特征及区别。

1.6　实 践 练 习

半加器电路如图 1.29 所示，采用 DE2-115 开发板实现半加器电路。

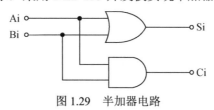

图 1.29　半加器电路

（1）新建工程，工程命名为 HalfAdder，按照开发板型号选择 FPGA 器件。DE2-115 开发板上器件型号为 Cyclone IVE EP4CE115F29C7。

（2）新建 Verilog HDL 文件 HalfAdder.v，将 Listing1.3 代码补充完整。

Listing1.3　设计输入 Verilog HDL

```verilog
module HalfAdder(
        input wire Ai, Bi,
        output wire Si, Ci
);
    /* input your code here. */

endmodule
```

（3）编译工程。

（4）功能仿真，具体过程参考 1.2.6 节。

（5）引脚分配。输入信号 Ai 连接 SW[0]，Bi 连接 SW[1]，输出信号 Si 连接 LEDR[0]，输出信号 Ci 连接 LEDG[0]。

（6）下载。使用 DE2-115 开发板验证电路功能。

第2章　门级原语和模块实例化

本章从数字电路设计角度介绍 Verilog HDL 的基本语法，帮助读者掌握层次化电路设计的基本手段——门级原语和模块实例化，了解仿真的概念及实现方法，开始简单 FPGA 数字电路的设计和仿真。

2.1　模　块

模块（module）是 Verilog HDL 的基本设计单元，无论是简单的逻辑电路，还是复杂的数字系统，都采用模块表示。模块定义以关键词 module 开始，以 endmodule 结束，模块定义的语法如 Listing2.1 所示。关键词 module 之后是模块名，比如 mux2to1，用于唯一标识模块。模块名定义符合 Verilog HDL 标识符命名规则。模块名之后的圆括号内为端口声明（Port Declaration），用于定义端口信号模式（mode）和类型（type）。信号模式定义信号方向，即输入（input）、输出（output）或双向（inout），信号类型定义端口信号的数据类型，即线网（wire）或寄存器（reg）。端口声明定义模块的外特性，即模块如何与外界"沟通"，端口声明之后部分称为模块主体（body），模块主体定义模块的功能或结构。通常，模块内部可以使用连续赋值语句、always 块和模块实例化语句，后续章节会给出详细阐述。

Listing2.1　模块定义

```
module module_name(
    [mode][data-type][port-names],
    [mode][data-type][port-names],
    ...
    [mode][data-type][port-names]
);

    /* body */
    /* define the function */
endmodule
```

2.2　门　级　原　语

门级原语（Gate Primitive）是模块实例化语句的特例，用于描述逻辑门电路。Listing2.2 给出了采用门级原语描述逻辑门电路的一般语法。

Listing2.2　门级原语语法

```
gate_name [instance_name](sig1, sig2, . . ., sign);
```

gate_name 为门级原语名，Verilog HDL 支持常用的基本逻辑门电路，并提供这些门电路的门级原语。instance_name 为可选的实例名，要求实例名定义符合 Verilog HDL 标识符定义的一般规则。(sig1, sig2, ..., sign)圆括号内是信号列表。端口信号列表中的信号按顺序排列，前面的信号为输出信号，后面的信号为输入信号。

基于门级原语描述的与门电路如Listing2.3所示。and是Verilog HDL预先定义的门级原语，表示与门，and_u0表示实例名，圆括号内的信号列表包含3个信号：and_ab是输出信号，a、b是输入信号。与门是多输入逻辑门，多输入逻辑门的信号列表中第一个信号表示输出，其余信号表示输入。

Listing2.3　与门电路的门级原语描述

```
module myand(
    input a,
    input b,
    output and_ab
);
    /* gate primitive */
    and and_u0(and_ab,a,b);
endmodule
```

关于模块，总结如下。

① 模块采用关键字module定义，以关键字endmodule结束。

② 端口声明：关键字module + 模块名 + 端口列表组成模块定义的端口声明部分。

③ 关键字module后的标识符表示模块名，由用户指定，符合Verilog HDL关于标识符定义的规定即可。

④ 模块名后面是一个以分号结束的圆括号，称为端口列表（Port List）。端口列表内部指明模块的输入和输出信号。

⑤ 端口声明之后部分称为模块主体。模块主体部分定义模块需要实现的具体功能。

⑥ Verilog HDL支持两种类型的注释：由//引导的单行注释和由/* */标识的多行注释。

Verilog HDL支持的多输入逻辑门包括与门（and）、或门（or）、异或门（xor）、与非门（nand）、或非门（nor）、同或门（xnor），相应的电路符号如图2.1所示。多输入逻辑门的门级原语描述参考Listing2.4，模块gates_primitive包含2个输入信号（a和b）和6个输出信号，每个输出信号对应一个逻辑门的输出，分别是：and_ab，逻辑与；or_ab，逻辑或；xor_ab，逻辑异或；nand_ab，逻辑与非；nor_ab，逻辑或非；nxor_ab，逻辑同或。整个描述实现了6个逻辑门电路。

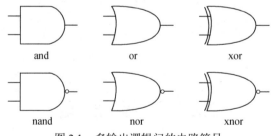

图2.1　多输出逻辑门的电路符号

Listing2.4　多输入逻辑门的门级原语描述

```
module gates_primitive(
    input a, b,
    output and_ab,      /* and */
    output or_ab,       /* or  */
    output xor_ab,
    output nand_ab,
    output nor_ab,
    output xnor_ab
```

```
);
    and and_u0(and_ab, a, b);
    or  or_u1(or_ab, a, b);
    xor xor_u2(xor_ab, a, b);

    nand nand_u3(nand_ab, a, b);
    nor  nor_u4(nor_ab, a, b);
    xnor xnor_u5(xnor_ab, a, b);
endmodule
```

反相器和缓冲器属于多输出逻辑门，图 2.2 给出了 Verilog HDL 支持的多输出逻辑门的电路符号。采用门级原语描述多输出逻辑门时，信号列表的最后一个信号表示输入，其余信号表示输出。

Verilog HDL 支持 4 个三态门，分别是 notif0、notif1、bufif0、bufif1，电路符号如图 2.2 所示，三态门包含一个控制输入信号，采用门级原语描述时，信号列表的最后一个信号识别为控制信号，倒数第二个信号识别为输入，其余信号识别为输出。多输出逻辑门和三态门的门级原语描述如 Listing2.5 所示。

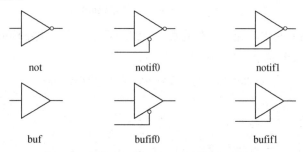

图 2.2   多输出逻辑门和三态门的电路符号

Listing2.5   多输出逻辑门的门级原语描述

```
module gates_tri(
    input din,
    input ctrl,
    output dout1,
    output dout2,
    output dout3,
    output dout4,
    output dout5,
    output dout6
);
    not    not_u0(dout1, din);
    notif0 notif0_u1(dout2, din, ctrl);
    notif1 notif1_u2(dout3, din, ctrl);

    buf    buffer_u3(dout4, din);
    bufif0 bufif0_u4(dout5, din, ctrl);
    bufif1 bufif1_u5(dout6, din, ctrl);
endmodule
```

为了实现逻辑门或模块之间的连接，需要声明线网类型的内部信号。线网类型信号采用关键字 wire 声明，其后是采用逗号分隔的信号列表。Listing2.6 内部声明线网类型信号 p1，信号

p1 用于反相器 not_u0 的输出，同时作为反相器 not_u1 的输入，实现两个反相器的连接，电路实现如图 2.3 所示。

Listing2.6　通过线网实现反相器的连接

```
module gates_nnot(
    input a,
    output nnot_a
);
    /* internal net */
    wire p1;

    not not_u0(p1, a);
    not not_u1(nnot_a, p1);
endmodule
```

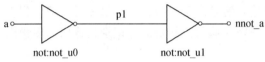

图 2.3　通过线网实现反相器的连接

门电路是数字电路的基本单元，复杂的数字电路和系统都由门电路构成。Listing2.7 给出一个与或非电路的 Verilog HDL 描述，电路由两个与门、一个或门及一个非门组成，如图 2.4 所示。

Listing2.7　与或非电路的 Verilog HDL 描述

```
module andornot_str(
    input a,
    input b,
    input c,
    input d,
    output out,
    output out_n
);
    /*declare net used for internal connection */
    wire p1,p2;

    and and_u0(p1,a,b);
    and and_u1(p2,c,d);

    or or_u3(out,p1,p2);
    /* nor or_u4(out_n,p1,p2); */
    not not_u4(out_n,out);
endmodule
```

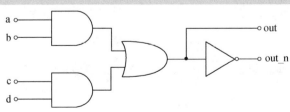

图 2.4　Listing2.7 描述的与或非电路

数据选择器（Multiplexer）是一种常用的数字电路器件，有时也称多路器。二选一数据选择器是最简单的数据选择器，电路由一个反相器、两个与门和一个或门实现，如图 2.5（a）所示，电路符号如图 2.5（b）所示。采用二选一数据选择器可以实现复杂的数据选择器或路由网络，例如，采用 3 个二选一数据选择器可以实现 1 个四选一数据选择器，具体实现方式如图 2.5（c）所示。Listing2.8 给出了二选一数据选择器的门级原语描述。

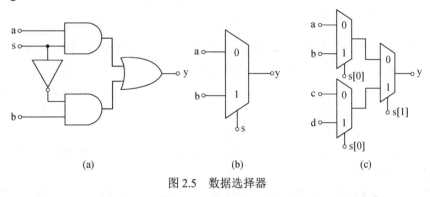

(a)　　　　　　　　　　(b)　　　　　　　　　(c)

图 2.5　数据选择器

Listing2.8　二选一数据选择器的门级原语描述

```
module mux2to1_gate(
    input s,
    input a, b,
    output y
);
    wire sn, p1, p2;
    /* primitive gate */
    not not_g1(sn,s);
    and and_g1(p1,s,a);
    and and_g2(p2,sn,b);
    or   or_g1(y,p1,p2);
endmodule
```

在门级原语描述中，实例名可以省略，实践中不建议。门级原语描述有时称为结构级描述。

2.3　模块实例化

复杂数字系统由简单子系统组成，采用简单或预先定义的子系统可以构建复杂的数字系统。Verilog HDL 通过模块实例化语句支持层次化设计（Hierarchical Design）。层次化设计是实现大规模设计的基本手段。

Verilog HDL 支持两种格式的模块实例化语句：顺序端口连接（connection by order）模块实例化语句和命名端口连接（connection by name）模块实例化语句，具体语法如 Listing2.9 所示。

Listing2.9　模块实例化语句

```
/* connection by order */
module_name instance_name(
    actual_name1,
    actual_name2,
    ...,
    actual_namen
```

```
);
/* connection by name */
module_name instance_name(
    .formal_signal1(actual_name1),
    .formal_signal2(actual_name2),
        …
    .formal_signaln(actual_namen)
);
```

模块实例化语句与门级原语类似，Listing2.9 给出的模块实例化语句中，module_name 是模块名，instance_name 是实例名，用于唯一标识实例化模块。模块实例化语句圆括号内指定实例化模块端口与当前模块（高层模块）的连接关系。在命名端口连接模块实例化语句中，formal_signal1 表示模块 module_name 定义时的端口名，actual_name 是高层模块的实际连接信号。在顺序端口连接模块实例化语句中，实例化模块的端口名不出现在实例化语句中，只需要将实际连接信号按照对应的顺序排列于实例名之后的圆括号内部。命名端口连接模块实例化语句不关心端口信号顺序，顺序端口连接模块实例化语句则依赖端口定义顺序。

Listing2.10 实例化两个与或非电路，分别采用顺序端口连接和命名端口连接，综合结果如图 2.6 所示。

Listing2.10　实例化两个与或非电路

```
module double_andornot(
    input a1, a2,
    input b1, b2,
    input c1, c2,
    input d1, d2,
    output out1, out2,
    output out1_n, out2_n
);
    /* connection by order */
    andornot andornot_u0(a1, b1, c1, d1, out1, out1_n);
    /* connection by name */
    andornot andornot_u1(.a(a2),.b(b2),.c(c2),.d(d2),.out(out2),.out_n(out2_n));
endmodule
```

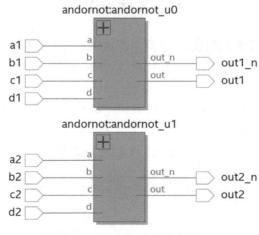

图 2.6　Listing 2.10 的综合结果

8 位二选一数据选择器的电路结构如图 2.7 所示，电路的 Verilog HDL 描述通过实例化 8 个二选一数据选择器实现，参考 Listing2.11。

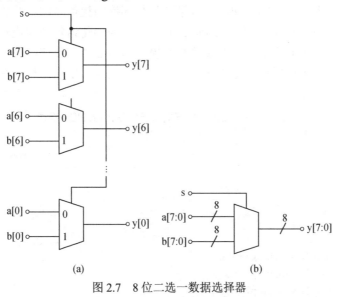

图 2.7 8 位二选一数据选择器

Listing2.11 8 位二选一数据选择器的 Verilog HDL 描述

```
module mux2to1_8bit(
    input s,
    input  [7:0]a, b,
    output [7:0]y
);
    mux2to1_gate u0(.s(s),.a(a[0]),.b(b[0]),.y(y[0]));
    mux2to1_gate u1(.s(s),.a(a[1]),.b(b[1]),.y(y[1]));
    mux2to1_gate u0(.s(s),.a(a[2]),.b(b[2]),.y(y[2]));
    mux2to1_gate u1(.s(s),.a(a[3]),.b(b[3]),.y(y[3]));
    mux2to1_gate u0(.s(s),.a(a[4]),.b(b[4]),.y(y[4]));
    mux2to1_gate u1(.s(s),.a(a[5]),.b(b[5]),.y(y[5]));
    mux2to1_gate u0(.s(s),.a(a[6]),.b(b[6]),.y(y[6]));
    mux2to1_gate u1(.s(s),.a(a[7]),.b(b[7]),.y(y[7]));
    /* array instantiation */
    /* mux2to1_gate u[7:0](s,a,b,y);*/
endmodule
```

输入 a、b 和输出 y 声明为 8 位线网类型（向量，Vector），声明向量类型信号的语法如 Listing2.12 所示。

Listing2.12 向量类型信号声明

```
wire [n:m] sig1, sig2, ..., sign;
```

其中，[n:m]表明信号 sig1, sig2, ..., sign 的宽度，n 和 m 为整数。在 Listing2.11 中，输入/输出信号声明为向量。实例化模块 mux2to1_gate 时，引用向量信号 a 的分量，例如，a[0]表示信号 a 的最低有效位（Least Significant Bit，LSB），a[7]表示信号 a 的最高有效位（Most Significant Bit，MSB）。Verilog HDL 支持向量域选择，例如，a[2:0]选择向量 a 的低 3 位，等价于{a[2],a[1],a[0]}，表示将信号拼接在一起形成一个向量。a[3:1]则等价于{a[3],a[2],a[1]}。通常 *n* 位的向量类型信号声明如 Listing2.13 所示。

Listing2.13 *n* 位的向量类型信号声明

```
wire [n-1:0] sig1, sig2, sig3;
```

如果希望实例化多个相同的模块，模块端口信号连接向量信号的不同位，可以采用阵列实例化语句（Array Instantiation），参考 Listing2.11。阵列实例化语句与模块实例化语句类似，区别在于实例名后加入一个向量用于声明实例数，模块端口信号也要使用向量。

四选一数据选择器可以采用 3 个二选一数据选择器实现，电路结构如图 2.5（c）所示，其 Verilog HDL 描述参考 Listing2.14。

Listing2.14 四选一数据选择器的 Verilog HDL 描述

```
module mux4to1_gate(
    input [1:0],
    input a, b, c, d,
    output y
);
    wire p1, p2;

    mux2to1_gate u0(.s(s[0]),.a(a),.b(c),.y(p1));
    mux2to1_gate u0(.s(s[0]),.a(c),.b(d),.y(p2));
    mux2to1_gate u0(.s(s[1]),.a(p1),.b(p2),.y(y));
endmodule
```

2.4 设计实例：五选一数据选择器

为了验证本节设计的电路，要用到 DE2-115 开发板上的发光二极管（LED）和滑动开关。

DE2-115 开发板上带有 18 个滑动开关，用于向 FPGA 器件输入高、低电平信号，每个滑动开关独立地连接到 FPGA 器件引脚上。如果滑动开关拨到"下"位置（靠近板边缘一侧），则向 FPGA 相应引脚输入低电平；如果滑动开关拨到"上"位置（远离板边缘一侧），则向 FPGA 相应引脚输入高电平，如图 2.8 所示。

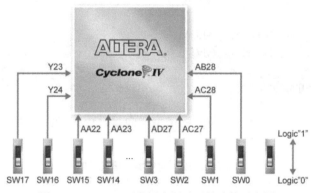

图 2.8 DE2-115 开发板上滑动开关连接示意图

DE2-115 开发板上带有 18 个红色发光二极管（LEDR）和 9 个绿色发光二极管（LEDG），所有的 LED 采用共阴极设计（阴极连接在一起后接地），每个 LED 由 FPGA 引脚独立控制，FPGA 引脚输出高电平时 LED 点亮，FPGA 引脚输出低电平时 LED 熄灭，如图 2.9 所示。

本节要求设计 3 位五选一数据选择器。滑动开关 SW[17]~SW[15]作为 3 位五选一数据选择器的选择输入 s，其余的 15 个滑动开关 SW[14]~SW[0]作为 5 个 3 位的输入 a、b、c、d 和

e。滑动开关 SW[17]~SW[0]连接红色发光二极管 LEDR,输出 y 连接绿色发光二极管 LEDG[2]~
LEDG[0]。

图 2.9　DE2-115 开发板上 LED 连接示意图

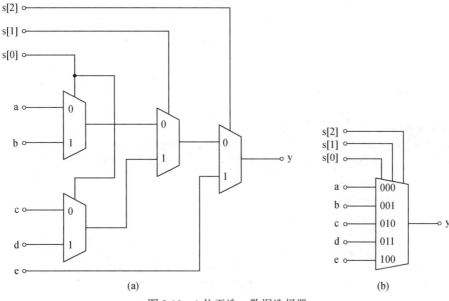

(a)　　　　　　　　　　　　　(b)

图 2.10　1 位五选一数据选择器

　　采用模块实例化语句描述 3 位五选一数据选择器电路,模块 mux5to1 通过实例化 4 个二选
一数据选择器 mux2to_gate 实现 1 位五选一数据选择器如图 2.10（a）所示,图 2.10（b）给出 1
位五选一数据选择器的电路符号。通过实例化 1 位五选一数据选择器 mux5to1 实现一个 3 位五
选一数据选择器 mux5to_3bit。为了方便引脚分配及实现 LED 连接,顶层模块 top 的端口信号
采用预先定义的信号名,通过实例化 3 位五选一数据选择器 mux5to1_3bit 修改模块端口名称,
同时采用连续赋值语句将输入信号 SW 连接至 LEDR,具体描述如 Listing2.15 所示。

Listing2.15　1 位五选一数据选择器的 Verilog HDL 描述

```
module mux5to1(
    input [2:0]s,
    input a,b,c,d,e,
    output y
);
    wire p1,p2,p3;
    /* instantiate mux2to1_gate */
    mux2to1_gate u0(.s(s[0]),.a(a),.b(b),.y(p1));
```

```
    mux2to1_gate u1(.s(s[0]),.a(c),.b(d),.y(p2));
    mux2to1_gate u2(.s(s[1]),.a(p1),.b(p2),.y(p3));
    mux2to1_gate u3(.s(s[2]),.a(p3),.b(e),.y(y));
endmodule
/* Definition of mux5to1_3bit */
module mux5to1_3bit(
    input [2:0]s,
    input [2:0]a,b,c,d,e,
    output [2:0]y
);
    /* instantiate mux5to1_1bit */
    mux5to1 u0(.s(s),.a(a[0]),.b(b[0]),.c(c[0]),.d(d[0]),.e(e[0]),.y(y[0]));
    mux5to1 u1(.s(s),.a(a[1]),.b(b[1]),.c(c[1]),.d(d[1]),.e(e[1]),.y(y[1]));
    mux5to1 u2(.s(s),.a(a[2]),.b(b[2]),.c(c[2]),.d(d[2]),.e(e[2]),.y(y[2]));
endmodule
/* top module */
module top(
    input [17:0]SW,
    output [17:0]LEDR,
    output [2:0]LEDG
);
    assign LEDR = SW;
    mux5to1_3bit u0(.s(SW[17:15]),
                    .a(SW[14:12]),
                    .b(SW[11:9]),
                    .c(SW[8:6]),
                    .d(SW[5:3]),
                    .e(SW[2:0]),
                    .y(LEDG));
endmodule
```

为了在 DE2-115 开发板上实现电路, 按照 1.2.7 节介绍的方法进行引脚分配。此外, DE2-115 开发板引脚分配文件 DE2-115_pinassignment.csv 定义了信号名及其对应的器件引脚。如果在 Verilog HDL 描述中使用引脚分配文件 DE2-115_pinassignment.csv 预先提供的信号名 (如 SW[0]), 通过导入该文件, 即可完成引脚分配。具体过程为: 单击 Assignments→Import Assignments 命令, 选择 DE2-115_pinassignment.csv 文件, 执行引脚分配。

2.5 数字电路的仿真

在不搭建电路的情况下, 仿真 (Simulation) 通过 EDA 软件模拟电路工作过程, 确定电路功能是否正确。电路设计的多个阶段都需要仿真。为了验证电路功能, 在进行电路寄存器传输级 (Register Transfer Level, RTL) 描述前, 先对电路功能进行描述, 称为电路的行为级描述 (Behavioral-Level Description)。电路的行为级描述不需要综合, 功能符合设计要求即可。对行为级描述模型进行仿真的过程称为行为级仿真 (Behavior-Level Simulation)。

要确定电路的行为级描述是否满足设计要求, 可通过行为级仿真, 对电路的行为级描述和仿真方案进行完善、优化, 确定电路的行为级描述满足设计要求, 上述过程一般由电路的验证人员完成。

设计人员完成电路的 RTL 级描述后，采用与行为级描述相同的仿真方案，对 RTL 级描述进行仿真，比较仿真结果。对 RTL 级描述进行仿真的过程称为功能仿真（Functional Simulation）。如果行为级仿真和 RTL 级功能仿真的结果相同，表示 RTL 级描述正确。如果行为级仿真和 RTL 级功能仿真的结果存在差异，说明 RTL 级描述存在问题，需要进一步完善改进，直至 RTL 级描述通过仿真。

如果仿真过程考虑器件的时序信息（器件的传播延迟等），称为时序仿真（Timing Simulation）。时序仿真一般在综合之后进行，因为综合之后才能获得器件的时序信息。

无论是行为级仿真，还是功能仿真，仿真框架都是一致的，图 2.11 给出一种常用的电路仿真框架。在顶层模块中实例化两个模块，一个是待测模块（Unit Under Test，UUT），另一个模块称为 Testbench 模块。Testbench 模块产生 UUT 模块的激励信号，同时接收 UUT 模块产生的输出信号。Testbench 模块接收 UUT 模块的输出信号并与正确信号（可能来自行为仿真的结果）进行对比，确定 UUT 模块的功能是否正确。为了描述简洁，图 2.11 只给出了单向传播信号，实际中 UUT 模块可能存在双向信号（既可以作为输入，也可以作为输出）。

在有些情况下，不将 Testbench 模块设计成一个独立的模块，在顶层模块中实例化 UUT 模块，并在顶层模块中直接产生 UUT 模块的激励信号（Stimulus），接收来自 UUT 模块的输出信号，如图 2.12 所示。顶层模块根据接收到的信号判断 UUT 模块的功能是否正确。

图 2.11 和图 2.12 所示的仿真框架具有各自的优势。图 2.11 所示的仿真框架采用独立的 Testbench 模块，有助于代码复用，如果模块设计发生改变，方便修改 Testbench 模块，有助于采用相同的框架对不同的模块进行测试，代码可维护性更好。大型设计通常采用这种框架。图 2.12 所示的仿真框架编码更简单，更容易实现一些简单的设计。

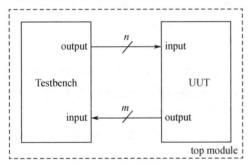

图 2.11　仿真框架（1）

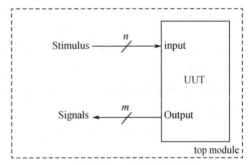

图 2.12　仿真框架（2）

2.6　二选一数据选择器的 Testbench 模块

本节考虑二选一数据选择器的仿真问题。Listing2.16 给出了二选一数据选择器 mux2to1_gate 的 Testbench 模块，该 Testbench 模块未必是最优的，目的在于演示 Testbench 模块的编写方法。专业 Testbench 模块的编写超出本书的讨论范围，读者可以参考相关文献。

Listing2.16　二选一数据选择器的 Testbench 模块

```
module mux2to1_gate_tb();
    reg s, a, b;
    wire y;
    /*instantiate the circuit unit under test */
    mux2to1_gate u0(.s(s),.a(a),.b(b),.y(y));
    /* test vector generator*/
```

```
    initial begin
        s = 0;
        a = 0;
        b = 0;
        #10
        b = 1;
        #10
        a = 1;
        b = 0;
        #10
        a = 1;
        b = 1;
        #10
        s = 1;
        #10
        a = 1;
        b = 0;
        # 10
        a = 0;
        b = 1;
        #10
        a = 0;
        b = 0;
        # 20
        stop();
    end
endmodule
```

Listing2.16 给出的 Testbench 模块包含新的语法，总结如下。

① Verilog HDL 支持另一种类型变量，即寄存器（reg）类型变量。寄存器类型变量的声明方法与线网类型变量的声明类似。寄存器类型变量用于过程块内部赋值语句（过程赋值语句），过程块采用关键字 initial 或 always 引导，称为 initial 块或 always 块。

② initial 块一般出现在 Testbench 模块中，不可以综合。从仿真角度讲，inital 块的内部语句从仿真开始时刻就开始顺序执行。与 always 块不同，inital 块执行一次，执行到块语句最后即结束。

③ begin...end 之间可以包含多条语句，称为语句块（Block）。如果 inital 块只包含一条语句，可以省略 begin...end。

④ inital 块内部使用过程赋值语句，也可以使用条件语句和循环语句等顺序执行语句。

⑤ inital 块内部的#n，表示延迟 n 个仿真时间单位，之后再执行其后的语句。仿真时间单位可以由用户指定。

⑥ 在仿真开始时刻，输入信号 a=0，b=0，s=0，10 个仿真时间单位后，b=1，之后类似。

⑦ $stop()是系统内部函数，表示停止仿真过程。

2.7 ModelSim 仿真

ModelSim 是 Mentor Graphics 公司出品的数字电路仿真软件，支持 VHDL 和 Verilog HDL 混合仿真，是当前主流的 FPGA/ASIC 设计仿真软件。ModelSim 支持 SE、AE 不同版本，需要付费使用。初学者建议下载免费的 Starter Edition 版本，其功能基本能够满足初学者的需求。

ModelSim 支持多种仿真流程，包括基本仿真流程（Basic Simulation Flow）、工程仿真流程（Project Flow）和多库仿真流程（Multiple Library Flow）。ModelSim 可以与 Quartus Prime 配合使用，以简化设计过程。

2.7.1 基本仿真流程

ModelSim 的基本仿真流程如图 2.13 所示。

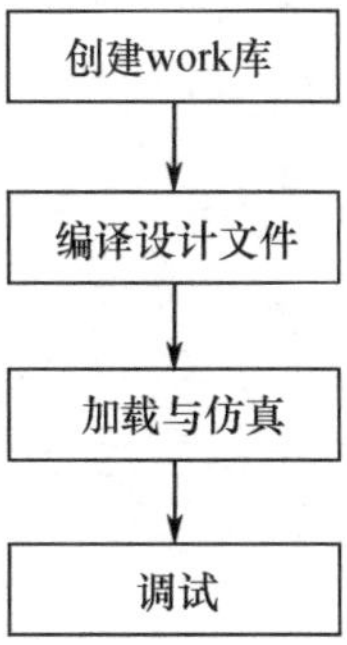

1．创建 work 库

在 ModelSim 中，所有的设计都编译为库（Library）。在典型情况下，仿真都是从创建一个称为 work 的库开始的。work 是 ModelSim 编译器使用的默认库名。

2．编译设计文件

完成 work 库创建后，需要对设计文件进行编译，编译结果保存在 work 库中。ModelSim 库跨平台兼容，不同平台编译的库在其他平台上仿真时，不需要再次编译。

3．加载与仿真

仿真器调用设计的顶层模块，将编译好的设计文件加载至仿真器中。如果设计文件加载成功，仿真时间被设置为 0，输入运行命令即可开始仿真。

4．调试

如果仿真结果不符合预期，ModelSim 提供专业的调试工具帮助设计者确定问题产生的原因。

图 2.13　ModelSim 的基本仿真流程

2.7.2 仿真过程

下面以二选一数据选择器的仿真为例介绍 ModelSim 的基本仿真流程。设计用到两个模块，Listing2.17 给出待测模块 mux2to1_gate，Listing 2.16 给出对应的 Testbench 模块 mux2to1_gate_tb.v。注意：两个模块分别保存在两个文件中，文件名与模块名相同。

Listing2.17　二选一数据选择器的门级原语描述

```
/* Files: mux2to1_gate.v */
module mux2to1_gate(
    input s,
    input a, b,
    output y
);
    wire sn, p1, p2;
    /* primitive gate */
    not not_g1(sn,s)
    and and_g1(p1,sn,a);
    and and_g2(p2,s,b);
    or   or_g1(y,p1,p2);
endmodule
```

1．创建 work 库

（1）新建文件夹 D:/tutorial，并将包含上述两个模块的设计文件复制到该文件夹。

（2）启动 ModelSim。ModelSim 启动后，主窗口如图 2.14 所示。单击 File→Change Directory 命令，更改工作目录为上一步新建的文件夹 D:/tutorial。

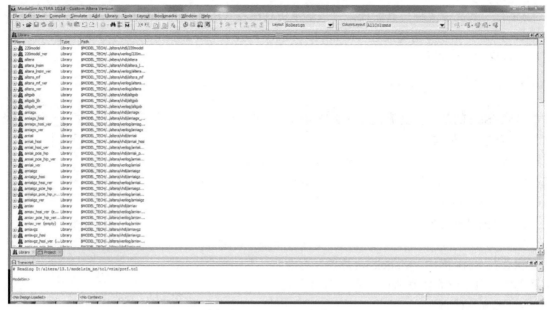

图 2.14　ModelSim 主窗口

（3）创建 work 库。单击 File→New→Library 命令，弹出 Create a New Library 对话框，如图 2.15 所示。在 Library Name 框输入 work，Library Physical Name 默认显示 work，单击 OK 按钮。

图 2.15　创建 work 库

注意：Library Name 是逻辑库名，即系统中显示的库名，而 Library Physical Name 是实际产生的文件夹名（物理库名）。

ModelSim 为创建的 work 文件夹（物理库）写入一个特殊格式的文件，命名为_info。_info 文件必须保留在文件夹内，ModelSim 以此将文件夹识别为 ModelSim 库。库文件夹的所有改动都应在 ModelSim 内完成，不要用其他软件编辑库文件夹。

ModelSim 将新建的 work 库加入 Library 窗口，如图 2.16 所示，并在 ModelSim 的初始化文件（modelsim.ini）中记录库映射信息，以便后续引用。单击 OK 按钮，返回 ModelSim 主窗口。

ModelSim 主窗口下方的 Transcript 窗口显示两条命令：

```
vlib work
vmap work work
```

这两条命令是前面菜单操作对应的命令行形式。菜单操作对应的命令行都会以这种方式在

Transcript 窗口显示。

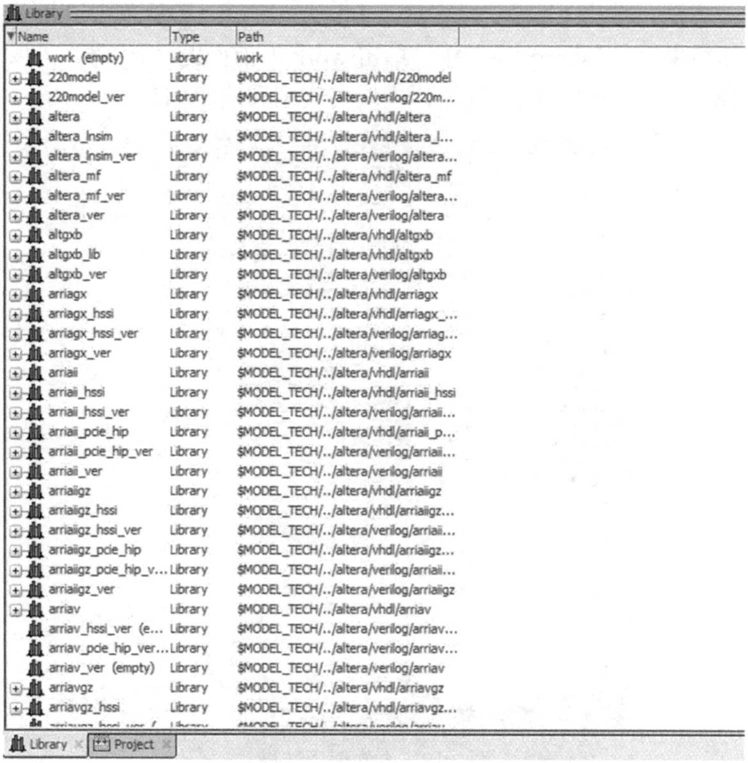

图 2.16   work 库被加入 Library 窗口

2．编译

通过菜单命令可以对源文件进行编译，也可以在 ModelSim 命令行提示符（Transcript 窗口中的命令行提示符）下通过输入命令实现编译。

（1）编译 mux2to1_gate.v 和 mux2to1_gate_tb.v 文件：单击 Compile→Compile 命令，打开 Compile Source Files 对话框，如图 2.17 所示。选择两个文件 mux2to1_gate.v 和 mux2to1_gate_tb.v，单击 Compile 按钮，将两个文件编译到 work 库中。完成编译后，单击 OK 按钮。

图 2.17   Compile Source Files 对话框

注意：如果 Compile 菜单不可用，可能的原因是存在一个打开的工程。如果是这种情况，关闭打开的工程。方法：单击 Library 标签激活 Library 窗口，然后单击 File→Close 命令。

（2）查看编译结果：在 Library 窗口中，单击 work 库前面的"+"号，可以看到编译好的两个模块，如图 2.18 所示。同时可以查看设计模块的类型和路径信息。

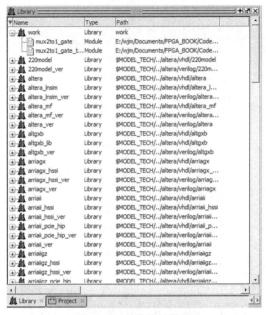

图 2.18　查看编译结果

3．加载设计文件

加载顶层模块 mux2to1_gate_tb 到仿真器中。在 Library 窗口中，单击 work 库前的"+"号，显示 work 库包含的设计文件。双击 mux2to1_gate_tb，将其加载到仿真器中。上述过程也可以通过菜单命令实现，单击 Simulating→Start Simulation 命令，打开 Start Simulation 对话框。单击 Design 标签，单击 work 库前面的"+"号，可以看到已经编译好的 mux2to1_gate 和 mux2to1_gate_tb 文件，选择 mux2to1_gate_tb，单击 OK 按钮，如图 2.19 所示。

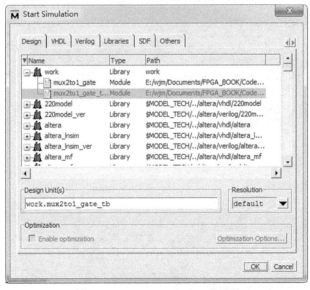

图 2.19　Start Simulation 对话框

如果加载成功，将打开 sim 窗口。sim 窗口显示设计文件的层次结构，如图 2.20 所示，通过单击"+"或"−"号打开或收起设计文件。

图 2.20　sim 窗口

如果加载成功，同时会打开 Objects 窗口和 Processes 窗口，如图 2.21 所示。Objects 窗口显示当前选中设计的层次结构，即设计所包含的信号名称及其值等。Processes 窗口显示的数据对象包括信号名称、线网、寄存器、常量及变量等。

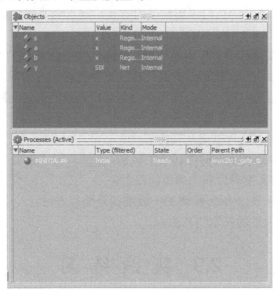

图 2.21　Objects 窗口和 Processes 窗口

4．仿真

开始仿真之前，打开 Wave 窗口并加入必要信号。

（1）在 Transcript 窗口的命令行提示符下，输入 view wave 命令。在 ModelSim 主窗口右侧打开 Wave 窗口，调整窗口大小以方便观察。单击 View→Wave 命令，也可以打开 Wave 窗口。

（2）添加信号到 Wave 窗口中。在 sim 窗口中，右键单击 mux2to1_gate_tb 文件，在弹出的菜单中选择 Add To→Wave→All items in region 选项，模块包含的所有端口信号都被加入 Wave 窗口。

（3）仿真。单击工具栏上的 ▣（Run）按钮，仿真进行 100ns（默认的仿真时间），或在 Transcript 窗口的命令行提示符下输入 run 100，仿真波形出现在 Wave 窗口中。

单击 ▣（Run-All）按钮，Wave 窗口会显示仿真结果，如图 2.22 所示。单击 ▣（继续仿真）按钮，仿真将会一直进行下去。单击 ▣（Break）按钮或遇到代码中的$stop()语句，仿真停止。

（4）观察 Wave 窗口，验证设计是否正确。

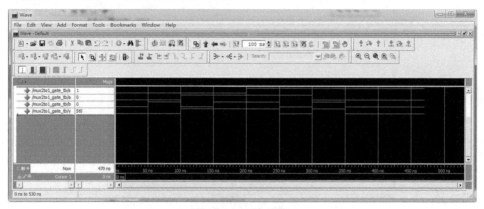

图 2.22　Wave 窗口

2.8　思　考　题

1. 总结 Verilog HDL 支持的门级原语及使用方式，重点说明哪些信号是输入、哪些信号是输出。

2. 引脚分配在 FPGA 设计中的作用是什么？Quartus Prime 支持的引脚分配方式有哪些？

3. 试述门级原语和模块实例化语句的具体语法，并比较二者的异同。

4. 试述模块实例化语句中顺序端口连接和命名端口连接的区别与联系。

5. 总结 Verilog HDL 模块定义方法。

6. 试述数字电路仿真的两种框架及其特征。

7. 试述行为仿真、功能仿真和时序仿真的区别。

8. 试述 ModelSim 仿真逻辑库和物理库的概念。

9. 说明组合逻辑电路 Testbench 模块的一般结构及编写方法。

10. 说明 ModelSim 软件的基本仿真流程。

2.9　实　践　练　习

1. 考虑 Listing2.3，采用 DE2-115 开发板，将输入信号 a 连接 SW[0]，输入信号 b 连接

SW[1]，信号 SW[1:0]连接 LEDR[1:0]，输出 y 连接 LEDR[0]，上下拨动开关 SW[0]和 SW[1]以改变输入信号的状态，控制 LEDR[0]点亮与熄灭，验证电路功能是否正确。

2．考虑 Listing2.17 描述的二选一数据选择器，采用 DE2-115 开发板，将信号 s 连接 SW[0]，信号 a 连接 SW[1]，信号 b 连接 SW[2]，输入信号 SW[2:0]连接 LEDR[2:0]，输出信号 y 连接 LEDR[0]，改变输入信号的状态，观察 LEDR[0]的点亮与熄灭，验证设计功能是否正确。

3．考虑 Listing2.3，编写 myand 的 Testbench 模块，命名为 tb_myand，基于 ModelSim 基本仿真流程给出仿真结果。

```
module myand_tb( );
    /* instantiate the UUT: myand */
    myand myand_u0(and_ab, a, b);

    /* generate stimulus here.    */
    initial begin

    end
endmodule
```

4．考虑 Listing2.7，编写 andornot_str 的 Testbench 模块，命名为 tb_andornot_str 模块，基于 ModelSim 基本仿真流程给出仿真结果。

```
module andornot_str_tb( );
    /* instantiate the UUT: andornot_str */
    andornot_str andornot_str_u0(a, b, c, d, out, out_n);

    /* generate stimulus here.    */
    initial begin

    end
endmodule
```

第3章　组合逻辑电路设计

本章介绍组合逻辑电路设计及其描述方法，目的在于帮助读者熟悉组合逻辑电路的概念、结构特点和常用的组合逻辑电路模块，掌握组合逻辑电路的设计方法及其 Verilog HDL 描述的注意事项，能够设计常用的组合逻辑电路。

3.1　数码显示电路

本节从连续赋值语句（Continuous Assignment Statement）的基本语法逐步展开，完成相对复杂的滚动显示电路的设计，目的在于使读者掌握组合逻辑电路的基本设计流程，熟悉组合逻辑电路的特点及描述方式。

3.1.1　连续赋值语句

Verilog HDL 采用连续赋值语句描述简单组合逻辑电路。连续赋值语句采用关键字 assign 引导，其后是一个由赋值符号"="连接的赋值操作，具体语法参考 Listing3.1。赋值符号左侧的 signal_name 是线网类型的标量或向量，但不能是寄存器类型的变量，赋值符号右侧的 right_side_expression 是由操作符和操作数组成的表达式，称为赋值表达式。模块内部允许使用多条连续赋值语句，每条连续赋值语句表示电路的一部分。赋值符号左侧的信号表示电路输出，右侧的表达式定义电路实现的功能，表达式中的信号均为电路输入。连续赋值语句只能对线网类型信号赋值。

Listing3.1　连续赋值语句的语法

```
assign signal_name = right_side_expression;
```

Listing3.2 示出采用连续赋值语句描述与门的方法。本例中输出信号为 and_ab，输入信号为 a 和 b，操作符&表示按位与，电路综合结果是一个与门电路。

Listing3.2　与门的连续赋值语句描述

```
module myand_assign(
    input a,
    input b,
    output and_ab
);
    assign and_ab = a & b;
endmodule
```

连续赋值语句支持的操作符类型丰富，用于实现各种逻辑运算和算术运算。Verilog HDL 支持的常用操作符如表 3.1 所示，关于操作符的使用方法后续章节会给出详细介绍，更多细节见参考文献[1]。

采用按位操作符描述逻辑门电路的方法参考 Listing3.3。模块 gates_assign 采用连续赋值语句描述基本逻辑门电路，与门级原语相比，采用连续赋值语句描述门电路的灵活性更高。按位操作符综合结果确定，建议设计中多采用按位操作符。

表 3.1 Verilog HDL 支持的常用操作符

操作符类别	操作符
逻辑操作符	逻辑与（&&）、逻辑或（||）、逻辑非（!）
移位操作符	逻辑右移（>>）、逻辑左移（<<）、算术右移（>>>）、算术左移（<<<）
等价操作符	逻辑相等（==）、逻辑不等（!=）、case 相等（===）、case 不等（!==）
关系操作符	小于（<）、大于（>）、小于或等于（<=）、大于或等于（>=）
按位操作符	取反（～）、与（&）、或（|）、异或（∧）、同或（∧～或～∧）
缩减操作符	缩减与（&）、缩减与非（～&）、缩减或（|）、缩减或非（～|）、缩减异或（∧）、缩减同或（∧～或～∧）
拼接操作符	{ }
条件操作符	? :

Listing3.3　基本逻辑门电路描述（按位操作符）

```
module gates_assign(
    input a, b,
    output and_ab,
    output or_ab,
    output not_a,
    output xor_ab,
    output nand_ab,
    output nor_ab,
    output xnor_ab
);
    assign and_ab = a & b;
    assign or_ab   = a | b;
    assign not_a   = ~a;
    assign xor_ab = a ^ b;

    assign nand_ab = ~(a & b);
    assign nor_ab   = ~(a | b);
    assign xnor_ab = a~^b;
endmodule
```

Listing3.4 采用连续赋值语句描述二选一数据选择器，描述使用按位与（&）、按位或（|）和按位取反（～）操作符，综合结果分别对应与门、或门和非门。二选一数据选择器的电路结构参考图 2.5（a）。

Listing3.4　二选一数据选择器（连续赋值语句）

```
module mux2to1_assign(
    input wire s,
    input wire a, b,
    output wire y
);
    assign y = (s&a) | (~s&b);
endmodule
```

为了描述 8 位二选一数据选择器，考虑条件运算符：

```
[signal] = [boolean_exp] ? [true_exp] : [false_exp];
```

如果条件表达式 boolean_exp 为真，则条件运算符的结果为 true_exp，否则为 false_exp。从仿真角度讲，如果条件表达式 boolean_exp 的值为 x，两个表达式的值都会计算，然后逐位比较计算结果，如果相等，则该结果作为最后结果，否则为 x。Listing3.5 给出 8 位二选一数据选择器的 Verilog HDL 描述。

Listing3.5　8 位二选一数据选择器的 Verilog HDL 描述（连续赋值语句）

```
module mux2to1_8bit_assign(
    input s,
    input [7:0]a,b,
    output [7:0]y
);
    assign y = s ? a : b;
endmodule
```

Listing3.5 中的连续赋值语句使用条件操作符（?:），如果 s=1，则 y=a，否则 y=b。输入信号 a、b 和输出信号 y 都为 8 位宽，综合结果是一个 8 位二选一数据选择器，电路结构参考图 2.7。

3.1.2　显示译码电路

数码管是电子系统中常用的显示器件，DE2-115 开发板提供 8 个数码管，采用共阳极设计（每个 LED 的阳极全部连接在一起，并连接至电源正极）。每个数码管引脚全部独立地连接到 FPGA 引脚上，具体连接方式如图 3.1 所示。

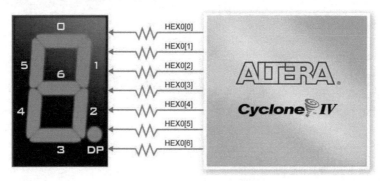

图 3.1　数码管连接原理示意图

本节要求采用连续赋值语句描述显示译码电路，控制数码管显示字符，如图 3.2 所示。图 3.2 示出的显示译码电路 decoder_hello 具有 3 个输入信号 c[2]、c[1]、c[0] 和 7 个输出信号（或 1 个 7 位的向量），用于驱动数码管显示字符。显示译码电路 decoder_hello 的功能见表 3.2，当输入 c[2:0] 为 000~011 时，分别显示 H、E、L 和 O 这 4 个字符；当输入为 100~111 时，数码管显示 blank，即数码管全部熄灭（表 3.2 中用"—"表示）。为了采用连续赋值语句实现前述显示译码电路，对要显示的字符进行编码。电路共有 7 个输出信号 y[6:0]，每个输出信号控制数码管内部的一个 LED，输出 y[0] 连接数码管内部的 LED[0]，输出 y[1] 连接数码管内部的 LED[1]，以此类推，具体如图 3.2 所示。采用共阳极设计，输出为 0 时，数码管相应的 LED 点亮；输出为 1 时，LED 熄灭。例如，输入为 000 时，显示字符 H，需要点亮数码管内部的 LED[1]、LED[2]、LED[4]、LED[5]、LED[6]，熄灭 LED[0] 和 LED[3]，据此得到输出 y[6:0] 对应的编码应该为 0001001。其他字符的编码过程类似，真值表见表 3.3。

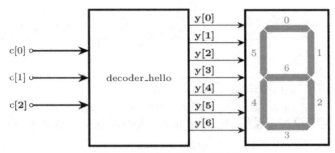

图 3.2 显示译码电路的结构

表 3.2 显示译码电路的功能表

c[2]	c[1]	c[0]	显示字符
0	0	0	H
0	0	1	E
0	1	0	L
0	1	1	O
1	0	0	—
1	0	1	—
1	1	0	—
1	1	1	—

表 3.3 显示译码电路的真值表

输入			输出	显示字符
c[2]	c[1]	c[0]	y[6:0]	
0	0	0	0001001	H
0	0	1	0000110	E
0	1	0	1000111	L
0	1	1	1000000	O
1	0	0	1111111	—
1	0	1	1111111	—
1	1	0	1111111	—
1	1	1	1111111	—

按照真值表 3.3，分别写出每个输出信号 y[0]～y[6]的逻辑表达式，采用卡诺图或其他化简方法化简逻辑表达式，得到每个输出信号的最简逻辑表达式，采用连续赋值语句描述每个输出信号，得到显示译码电路的 Verilog HDL 描述。

需要指出的是，逻辑表达式的化简不是必需的。设计者不进行逻辑表达式的化简，直接采用从真值表获得标准与或形式的逻辑表达式也是可以的，综合软件在综合时也会对电路进行一定程度的化简和优化。显示译码电路的 Verilog HDL 描述如 Listing3.6 所示。

Listing3.6 显示译码电路的 Verilog HDL 描述

```
/* decoder_hello.v */
module decoder_hello(
    input [2:0]c,
    output [6:0]y
);
    assign y[6] = ((~c[2])&c[1])|c[2];
    assign y[5] = c[2];
    assign y[4] = c[2];
    assign y[3] = c[2]|((~c[2])&(~c[1])&(~c[0]));
    assign y[2] = c[2]|((~c[2])&(~c[1])&(c[0]))|((~c[2])&(c[1])&(~c[0]));
    assign y[1] = c[2]|((~c[2])&(~c[1])&(c[0]))|((~c[2])&(c[1])&(~c[0]));
    assign y[0] = c[2]|((~c[2])&(~c[0]));

endmodule
/* top_decoder.v */
/* top module   */
```

```
module top_decoder(
    input [2:0]SW,
    output HEX0[6:0]
);
    decoder_hello u0(.c(SW[2:0]), .y(HEX0));
endmodule
```

Listing3.6 给出两个模块，模块 decoder_hello 按照表 3.3 实现译码电路的全部功能，模块 top_decoder 采用引脚分配文件 DE2-115 pinassignment.csv 规定的信号名作为端口名，内部实例化模块 decoder_hello。模块 top_decoder 与模块 decoder_hello 的功能一致，作用是改变端口信号名，方便后续通过导入文件的方式实现引脚分配。从功能角度讲，模块 top_decoder 不是必需的。

创建 Quartus Prime 工程，将文件 decoder_hello.v 和 top_decoder.v 添加到工程中并编译，导入 DE2-115 pinassignment.csv 文件进行引脚分配，下载至开发板。尝试不同的输入组合，观察数码管显示是否正确，验证设计的正确性。

3.1.3 数据选择译码电路

数据选择译码电路的结构如图 3.3 所示。3 位五选一数据选择器从 5 个输入编码中选择 1 个，输入显示译码电路，经过译码用数码管显示对应字符。3.1.2 节设计的显示译码电路用于显示字符 H、E、L、O 及 blank。电路输入的数字编码（见表 3.2）由滑动开关 SW[14]～SW[0]实现，作为数据选择器的数据输入端；通过滑动开关 SW[17]～SW[15]选择具体的显示字符，作为数据选择器的选择输入端。

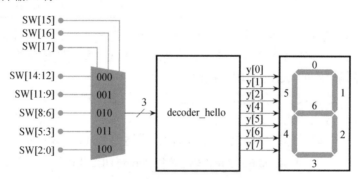

图 3.3　数据选择译码电路的结构

数据选择译码电路的具体实现如 Listing3.7 所示，按照电路结构，实例化模块 mux5to1_3bit 和模块 decoder_hello。顶层模块 top_mux5to1 的作用是方便引脚分配。为了方便后续验证，将输入信号 SW[14:0]连接红色发光二极管 LEDR[14:0]。

Listing3.7　数据选择译码电路的具体实现

```
/* mux5to1_decoder.v */
module mux5to1_decoder(
    input [2:0]s,
    input [2:0]a,b,c,d,e,
    output [6:0]y
);
    wire [2:0]p1;
    mux5to1_3bit u0(.s(s),.a(a),.b(b),.c(c),.d(d),.e(e),.y(p1));
    decoder_hello u1(.c(p1),.y(y));
endmodule
```

```
/* top_mux5to1.v */
module top_mux5to1(
    input [17:0]SW,
    output [17:0]LEDR,
    output [6:0]HEX0
);
    assign LEDR = SW;
    mux5to1_decoder u0(
        .s(SW[17:15]),
        .a(SW[14:12]),
        .b(SW[11:9]),
        .c(SW[8:6]),
        .d(SW[5:3]),
        .e(SW[2:0]),
        .y(HEX0));
endmodule
```

创建 Quartus Prime 工程，将文件 mux5to1_decoder.v 和 top_mux5to1.v 添加到工程中并编译，导入 DE2-115 pinassignment.csv 文件进行引脚分配，下载至开发板。尝试不同的输入组合，观察数码管显示是否正确，验证设计的正确性。

3.1.4 滚动显示电路

本节设计滚动显示电路，通过滑动开关 SW[17]～SW[15]控制 5 个数码管滚动显示字符 H、E、L、L、O，其显示模式见表 3.4。

表 3.4 滚动显示电路的显示模式

输入			输出				
SW[17]	SW[16]	SW[15]	HEX0	HEX1	HEX2	HEX3	HEX4
0	0	0	H	E	L	L	O
0	0	1	E	L	L	O	H
0	1	0	L	L	O	H	E
0	1	1	L	O	H	E	L
1	0	0	O	H	E	L	L

电路使用 5 个数码管显示字符，需要 5 个显示译码电路 decoder_hello，每个数码管显示不同的字符，每个显示译码电路前需要 1 个 3 位五选一数据选择器，根据控制信号选择数码管显示的字符。5 个五选一数据选择器的选择输入端 s 统一连接滑动开关 SW[17]～SW[15]，数据输入端由滑动开关 SW[14]～SW[0]提供，将 15 个滑动开关分成 5 组，设置成固定输入模式：SW[2:0]=000，SW[5:3]=001，SW[8:6]=010，SW[11:8]=010，SW[14:12]=011。当选择输入端 SW[17:15]=000 时，每个数据选择器都选择第一个数据输入端 a，经过显示译码电路后，数码管 HEX4～HEX0 分别显示字符 H、E、L、L、O。为了显示正确的字符模式，数码管 HEX0 对应的数据选择器的数据输入端 a 连接 SW[2:0]，数码管 HEX1 对应的数据选择器的数据输入端 a 连接 SW[5:3]，数码管 HEX2 对应的数据选择器的数据输入端 a 连接 SW[8:6]，数码管 HEX3 对应的数据选择器的数据输入端 a 连接 SW[11:9]，数码管 HEX4 对应的数据选择器的数据输入端 a 连接 SW[14:12]。当 SW[17:15]=001 时，5 个数据选择器都选择数据输入端 b，经显示译

码电路后送 5 个数码管显示，分别显示 E、L、L、O、H。因此，数码管 HEX0 对应的数据选择器的数据输入端 b 连接 SW[5:3]，数码管 HEX1 对应的数据选择器的数据输入端 b 连接 SW[8:6]，数码管 HEX2 对应的数据选择器的数据输入端 b 连接 SW[11:9]，数码管 HEX3 对应的数据选择器的数据输入端 b 连接 SW[14:12]，数码管 HEX4 对应的数据选择器的数据输入端 b 连接 SW[2:0]。其后的连接方式，以此类推。

图 3.4 给出电路的具体结构，电路包含 5 个独立部分，每个部分都是一个 mux5to1_decoder 电路。为了正确显示字符模式，要合理设置每个 mux5to1_decoder 电路的输入信号。滚动显示电路的具体实现如 Listing3.8 所示，实例化 5 个 Listing3.7 中定义的 mux5to1_decoder 模块。5 个数据选择器的选择输入端连接滑动开关 SW[17:15]，数据输入端按照前面分析过程进行连接。

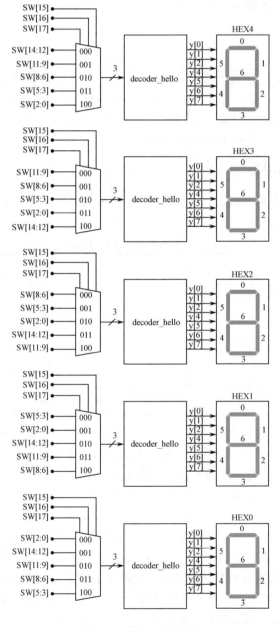

图 3.4　滚动显示电路

Listing3.8　滚动显示电路的具体实现

```
module display_cyc(
    input [17:0]SW,
    output [6:0]HEX4, HEX3, HEX2, IIEX1, HEX0
);
    mux5to1_decoder u0(.s(SW[17:15]),.a(SW[14:12]),.b(SW[11:9]),.c(SW[8:6]),.d(SW[5:3]),.e(SW[2:0]),.y(HEX4));
    mux5to1_decoder u1(.s(SW[17:15]),.a(SW[11:9]),.b(SW[8:6]),.c(SW[5:3]),.d(SW[2:0]),.e(SW[14:12]),.y(HEX3));
    mux5to1_decoder u2(.s(SW[17:15]),.a(SW[8:6]),.b(SW[5:3]),.c(SW[2:0]),.d(SW[14:12]),.e(SW[11:9]),.y(HEX2));
    mux5to1_decoder u3(.s(SW[17:15]),.a(SW[5:3]),.b(SW[2:0]),.c(SW[14:12]),.d(SW[11:9]),.e(SW[8:6]),.y(HEX1));
    mux5to1_decoder u4(.s(SW[17:15]),.a(SW[2:0]),.b(SW[14:12]),.c(SW[11:9]),.d(SW[8:6]),.e(SW[5:3]),.y(HEX0));
endmodule
```

3.2　组合逻辑 always 块

initial 块和 always 块内部使用顺序执行的过程语句，如过程赋值语句、条件语句和循环语句等。过程赋值语句只能出现在 always 块或 initial 块内部。与连续赋值语句相比，过程赋值语句内部采用顺序执行的语句，算法设计更符合人类的思维过程，适合描述更复杂、更抽象的电路功能。采用 always 块描述电路称为行为级描述。

通常情况下，initial 块用于电路验证；always 块可以描述组合逻辑电路，也可以描述时序逻辑电路。always 块的基本语法如下：

```
always @(([sensitivity_list]) begin:[optional_block_name]
    [optional local variable declaration];
    [procedural statement];
    [procedural statement];
end
```

[sensitivity_list]称为敏感列表或事件控制表达式。敏感列表是可选的，分为两类：电平敏感的敏感列表和边沿敏感的敏感列表。组合逻辑电路采用电平敏感的敏感列表，敏感列表内部列出所有的输入信号，采用逗号或关键字 or 分隔不同的输入信号。从仿真角度讲，敏感信号发生改变，always 块会对敏感信号的改变做出响应。再次强调，always 块中的语句顺序执行。如果包含多条语句，要将多条语句置于 begin 和 end 之间，称为块语句。块语句包含可选块语句名，如果只有一条语句，可以省略 begin 和 end。

Listing3.9 给出采用 always 块描述的二选一数据选择器。Verilog HDL 支持 always@(*)的敏感列表，综合时，系统自动加入敏感列表。

Listing3.9　二选一数据选择器的 always 块描述

```
module mux2to1_beh(
    input    s,
    input    a, b,
    output reg y
);
    always @(*) begin
        y = s ? a : b;
    end
endmodule
```

关于 always 块的总结如下：

① always 块内部使用过程赋值语句。过程赋值语句分为两类：阻塞赋值语句和非阻塞赋

值语句。组合逻辑 always 块内部采用阻塞赋值语句，时序逻辑 always 块内部使用非阻塞赋值语句。

② 过程赋值语句只能对 reg 类型变量赋值，本例输出信号 y 声明为 reg 类型。

③ 连续赋值语句中使用的操作符均可以在过程赋值语句中使用。

④ always 块内部的语句顺序执行。

always 块内部可以使用条件语句——if 语句。if 语句有 3 种基本用法。

（1）只有 if 子句，不包含 else 分支。

```
if(expression) begin //expression 为真时，执行
    true_statement1;
    true_statement2;
    …
end
```

（2）只有一个 else 子句。

```
//如果 expression 为真，执行 true_statement，否则执行 false_statement
if(expression) begin
    true_statement1;
    true_statement2;
    …
end
else begin
    false_statement1;
    false_statement2;
    …
end
```

（3）嵌套 if-else-if 语句。

```
if(expression1) begin //expression1 为真时，执行
    true1_statement1;
    true1_statement2;
    …
end
else if(expression2) begin
    // expression1 为假且 expression2 为真时，执行
    true2_statement1;
    true2_statement2;
    …
end
else if(expression3) begin
    // expression1 为假且 expression2 为假，而 expression3 为真时，执行
    true3_statement1;
    true3_statement2;
    …
end
else begin // expression1，expression2，expression3 均为假时，执行
    false_statement1;
    false_statement2;
    …
end
```

Listing3.10 采用组合逻辑 always 块和 if 语句描述二选一数据选择器。采用 if 语句描述二选一数据选择器，可读性更好。

Listing3.10　二选一数据选择器的 Verilog HDL 描述（always 块和 if 语句）

```
module mux2to1_beh(
    input    s,
    input    a, b,
    output reg y
);
    //always@(*) begin
    always@(s, a, b) begin
        if(s)
            y = a;
        else
            y = b;
    end
endmodule
```

3.3　编码器和译码器

编码器（Encoder）和译码器（Decoder）是常用的基本逻辑电路单元，是构建大型复杂设计的基础，本节介绍常用的编码器和解码器的描述方法。

3.3.1　编码器和优先编码器

二进制数按一定规律排列，每组代码具有一特定的含义，称为编码（Encoding），如 8421 码、格雷码等。实现编码功能的逻辑电路称为编码器。

4-2 优先编码器的输入信号为 4 位，输出信号为 2 位，其功能表见表 3.5。编码器检测输入信号中是否含有"1"，根据"1"出现的位置对输出信号编码。act42 用于指示输出信号是否有效，当输入信号中包含"1"时，act42 输出"1"，表示输出信号有效。4-2 优先编码器的 Verilog HDL 描述如 Listing3.11 所示。

表 3.5　4-2 优先编码器的功能表

输入	输出	
r[3:0]	code2[1:0]	act42
1---	11	1
01--	10	1
001-	01	1
0001	00	1
else	00	0

注：-表示 0 或 1，任意。

Listing3.11　4-2 优先编码器的 Verilog HDL 描述

```
/* prio42.v */
module prio42(
    input wire [3:0]r,
    output reg [1:0]code2,
    output wire act42
);
    always @(*) begin
        if(r[3])
            code2 = 2'b11;
        else if(r[2])
            code2 = 2'b10;
        else if(r[1])
```

```
                code2 = 2'b01;
        else if(r[0])
                code2 = 2'b00;
        else
                code2 = 2'b00;
        end

    assign act42 = |r;
endmodule
```

模块 prio42 内部采用组合逻辑 always 块和 if 语句实现对输入信号的编码，采用连续赋值语句和缩减或操作符描述信号 act42。

3.3.2　译码器

本节考虑译码器的设计问题。译码器种类很多，最常见的如 3-8 线译码器、4-16 线译码器等，本节在 3.1.2 节基础上，继续讨论显示译码电路的设计，目标是采用数码管显示数字。DE2-115 开发板上滑动开关 SW[15]～SW[0]表示输入的二进制数，要求将其代表的数值显示在数码管 HEX3～HEX0 上。具体地，将 16 个滑动开关分为 4 组，每组 4 位：第 1 组，SW[15]～SW[12]；第 2 组，SW[11]～SW[8]；第 3 组，SW[7]～SW[4]；第 4 组，SW[3]～SW[0]。将每组输入的二进制数对应的十进制数显示在数码管 HEX3、HEX2、HEX1、HEX0 上。要求：电路显示数码0～9，当输入范围在 1010～1111 时，输出任意。

设计包含 4 个译码器，每个译码器输入 4 位，输出 7 位。4 位输入表示输入数值，范围为0～15（十进制数），译码电路的功能是将 4 位输入数值译成对应数值的显示编码，驱动数码管显示数字。例如，当输入=0001 时，数码管要显示字符 1，即数码管的 LED[1]和 LED[2]点亮，其余 LED 熄灭，对应的显示编码应为 1111001。七段显示译码电路的真值表见表 3.6。

表 3.6　七段显示译码电路的真值表

s[3]	s[2]	s[1]	s[0]	y[6]	y[5]	y[4]	y[3]	y[2]	y[1]	y[0]
0	0	0	0	1	0	0	0	0	0	0
0	0	0	1	1	1	1	1	0	0	1
0	0	1	0	0	1	0	0	1	0	0
0	0	1	1	0	1	1	0	0	0	0
0	1	0	0	0	0	1	1	0	0	1
0	1	0	1	0	0	1	0	0	1	0
0	1	1	0	0	0	0	0	0	1	0
0	1	1	1	1	1	1	1	0	0	0
1	0	0	0	0	0	0	0	0	0	0
1	0	0	1	0	0	1	1	0	0	0
1	0	1	0	—	—	—	—	—	—	—
1	0	1	1	—	—	—	—	—	—	—
1	1	0	0	—	—	—	—	—	—	—
1	1	0	1	—	—	—	—	—	—	—
1	1	1	0	—	—	—	—	—	—	—
1	1	1	1	—	—	—	—	—	—	—

除了 if 语句，Verilog HDL 支持另一种条件语句：case 语句。与 if 语句一样，case 语句只能出现在 initial 块或 always 块内部，是一种多分支选择语句，具体语法如下：

```
case(case_expression)
    alternative1: begin
        procedural_statement11;
        procedural_statement12;
        …
    end
    alternative2: begin
        procedural_statement21;
        procedural_statement22;
        …
    end
    …
    alternativeN: begin
        procedural_statementn1;
        procedural_statementn2;
        …
    end
    default: begin
        procedural_statement_1;
        procedural_statement_2;
        …
    end
endcase
```

case 语句属于多分支选择结构，case_expression 是关于输入信号的逻辑表达式，alternative1～alternativeN 称为候选项。从仿真角度讲，case 语句执行时首先计算 case_expression 表达式的值，依次与候选项进行比较，如果某个候选项与 case_expression 表达式的值匹配，则执行该候选项后的语句块。如果没有候选项与 case_expression 匹配，则执行 default 对应的语句块。注意：default 是可选的。描述组合逻辑电路时，default 一般不要省略，以确保全部条件分支为输出信号赋值。

采用连续赋值语句设计组合逻辑电路时，一般需要进行逻辑表达式的化简，过程烦琐，容易出错，代码可读性不高。Listing3.12 采用 case 语句描述七段显示译码电路，代码可读性更好，而且可避免一些设计细节。

Listing3.12　七段显示译码电路的 Verilog HDL 描述（case 语句）

```verilog
module SEG7_LUT(
    input [3:0]iDIG,
    output reg [6:0]oSEG
);
    always@(iDIG) begin
        case(iDIG)
            4'h0: oSEG = 7'b1000000;
            4'h1: oSEG = 7'b1111001;
            4'h2: oSEG = 7'b0100100;
            4'h3: oSEG = 7'b0110000;
            4'h4: oSEG = 7'b0011001;
            4'h5: oSEG = 7'b0010010;
```

```
        4'h6: oSEG = 7'b0000010;
        4'h7: oSEG = 7'b1111000;
        4'h8: oSEG = 7'b0000000;
        4'h9: oSEG = 7'b0011000;
        default: oSEG = 7'b1111111;
        //default: oSEG = 7'bx;
    endcase
    end
 endmodule
/* Top entity */
module dislay_top(
    input [15:0]SW,
    output [6:0]HEX3,HEX2,HEX1,HEX0
);
    SEG7_LUT U0(.iDIG(SW[15:12]),.oSEG(HEX3));
    SEG7_LUT U1(.iDIG(SW[11:8]),.oSEG(HEX2));
    SEG7_LUT U2(.iDIG(SW[7:4]),.oSEG(HEX1));
    SEG7_LUT U3(.iDIG(SW[3:0]),.oSEG(HEX0));
endmodule
```

3.4 参数化模块设计

为了避免在设计中采用硬编码（Hard Literal），提高代码的可读性和可维护性，以及模块的可重用性和可扩展性，专业设计中要求尽量采用参数，避免出现"魔鬼数字"。

Verilog HDL 通过关键字 parameter 和 local parameter 声明参数，二者的区别在于：local parameter 定义的参数不允许修改，parameter 定义的参数在模块实例化时可以修改。本节演示如何采用 parameter 定义参数及如何在模块实例化时修改参数。参数化模块设计的详细语法如 Listing3.13 所示。

Listing3.13 参数化模块设计的详细语法

```
module module_name#(
    parameter [parameter_name] = [parameter_value],
             [parameter_name] = [parameter_value]
)(
    //I/O port declaration
);
    //body
endmodule
```

参数化模块设计在模块名（module_name）和端口列表中增加了一个由#引导的圆括号，圆括号内部用 parameter 定义参数，多个参数之间用逗号分隔。注意，最后一个参数后面没有任何符号。参数的定义方式为：

```
parameter N  = 4
```

关键字 parameter 引导一个赋值语句，赋值符号"="左侧为参数，右侧为参数取值。

不同场合可能要求不同位宽的数据选择器，比如 4 位或 8 位二选一数据选择器。如果每次都重新设计，会导致设计过于烦琐。N 位二选一数据选择器的 Verilog HDL 描述如 Listing3.14 所示。

Listing3.14   *N* 位二选一数据选择器的 Verilog HDL 描述

```
module Mux2to1#(
    parameter N = 8
)(
    input wire s,
    input wire [N-1:0]a,b,
    output wire [N-1:0]y
);
    assign y = s ? a : b;
endmodule
```

如果需要设计不同位宽的数据选择器，可以在模块化实例时通过指定参数 N 的值来实现。参数化模块实例化语句：

```
module_name #(
    .formal_parameter1(actual_parameter),
    ...,
    .formal_parametern(actual_parameter))
    instance_name(
    .formal_port1(actual_port1),
    ...,
    .formal_portm(actual_portm));
```

如果模块设计时采用 parameter 定义参数，模块化实例时可以修改参数的默认值，方法是：在模块名和实例名之间加入由#引导的圆括号，圆括号内部是参数列表。指定参数的方法与指定端口的方法一样，有顺序法和命名法两种。

Listing3.15 给出了 4 位二选一数据选择器的描述方法。

Listing3.15   4 位二选一数据选择器（参数化模块设计）

```
module mux2to1_4(
    input wire s,
    input wire [3:0]a,b,
    output wire [3:0]y
);
    /* instantiate module Mux2to1 with parameter N = 4. */
    Mux2to1 #(.N(4)) u0(.s(s),.a(a),.b(b),.y(y));
endmodule
```

将数据选择器的位宽用参数 N 表示，在模块实例化时根据需要指定参数值，可实现任意位宽的数据选择器，从而提高代码的可读性、可维护性及设计效率。

3.5   BCD 码加法显示电路

本节介绍 BCD 码加法显示电路，输入两个 4 位 BCD 码，计算 BCD 码的和并将计算结果显示在数码管上。通过二进制数加法执行两个 BCD 码加法，之后将二进制结果转换为 BCD 码显示。

3.5.1   加法器

考虑来自低位进位的情况下，实现两个二进制数相加的逻辑电路称为全加器（Full Adder）。1位全加器的真值表见表 3.7，输入信号 a、b 表示加数，输入信号 cin 表示低位进位。输出信号 sum

表示和，输出信号 cout 表示进位。输出信号 sum 和 cout 的逻辑表达式为

$$sum=a\oplus b\oplus cin$$

$$cout=a\cdot b+cin\cdot(a\oplus b)$$

其中，符号 $\oplus$ 表示异或操作。

全加器的 Verilog HDL 描述如 Listing3.16 所示，全加器输出信号的逻辑表达式采用连续赋值语句实现。

表 3.7 全加器的真值表

a	b	cin	cout	sum
0	0	0	0	0
0	0	1	0	1
0	1	0	0	1
0	1	1	1	0
1	0	0	0	1
1	0	1	1	0
1	1	0	1	0
1	1	1	1	1

Listing3.16　全加器的 Verilog HDL 描述

```
module fulladder(
    input a,b,cin,
    output sum,cout
);
    assign sum = a^b^cin;
    assign cout = (a&b)|(cin & (a ^ b));
    //assign \{cout,sum\} = a + b + cin;
endmodule
```

Listing3.16 描述对应的电路如图 3.5 所示。

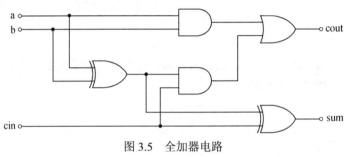

图 3.5　全加器电路

按照全加器输出信号的逻辑表达式或图 3.5，基于门级原语的全加器的 Verilog HDL 描述如 Listing3.17 所示。

Listing3.17　全加器的 Verilog HDL 描述 1（门级原语）

```
module fulladder_gate(
    input a,b,
    input cin,
    output sum,
    output cout
);
    wire c0,c1,c2;

    and and_u0(c0,a,b);
    xor xor_u1(c1,a,b);
    and and_u2(c2,c1,cin);
    or  or_u3(cout,c0,c2);
    xor xor_u4(sum,c1,cin);
endmodule
```

全加器电路还可以采用加法符号直接描述，如 Listing3.18 所示。

Listing3.18　全加器的 Verilog HDL 描述 2

```
module fulladder_gate(
    input a,b,
    input cin,
    output sum,
    output cout
);
    assign {cout,sum} = a + b + cin;
endmodule
```

从综合角度讲，设计者应该清楚每种描述方式对应的综合结果。在选择硬件描述语言的描述方法或描述风格时应特别注意，对于需要综合成电路的描述，考虑到代码的可读性，建议尽量采用连续赋值语句或门级原语。

N 个 1 位全加器级联构成 N 位行波进位全加器（Ripple Adder）。行波进位全加器为串行计算，高位运算依赖低位进位。4 位行波进位加法器电路如图 3.6 所示。Listing3.19 给出 4 位行波进位全加器的一种 Verilog HDL 描述，采用门级原语实现。

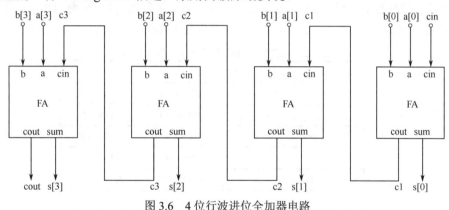

图 3.6　4 位行波进位全加器电路

Listing3.19　4 位行波进位全加器的 Verilog HDL 描述（门级原语）

```
module fulladder4(
    input [3:0]a, b,
    input cin,
    output [3:0]sum,
    output cout
);
    wire c1, c2, c3;

    fulladder fa_u0(.a(a[0]),.b(b[0]),.cin(cin),.sum(sum[0]),.cout(c1));
    fulladder fa_u1(.a(a[1]),.b(b[1]),.cin(c1),.sum(sum[1]),.cout(c2));
    fulladder fa_u2(.a(a[2]),.b(b[2]),.cin(c2),.sum(sum[2]),.cout(c3));
    fulladder fa_u3(.a(a[3]),.b(b[3]),.cin(c3),.sum(sum[3]),.cout(cout));
endmodule
```

Listing3.19 描述的 4 位行波进位全加器，其位宽固定。为了提高代码的可扩展性及可复用性，Listing3.20 给出一种参数化 N 位行波进位全加器的 Verilog HDL 描述。

Listing3.20　N 位行波进位全加器的 Verilog HDL 描述（参数化模块设计）

```
module fulladderN#(
    parameter N = 4
```

```
)(
    input [N-1:0]a,b,
    input cin,
    output [N-1:0]sum,
    output cout
);
    wire [N-2:0] c;

    fulladder fulladder_U[N-1:0](.a(a), .b(b), .cin({c[N-2:0], cin}), .sum(sum), .cout({cout, c[N-2:0]}));
endmodule
```

模块 fulladderN 采用阵列实例化语句实例化 *N* 个 fulladder 模块。阵列实例化语句采用向量化的实例名 fulladder_U[N-1:0]，实例化 *N* 个 fulladder 模块，要求端口连接信号是与实例名位宽一致的向量。本例中信号 a 和 b 需要定义为 *N* 位的向量。

3.5.2 二进制数-BCD 码转换电路

本节设计二进制数-BCD 码转换电路，功能是将 4 位二进制数 s[3:0]转换为 2 位十进制数的显示编码 D=d1d0，驱动数码管显示 2 位十进制数。二进制数-BCD 码转换电路的功能表见表 3.8。

表 3.8　二进制数-BCD 码转换电路功能表

s[3]	s[1]	s[1]	s[0]	d1	d0
0	0	0	0	1000000(0)	1000000(0)
0	0	0	1	1000000(0)	1111001(1)
0	0	1	0	1000000(0)	0100100(2)
0	0	1	1	1000000(0)	0110000(3)
0	1	0	0	1000000(0)	0011001(4)
0	1	0	1	1000000(0)	0011001(5)
0	1	1	0	1000000(0)	0000010(6)
0	1	1	1	1000000(0)	1111000(7)
1	0	0	0	1000000(0)	0000000(8)
1	0	0	1	1000000(0)	0011000(9)
1	0	1	0	1111001(1)	1000000(0)
1	0	1	1	1111001(1)	1111001(1)
1	1	0	0	1111001(1)	0100100(2)
1	1	0	1	1111001(1)	0110000(3)
1	1	1	0	1111001(1)	0011001(4)
1	1	1	1	1111001(1)	0011001(5)

电路包含两个 7 位的输出，分别驱动一个数码管。输出 d0 对应字符 0～9 的显示编码，当输入 s[3:0]小于 9 时，输入信号 s[3:0]经过数据选择器直接送译码电路；当输入信号 s[3:0]大于 9 时，输入信号经过电路 CircuitA 的处理，通过数据选择器送译码电路。因为显示编码 d1 有两种可能取值，所以电路需要一个数据选择器。为了区分输入信号 s[3:0]是否大于 9，电路需要一个比较器（Comparator）。两位十进制数显示在数码管上，数码管前端连接七段显示译码器（7-segment decoder），其中由于高位 d1 只有两个值需要显示（熄灭或"1"），从节省逻辑资源的角

度，重新设计一个简单的译码电路 CircuitB 取代七段显示译码电路。输出 d1 在输入 s[3:0]大于 9 时，显示"1"，其余情况下不显示任何字符，因此，不能直接使用七段显示译码器，需要设计译码电路：输入大于 9 时，显示"1"；输入小于 9 时，不显示。因此，在显示译码电路前需要一个比较器，如图 3.7 所示。

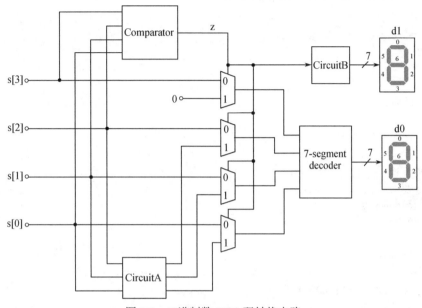

图 3.7 二进制数-BCD 码转换电路

Listing3.21 按照图 3.7 所示的电路结构给出电路的 Verilog HDL 描述。二进制数转换成 BCD 码的方法：如果输入二进制数 s[3:0]（转换为十进制数后）小于 10，BCD 码和二进制数表示一致，输出等于输入；如果输入 s[3:0]大于或等于 10，则输入信号加 6，取低 4 位，同时产生一个进位输出。CircuitA 的作用是将输入低 3 位加 6 输出，数据选择器根据输入信号是否大于或等于 10，选择合适信号输出，并确定进位信号。

Listing3.21 二进制数-BCD 码转换电路的 Verilog HDL 描述

```
/* Binary number to BCD */
module circuitA(
    input wire[2:0]ain,
    output wire [2:0]aout
);
    assign aout[2] = (ain[2])&(ain[1]);
    assign aout[1] = (ain[2])&(~ain[1]);
    assign aout[0] = ((ain[2])&(ain[0]))|((ain[1])&(ain[0]));
    //assign aout = ain + 3'b110;
endmodule
/* CircuitB */
module circuitB(
    input wire bin,
    output wire [6:0]bout
);
    assign bout = (bin==1'b1)? (7'b1111001):(7'b1111111);
endmodule
%
```

```verilog
module comparator(
    input wire [3:0]datain,
    output wire z
);
    assign z = (datain[3]&datain[2])|((datain[3])&datain[1]);
endmodule
/* mux */
module mux2to1_4(
    input wire sel,
    input wire[3:0] a, b,
    output wire[3:0] y
);
    assign y = (sel==1'b0)?(a):(b);
endmodule
/* display decoder */
module digit_7seg(
    input wire [3:0]datain,
    output reg [6:0]Y
);
    always@(datain) begin
    case(datain)
            4'b0000: Y = 7'b1000000;
            4'h0001: Y = 7'b1111001;
            4'b0010: Y = 7'b0100100;
            4'b0011: Y = 7'b0110000;
            4'b0100: Y = 7'b0011001;
            4'b0101: Y = 7'b0010010;
            4'b0110: Y = 7'b0000010;
            4'b0111: Y = 7'b1111000;
            4'b1000: Y = 7'b0000000;
            4'b1001: Y = 7'b0011000;
            4'b1010: Y = 7'b0001000;
            4'b1011: Y = 7'b0000011;
            4'b1100: Y = 7'b1000110;
            4'b1101: Y = 7'b0100001;
            4'b1110: Y = 7'b0000110;
            default: Y = 7'b0001110;
    endcase
    end
endmodule
/* top level entity */
module bcd2bin(
    input wire[3:0]s,
    output wire [6:0]d0,d1
);
    wire z;
    wire [2:0]aout;
    wire [3:0]tmp1;
```

```
        comparator u1(.datain(s),.z(z));
        circuitA u2(.ain(d[2:0]),.aout(aout));
        mux2to1_4 u3(.sel(z),.a(s),.b({1'b0,aout}),.y(tmp1));
        circuitB u4(.bin(z),.bout(d1));
        digit_7seg u5(.datain(tmp1),.Y(d0));
endmodule
```

3.5.3　BCD 码加法电路设计实现

本节设计 BCD 码加法电路，输入是 BCD 码 A[3:0]、B[3:0]和进位标志 cin，输出是 2 位 BCD 码 A 和 B 的和 S=s1s0，S 表示十进制整数，s1 表示该整数的十位，s0 表示个位。本设计要求电路输出的最大值等于 19，此时输入 A=9，B=9，cin=1。

本设计限定两个输入小于或等于 9_{10}，在限制条件下 BCD 码和二进制数表示一致，通过实例化 4 位全加器电路实现 BCD 码加法。4 位加法器输出结果包含 5 位二进制数：和 sum 4 位，进位标志 cout 1 位。接下来需要将 5 位二进制数转换为 BCD 码。由于限定 5 位二进制数最大值为 19，转换过程与 3.5.2 节介绍的电路类似。具体电路结构如图 3.8 所示。

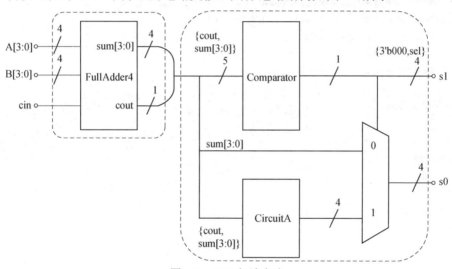

图 3.8　BCD 加法电路

BCD 码加法电路的完整实现参考 Listing3.22。

Listing3.22　BCD 码加法电路的完整实现

```
/* top entity */
module bcdadder_top(
    input wire[8:0]SW,
    output wire [6:0]HEX6, HEX4, HEX1, HEX0,
    output wire [8:0]LEDG,
    output wire [8:0]LEDR
);
    wire [3:0]s1,s0;

    bcdadder_4 u1(.A(SW[7:4]),.B(SW[3:0]),.cin(SW[8]),.s1(s1),.s0(s0));
    digit_7seg u2(.datain(s1),.Y(HEX1));
    digit_7seg u3(.datain(s0),.Y(HEX0));
```

```
        digit_7seg u4(.datain(SW[7:4]),.Y(HEX6));
        digit_7seg u5(.datain(SW[3:0]),.Y(HEX4));

        assign LEDR = SW;
        assign LEDG[8] = s1[0];

endmodule
/* BCD 码加法电路  */
module bcdadder_4(
        input wire[3:0]A,B, // A and B less than 10
        input wire cin,
        output wire[3:0]s1, s0
);
        wire [3:0]sum;
        wire cout,sel;
        wire [3:0]aout;
        //FullAdder4 u1(.a(A),.b(B),.cin(cin),.sum(sum),.cout(cout));
        FullAdderN u1(.a(A),.b(B),.cin(cin),.sum(sum),.cout(cout));
        comparator u2(.a({cout,sum}),.y(sel));
        circuitA u3(.ain({cout,sum}),.aout(aout));
        mux2to1_4 u4(.a(sum),.b(aout),.sel(sel),.y(s0));

        assign s1={3'b000,sel};
endmodule
/* 4-bit full adder */
module FullAdder4(
        input [3:0]a,b,
        input cin,
        output [3:0]sum,
        output cout
);
        wire c1,c2,c3;

        FullAdder fa_u0(.a(a[0]),.b(b[0]),.cin(cin),.sum(sum[0]),.cout(c1));
        FullAdder fa_u1(.a(a[1]),.b(b[1]),.cin(c1),.sum(sum[1]),.cout(c2));
        FullAdder fa_u2(.a(a[2]),.b(b[2]),.cin(c2),.sum(sum[2]),.cout(c3));
        FullAdder fa_u3(.a(a[3]),.b(b[3]),.cin(c3),.sum(sum[3]),.cout(cout));

endmodule
/* N-bit fulladder */
module FullAdderN#(
        parameter N = 4
)(
        input [N-1:0]a,b,
        input cin,
        output [N-1:0]sum,
        output cout
);
        wire [N-2:0]c;
```

```verilog
    /* Array instantiation */
    FullAdder full_adderU[N-1:0](.a(a),
                        .b(b),
                        .cin({c[N-2:0],cin}),
                        .sum(sum),
                        .cout({cout,c[N-2:0]}));
endmodule
/* FullAdder */
module FullAdder(
    input a,b,cin,
    output sum,cout
);
    assign sum    = a^b^cin;
    assign cout = (a&b)|(cin & (a^b));
    //assign {cout,sum} = a + b + cin;
endmodule
/* comparator */
module comparator(
    input wire[4:0]a,
    output reg y
);
  always@(*)   begin
    if(a>9)
       y = 1'b1;
    else
       y = 1'b0;
  end

endmodule
/* CircuitA    */
module circuitA(
    input wire[4:0]ain,      // bit width: 5
    output wire [3:0]aout // bit width: 4
);
    wire [4:0]t;
    assign t = ain + 3'b110;
    assign aout = t[3:0];
endmodule
/* multiplexer */
module mux2to1_4(
    input wire sel,
    input wire[3:0] a,b,
    output wire[3:0]y
);
    assign y = (sel==1'b0)?(a):(b);
endmodule
/* Decoder */
module digit_7seg(
    input wire [3:0]datain,
```

```
    output reg [6:0]Y
);
    always@(datain) begin
        case(datain)
            4'b0000: Y = 7'b1000000; // 0
            4'h0001: Y = 7'b1111001; // 1
            4'b0010: Y = 7'b0100100; // 2
            4'b0011: Y = 7'b0110000; // 3
            4'b0100: Y = 7'b0011001; // 4
            4'b0101: Y = 7'b0010010; // 5
            4'b0110: Y = 7'b0000010; // 6
            4'b0111: Y = 7'b1111000; // 7
            4'b1000: Y = 7'b0000000; // 8
            4'b1001: Y = 7'b0011000; // 9
            4'b1010: Y = 7'b0001000; // A
            4'b1011: Y = 7'b0000011; // B
            4'b1100: Y = 7'b1000110; // C
            4'b1101: Y = 7'b0100001; // D
            4'b1110: Y = 7'b0000110; // E
            default: Y = 7'b0001110; // F
        endcase
    end
endmodule
```

模块 bcdadder_4 按照图 3.8 所示的电路结构，采用模块实例化的方式实现 BCD 码加法电路。电路的核心部分是 4 位行波进位加法器 FullAdder4，BCD 码-十进制数转换电路将加法器输出的 5 位结果转换为 2 位十进制数并显示。

3.6 实例化 IP 核数字电路设计

Verilog HDL 描述电路时，同样功能模块的描述风格可能存在很大差异。如果描述风格符合综合软件要求，复杂的描述也能够被正确识别，并给出高效的实现。如果描述没有被综合软件正确识别，综合软件给出的电路结构未必是高效的，从这种角度上来说，直接采用实例化 IP 核的方式实现能够达到更好的效果。Quartus Prime 提供常用电路模块的高效实现，以 IP 核方式提供，用户在设计中通过设置合适的参数，直接实例化所需模块，可简化设计过程，提高设计效率。

3.6.1 加/减电路

加/减电路支持 n 位加、减及累加（Accumulation）操作，电路输入/输出数据采用补码表示。加/减电路有两个数据输入端口 A（$a_{n-1}a_{n-2}\ldots a_0$）和 B（$b_{n-1}b_{n-2}\ldots b_0$），表示参与运算的两个操作数；一个数据输出端口 Z（$z_{n-1}\ z_{n-2}\ldots z_0$），表示计算结果。第一个控制输入信号 AddSub 控制电路执行的具体操作（加操作或减操作），如果 AddSub=0，执行 Z=A+B；如果 AddSub=1，执行 Z=A-B。第二个控制输入信号 Sel 用于控制累加操作，如果 Sel=0，执行 Z=A±B；如果 Sel=1，则执行累加操作。如果加/减操作产生溢出（Overflow），则输出信号 Overflow 置位，指示产生溢出。

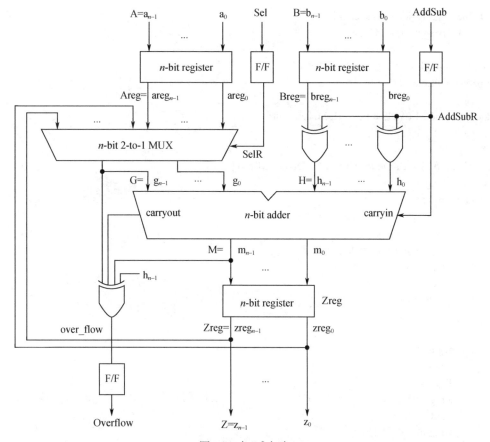

图 3.9　加/减电路

为了方便处理异步输入信号，采用输入缓冲器（一种边沿触发的存储元件，也称为输入寄存器），在时钟信号上升沿输入信号被装载到输入寄存器。输入信号 A 和 B 分别装载到输入寄存器 Areg 和 Breg，信号 Sel 和 AddSub 分别装载到输入寄存器 SelR 和 AddSubR。加/减电路的计算结果装载到输出寄存器 Zreg。

加/减电路的 Verilog HDL 描述参考 Listing3.23，本例中指定参数 N=16。Listing3.23 给出描述触发器的方法：电平敏感的敏感列表和非阻塞赋值语句，更多的细节将在后续章节介绍。

Listing3.23　加/减电路的 Verilog HDL 描述

```
// Top-level entity
module addersubtractor#(
    parameter N = 16
)(
    input [N-1:0]A, B,
    input Clock, Reset, Sel, AddSub,
    output [N-1:0] Z,
    output reg Overflow
);
    reg SelR, AddSubR;
    reg [N-1:0] Areg, Breg, Zreg;
    wire [N-1:0] G, H, M;
    wire carryout, over_flow;
```

```verilog
    // Define combinational logic circuit
    assign H = Breg ^ {n{AddSubR}};

    mux2to1 multiplexer (Areg, Z, SelR, G);
    defparam multiplexer.K = N;

    adderk nbit_adder (AddSubR, G, H, M, carryout);
    defparam nbit_adder.K = N;

    assign over_flow = carryout ^ G[n-1] ^ H[N-1] ^ M[N-1];
    assign Z = Zreg;
    // Define flip-flops and registers
    always@(posedge Reset, posedge Clock)
        if (Reset == 1) begin
            Areg <= 0; Breg <= 0;
            Zreg <= 0;
            SelR <= 0;
            AddSubR <= 0;
            Overflow <= 0;
        end
        else begin
            Areg <= A;
            Breg <= B;
            Zreg <= M;
            SelR <= Sel;
            AddSubR <= AddSub;
            Overflow <= over_flow;
        end
endmodule
// k-bit 2-to-1 multiplexer
module mux2to1#(
    parameter K = 8
)(
    input [K-1:0]V, W,
    input Selm,
    output reg[K-1:0]F);
    always @(V or W or Selm)
        if (Selm == 0)
            F = V;
        else
            F = W;
endmodule
// k-bit adder
module adderk#(
    parameter K = 8
)(
    input [K-1:0] X, Y,
    input carryin,
    output reg[K-1:0]S,
    output reg carryout);
```

```
    always @(X, Y, carryin) begin
        {carryout, S} = X + Y + carryin;
end
endmodule
```

Listing3.23 模块实例化时，修改模块默认参数的方法是采用关键字 defparam，具体语法为：

```
module_name instantiation_name(port connection);
defparam instantiation_name.parameter_name = actual_value;
```

模块实例语句之后，采用关键字 defparam 修改模块中关键字 parameter 定义的参数值，即 defparam 实例名.参数名=参数值。采用关键字 localparam 定义的参数不可修改。

3.6.2 实例化 IP 核加/减电路设计

Quartus Prime 提供常用电路的 IP 核，通过实例化 IP 核已经成为数字电路设计的常用方式，用户指定模块参数的具体数值，实现 IP 核的定制。Quartus Prime 提供 IP 核 LPM_ADD_SUB。LPM_ADD_SUB 包含多个输入和输出信号，有些信号可能并不使用，有些参数用于指定操作模式，例如，参数 LPM_WIDTH 用于指定操作的位宽，参数 LPM_REPRESENTATION 指定操作数被解释为有符号数还是无符号数。Quartus Prime 提供 IP 核向导，使得实例化模块变得很简单。

使用 LPM_ADD_SUB 简化图 3.9 所示加/减电路，改进后的电路结构如图 3.10 所示。LPM_ADD_SUB 的实例名为 megaaddsub，取代图 3.9 中的加法器以及为加法器电路提供输入的 XOR 门电路。LPM_ADD_SUB 提供算术运算溢出标志信号，因此电路不必包含产生溢出标志的 XOR 门电路。

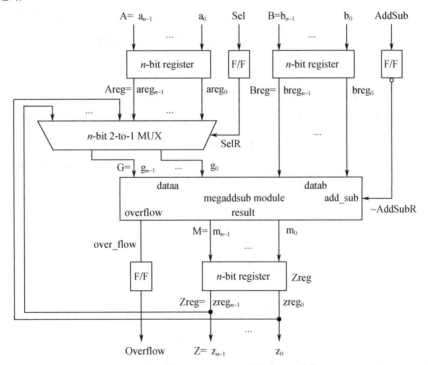

图 3.10 加/减电路（IP 核 LPM_ADD_SUB）

为了实现图 3.10 所示电路，新建 Quartus Prime 工程，命名为 addsubtractor2，器件选择：EP4CE115F29C7。

新设计在顶层模块中实例化 LPM_ADD_SUB，采用 Quartus Prime 提供的向导，产生相关设计文件。

（1）单击 Tools→IP Catalog 命令，弹出 IP Catalog 窗口，如图 3.11 所示。默认情况下，IP Catalog 窗口位于 Quartus Prime 主窗口右侧。

（2）在 IP Catalog 窗口，单击 Library→Basic Functions→Arithmetic 选项，在 Arithmetic 项下选择 LPM_ADD_SUB，如图 3.12 所示。

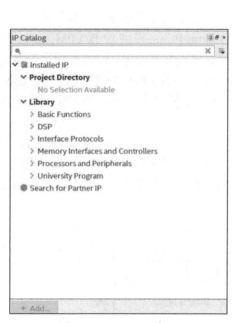

图 3.11　IP Catalog 窗口

图 3.12　选择 LPM_ADD_SUB

（3）双击 LPM_ADD_SUB，弹出 Save IP Variation 对话框，如图 3.13 所示，在此指定产生的模块描述文件的位置（默认为工程所在文件夹）及文件名，指定文件类型为 Verilog，单击 OK 按钮。

图 3.13　Save IP Variation 对话框

（4）弹出 MegaWizard Plug-In Manager[page 1 of 6]对话框，如图 3.14 所示。dataa 和 datab 的位宽设置为 16，操作模式选择 Create an 'add_sub' input port to allow me to do both（1 adds; 0 subtracts），支持加/减操作。单击 Next 按钮，弹出 MegaWizard Plug-In Manager[page 2 of 6]对话框，如图 3.15 所示。

图 3.14   MegaWizard Plug-In Manager
[page 1 of 6]对话框

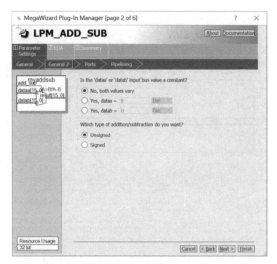

图 3.15   MegaWizard Plug-In Manager
[page 2 of 6]对话框

（5）在图3.15中设置是否有某个操作数为常数，选择No, both values vary，表示两个操作数都是输入信号，数据类型选择 Unsigned，单击 Next 按钮，弹出 MegaWizard Plug-In Manager[page 3 of 6]对话框，如图 3.16 所示。

（6）在图 3.16 中，设计者确定是否使用某些可选的输入和输出信号，选择 Create an overflow output，使用溢出信号。单击 Next 按钮，弹出 MegaWizard Plug-In Manager[page 4 of 6]对话框，如图 3.17 所示。

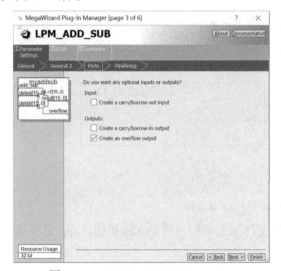

图 3.16   MegaWizard Plug-In Manager
[page 3 of 6]对话框

图 3.17   MegaWizard Plug-In Manager
[page 4 of 6] 对话框

（7）在图 3.17 中，选择 No，禁止流水线设计（Pipeline Design），单击 Next 按钮，弹出 MegaWizard Plug-In Manager[page 5 of 6]对话框，如图 3.18 所示。

（8）在图3.18中选择是否产生仿真网表（Simulation Netlist），勾选 Generate netlist，选择产生仿真网表，单击 Next 按钮，弹出 MegaWizard Plug-In Manager[page 6 of 6]对话框，如图 3.19 所示。

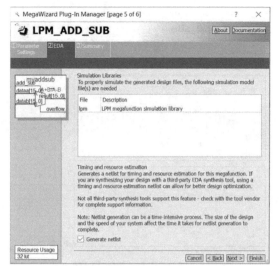

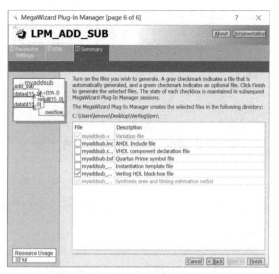

图 3.18 MegaWizard Plug-In Manager
[page 5 of 6]对话框

图 3.19 MegaWizard Plug-In Manager
[page 6 of 6]对话框

（9）在图 3.19 中总结模块参数设置，允许选择用户指定需要产生的文件。用户查看参数设置情况，如果满足设计需求，单击 Finish 按钮完成设置，弹出 Quartus Prime IP Files 对话框，如图 3.20 所示。如果在设置过程中发现问题，每一步都可以单击 Back 按钮返回上一步，重新进行设置。

图 3.20 Quartus Prime IP Files 对话框

（10）在图 3.20 中询问是否将刚刚产生的 IP 文件加入工程，单击 Yes 按钮，.qip 文件加入工程中。

至此，通过 MegaWizard Plug-In Manager 向导完成 IP 核 LPM_ADD_SUB 的设置，并将产生的.qip 文件加入工程中。

3.6.3 实例化 IP 核

Quartus Prime 的 MegaWizard Plug-In Manager 自动产生 megaaddsub.v 文件，如 Listing3.24 所示，用户不需要修改，文件定义为 megaaddsub 模块。

Listing3.24 加/减电路的 Verilog HDL 描述（IP 核）

```
timescale 1 ps / 1 ps
/* synopsys translate_on */
```

```verilog
module megaaddsub (
    add_sub,
    dataa,
    datab,
    overflow,
    result
);
    input      add_sub;
    input [15:0]   dataa;
    input [15:0]   datab;
    output    overflow;
    output[15:0]   result;

    wire    sub_wire0;
    wire [15:0] sub_wire1;
    wire    overflow = sub_wire0;
    wire [15:0] result = sub_wire1[15:0];

    lpm_add_sub        LPM_ADD_SUB_component (
                .add_sub (add_sub),
                .dataa (dataa),
                .datab (datab),
                .overflow (sub_wire0),
                .result (sub_wire1)/* synopsys translate_off */ ,
                .aclr (),
                .cin (),
                .clken (),
                .clock (),
                .cout ()
                /* synopsys translate_on*/);
    defparam
        LPM_ADD_SUB_component.lpm_direction = "UNUSED",
        LPM_ADD_SUB_component.lpm_hint = "ONE_INPUT_IS_CONSTANT=NO,CIN_USED=NO",
        LPM_ADD_SUB_component.lpm_representation = "UNSIGNED",
        LPM_ADD_SUB_component.lpm_type = "LPM_ADD_SUB",
        LPM_ADD_SUB_component.lpm_width = 16;
endmodule
```

通过实例化方式使用产生的 IP 核，加/减电路的完整描述如 Listing3.25 所示。模块 addersubtractor2 的核心功能通过实例化 MegaWizard Plug-In Manager 产生的 megaaddsub 模块实现。此外，还需要二选一数据选择器（mux2to1）及输入和输出寄存器实现整个电路。

Listing3.25　加/减电路的完整描述

```verilog
// Top-level module
module addersubtractor2 #(
    parameter n = 16
)(
    input [n-1:0]A, B,
    input Clock, Reset, Sel, AddSub,
    output [n-1:0] Z,
```

```
    output reg Overflow
);
    reg SelR, AddSubR;
    reg [n-1:0] Areg, Breg, Zreg;
    wire [n-1:0] G,M;
    wire over_flow;
    // Define combinational logic circuit
    mux2to1 multiplexer (Areg, Z, SelR, G);
    defparam multiplexer.k = n;

    megaaddsub nbit_adder(~AddSubR, G, Breg, M, over_flow);

    assign Z = Zreg;
    // Define flip-flops and registers
    always@(posedge Reset or posedge Clock)
        if (Reset == 1) begin
            Areg <= 0;
            Breg <= 0;
            Zreg <= 0;
            SelR <= 0;
            AddSubR <= 0;
            Overflow <= 0;
        end
        else begin
            Areg <= A;
            Breg <= B;
            Zreg <= M;
            SelR <= Sel;
            AddSubR <= AddSub;
            Overflow <= over_flow;
        end
endmodule
// k-bit 2-to-1 multiplexer
module mux2to1#(
    parameter k = 8
)(
    input [k-1:0]V, W,
    input Selm,
    output reg[k-1:0]F
);

    always@(V or W or Selm)
        if (Selm == 0)
            F = V;
        else
            F = W;
endmodule
```

将上述两个设计文件加入工程（见图 3.21），编译整个工程。

工程编译报告（Flow Summary）如图 3.22 所示。从中可以看出，设计使用了 52 个逻辑单元、36 个寄存器，电路共有 53 个引脚，其他资源（如乘法器、锁相环及存储器）都为 0。通常情况下，与用户自己的设计相比，采用参数化模块库可使用更少的逻辑单元。需要指出的是，Quartus Prime 提供的有些模块是需要付费使用的。通过购买 IP 核，采用实例化 IP 核的方式进行电路设计，可大大加快产品的设计速度。实例化 IP 核是目前大规模数字电路设计的主要途径。

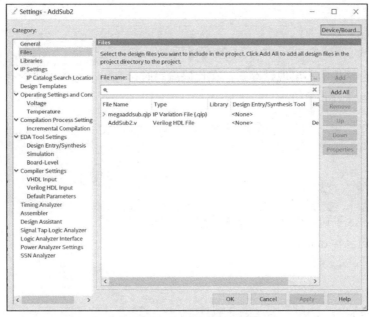

图 3.21　将文件加入工程

Flow Summary	
Flow Status	Successful - Mon May 03 10:05:21 2021
Quartus Prime Version	18.0.0 Build 614 04/24/2018 SJ Standard Edition
Revision Name	AddSub2
Top-level Entity Name	addersubtractor2
Family	Cyclone IV E
Device	EP4CE115F29C7
Timing Models	Final
Total logic elements	52 / 114,480 (< 1 %)
Total registers	36
Total pins	53 / 529 (10 %)
Total virtual pins	0
Total memory bits	0 / 3,981,312 (0 %)
Embedded Multiplier 9-bit elements	0 / 532 (0 %)
Total PLLs	0 / 4 (0 %)

图 3.22　工程编译报告

3.7　避免产生锁存器

采用 always 块描述电路时，设计者要明确描述的电路是组合逻辑电路还是时序逻辑电路。在描述组合逻辑电路时，一个常见的问题是由于代码错误导致综合结果产生锁存器（一种电平触发的存储元件），设计时应尽量避免。

Listing3.26 的综合结果不是组合逻辑电路，而是组合逻辑电路+锁存器电路结构，类似图 3.23 所示的"组合逻辑环"电路结构。综合结果中包含锁存器，通常是描述中存在不完整的条件分支造成的。在 Listing3.26 中，设计者明确说明当 sel 为高电平时，电路输出 y=a，但是

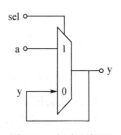

图 3.23　组合逻辑环

没有明确说明当输入 sel=0 时输出 y 的取值。在 Verilog HDL 中，如果没有明确说明某些输入条件下输出信号的具体取值，输出将保持原来的值不变。"保持当前值不变"意味着需要存储元件保存当前值，导致综合结果中包含锁存器。如果综合结果中产生锁存器，软件一般会给出警告信息。

Listing3.26　意外产生锁存器

```
always@(*) begin
    if(sel)
        y = a;
end
```

为了保证综合结果中不出现锁存器，在代码编写时，有以下方法可以选择使用。

（1）if 语句包含 else 子句

```
always@(*) begin
    if(sel)
        y = a;
    else
        y = b;
end
```

if 语句包含 else 子句，保证条件分支完整。

（2）case 语句包含 default 子句

```
always@(*) begin
    case(sel)
        1'b1: y = a;
        default: y = b;
    endcase
end
```

case 语句包含 default 子句，保证条件分支完整。

（3）输出变量赋予默认值

```
always@(*) begin
    y = b;
    if(sel)
        y = a;
end
```

通过在 always 块开始时为输出信号赋予默认值，保证条件分支完整。

3.8　思 考 题

1. 总结采用连续赋值语句描述组合逻辑电路的步骤和注意事项。
2. 总结 Verilog HDL 支持的算术操作符、按位操作符、逻辑操作符的运算规则。
3. 试述采用连续赋值语句和模块实例化语句描述组合逻辑电路的区别及各自的特征。
4. 总结 Verilog HDL 的 always 块的语法特点。
5. 总结 always 块在描述组合逻辑电路时的语法特点。
6. 总结阻塞赋值语句和非阻塞赋值语句的仿真、综合特征及使用场合。
7. 总结 DE2-115 开发板上发光二极管、数码管、滑动开关的电路特征。
8. 总结典型的组合逻辑电路如译码器、编码器和数据选择器的功能和电路结构特征。
9. 总结采用实例化 IP 核方法设计电路和自定义设计电路各自的优点与缺点。

3.9 实践练习

1. 设计 1 位八选一数据选择器，并在 DE2-115 开发板上进行验证。

```
module mux8to1(
    input [2:0]sel,
    input a,b,c,d,e,f,g,h,
    output y
);
    /* input your code here */

endmodule
```

数据选择器的选择输入端 sel 连接 SW[10:8]，8 个数据输入端 a、b、c、d、e、f、g、h 分别连接滑动开关 SW[7:0]，输出信号 y 连接绿色发光二极管 LEDG[0]。验证时，所有的滑动开关 SW[10:0]连接红色发光二极管 LEDR[10:0]。要求：不允许使用条件操作符和模块实例化语句。

2. 参考 3.1.4 节设计的滚动显示电路，使用 DE2-115 开发板上的全部 8 个数码管显示 5 个字符。当滑动开关 SW[17:15]变化时，5 个字符在 8 个数码管上循环滚动显示，具体显示模式见表 3.9。注意："—"表示熄灭数码管。

表 3.9 滚动显示电路的显示模式

SW[17:15]	显示模式							
	HEX0	HEX1	HEX2	HEX3	HEX4	HEX5	HEX6	HEX7
000	—	—	—	H	E	L	L	O
001	—	—	H	E	L	L	O	—
010	—	H	E	L	L	O	—	—
011	H	E	L	L	O	—	—	—
100	E	L	L	O	—	—	—	H
101	L	L	O	—	—	—	H	E

3. 考虑 Listing3.11 所示的 4-2 优先编码器。

（1）给出 prio42 的 Testbench 模块，采用 ModelSim 工程仿真流程给出仿真结果。

（2）在 DE2-115 开发板上验证电路功能。输入信号 r4 连接滑动开关 SW[3:0]，输出信号 code2 连接红色发光二极管 LEDR[3:0]，输出信号 act42 连接绿色发光二极管 LEDG[4]，同时将输入信号 SW[3:0]连接绿色发光二极管 LEDG[3:0]。

4. 采用 case 语句实现表 3.5 所示的 4-2 优先编码器，并重复第 3 题的设计过程。

```
module pri42_tb();
    reg [3:0]r4;
    wire [1:0]code2;
    wire act42;

    initial begin
    // insert your code here.

    end
```

```
/* instantiate the UUT: prio42 */
prio42 prio42_u0(.r4(r4), .code2(code2),.act42(act42));
endmodule
```

5．考虑 Listing3.12。

（1）采用连续赋值语句实现表 3.6 所示的七段显示译码电路。

（2）设计 Testbench 模块，基于 ModelSim 的工程仿真流程给出仿真结果，验证电路功能。

（3）在 DE2-115 开发板上验证电路功能的正确性。要求：输入信号 s[3:0]连接滑动开关 SW[3:0]，输出信号 y[6:0]连接数码管 HEX0。

6．设计组合电路，转换 6 位二进制数为 2 位以 BCD 码表示的十进制数，并在 DE2-115 开发板上进行验证。要求：使用滑动开关 SW[5:0]代表输入二进制数，使用数码管 HEX1 和 HEX0 显示输出结果，输入信号 SW[5:0]连接红色发光二极管 LEDR[5:0]。

7．考虑 Listing3.24。

（1）编写 addersubtractor 的 Testbench 模块。

（2）基于 ModelSim 工程仿真流程给出仿真结果。

（3）采用参数 $n=2$ 实例化 addersubtractor 模块，实现 2 位加/减电路，在 DE2-115 开发板实现并验证电路。

8．考虑 Listing3.25。

（1）编写 addersubtractor2 的 Testbench 模块。

（2）基于 ModelSim 工程仿真流程给出仿真结果。

（3）采用参数 $n=2$ 实例化 addersubtractor2 模块，实现 2 位加/减电路，在 DE2-115 开发板实现并验证电路。

9．设计 N 位奇校验电路，输入为 N 位待校验数据，输出为 1 位奇校验结果。

（1）编写 Verilog HDL 代码，给出奇校验电路的 Verilog HDL 描述。

（2）编写 Testbench 模块，基于 ModelSim 工程仿真流程给出仿真结果。

第4章 时序逻辑电路设计

本章介绍基本存储元件锁存器（Latch）、触发器（Flip-Flop）及计数器（Counter）、移位寄存器（Shift Register）等时序逻辑电路的工作原理和设计方法，目的在于帮助读者掌握简单基本存储元件和时序逻辑电路的特点与设计方法，从而能够独立设计基本时序逻辑电路。

4.1 基本存储元件

锁存器和触发器是实现时序逻辑电路常用的存储元件，本节讨论锁存器和触发器的功能、时序参数及 Verilog HDL 描述。

4.1.1 锁存器

锁存器的电路符号如图 4.1（a）所示。如果使能信号 En 有效，输入和输出连通，输出等于输入；如果使能信号 En 无效，输入和输出断开，输出保持原值不变。使能信号 En 从 0 变为 1 时刻（下降沿），锁存器的输入值会被"锁存"到锁存器中，锁存器具有存储功能。图 4.1（a）所示的锁存器，使能信号高电平有效；而图 4.1（b）所示的锁存器，使能信号低电平有效。

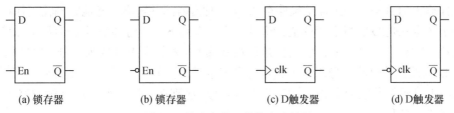

(a) 锁存器　　　　(b) 锁存器　　　　(c) D触发器　　　　(d) D触发器

图 4.1　基本存储元件的电路符号

Listing4.1 给出锁存器的 Verilog HDL 描述。

Listing4.1　锁存器的 Verilog HDL 描述

```verilog
module dlatch1(
    input En,
    input D,
    output reg Q
);
    /* level sensitive */
    always@(En, D) begin
        if(En) begin
            Q = D;
        end
    end
endmodule
```

在 Listing4.1 中，描述锁存器的 always 块采用电平敏感的敏感列表，内部采用阻塞赋值语句，使能信号 En=1 时，输出 Q=D。描述没有明确说明控制信号 En=0 情况下输出信号 Q 的取值。对于这种情况，Verilog HDL 的处理方法：有些条件下没有明确说明输出信号的取值，则输出信号保持原值不变，此时综合结果产生锁存器。

使能信号 En 处于高电平时，锁存器的输入和输出之间是"透明"的，如果电路中存在反馈环（从输出到输入的信号传播路径），可能会造成"竞争"现象。例如，希望采用图 4.2 所示电路交换两个锁存器的内容，当控制信号 En=1 时，锁存器的输入和输出之间完全"透明"，造成两个锁存器之间都是"透明"的，无法保证第二个锁存器 Q1 的输出一定是第一个锁存器 Q0 的输入。

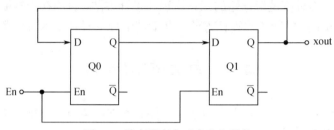

图 4.2　锁存器存在"竞争"现象

4.1.2　D 触发器

触发器的种类很多，包括 RS 触发器、JK 触发器和 D 触发器等。FPGA 数字系统设计领域常用 D 触发器，包括上升沿触发 D 触发器（见图 4.1（c））和下降沿触发 D 触发器（见图 4.1（d））。如无特殊说明，本书中提到的触发器指上升沿触发 D 触发器。

D 触发器具有一个特殊的控制信号，称为时钟信号。在时钟信号上升沿（信号从 0 变为 1 时刻）采样输入信号 D，将采样结果保存在 D 触发器内部并输出，其他时刻输出保持不变。D 触发器输出（也就是 D 触发器存储值）保持不变，直到下一个时钟信号上升沿到来。D 触发器的工作依赖于时钟沿，因此称 D 触发器是边沿敏感的。相对于其他输入信号，时钟信号比较特别，因此 D 触发器的电路符号用一个三角符号表示时钟信号，如图 4.1（c）所示。下降沿触发 D 触发器与上升沿触发的 D 触发器的工作方式类似，区别在于下降沿触发 D 触发器在时钟信号下降沿采样输入信号。

Listing4.2 给出上升沿触发 D 触发器的 Verilog HDL 描述。

Listing4.2　上升沿触发 D 触发器的 Verilog HDL 描述（一段式）

```
module dff1(
    input wire clk, rst,
    input wire D,
    output reg Q
);
    always@(posedge clk, posedge rst) begin
        if(rst)
            Q <= 1'b0;
        else
            Q <= D;
    end
endmodule
```

描述 D 触发器的 always 块采用边沿敏感的敏感列表和非阻塞赋值语句。带有关键字 posedge 或 negedge 的敏感列表称为边沿敏感的敏感列表，关键字 posedge 表示信号上升沿，下降沿采用 negedge 表示。描述组合逻辑电路的 always 块的敏感列表中不使用 posedge 或 negedge，直接列出信号名，称为电平敏感的敏感列表。描述 D 触发器时，敏感列表中只出现时钟信号和异步复位信号，采用 posedge 或 negedge 修饰。数据输入信号 D 并不包含在敏感列表中，输入信号 D 的改变并不能引起输出 Q 改变，在时钟信号 clk 有效沿（上升沿或下降沿），D 触发器采样并保存输入信号 D 值。除了异步复位信号，D 触发器可能包括其他控制信号，如使能信号。

下降沿触发、高电平复位 D 触发器的 Verilog HDL 描述如 Listing4.3 所示。

Listing4.3　下降沿触发、高电平复位 D 触发器的 Verilog HDL 描述（一段式）

```
module dff_neg1(
    input wire clk, rst,
    input wire D,
    output reg Q
);
    always@(negedge clk, posedge rst) begin
        if(rst)
            Q <= 0;
        else
            Q <= D;
    end
endmodule
```

下降沿触发、低电平复位 D 触发器的 Verilog HDL 描述参考 Listing4.4。

Listing4.4　下降沿触发、低电平复位 D 触发器的 Verilog HDL 描述（一段式）

```
module dff_rst1(
    input    clk, rst,
    input D,
    output reg Q
);
    always@(negedge clk, negedge rst) begin
        if(~rst)
            Q <= 0;
        else
            Q <= D;
    end
endmodule
```

带同步使能端的 D 触发器的 Verilog HDL 描述参考 Listing4.5。

Listing4.5　带同步使能端的 D 触发器的 Verilog HDL 描述（一段式）

```
module dff_en1(
    input clk, rst,
    input En,
    input D,
    output reg Q
);
/* synchronous enable signal does not contain in sensitive list */
    always@(posedge clk, negedge rst)
    if (~rst)
        Q <= 0;
    else if (En)
        Q <= D;
endmodule
```

Listing4.5 中使用同步使能信号 En，同步使能信号在时钟信号控制下工作。如果 En 有效，在时钟信号有效沿，D 触发器采样输入信号 D；如果没有时钟信号有效沿，D 触发器不会采样输入信号 D。

复位信号有效不能确保系统复位，在时钟信号有效沿到来时系统才能发生复位，否则无法完成复位，称为同步复位。复位信号有效，无论时钟信号处于什么状态，立即发生复位，称为异步复位。设计采用同步复位还是异步复位，要根据设计的实际需求选择。描述 D 触发器时，同步复位信号不出现在 always 块的敏感列表中，异步复位信号需要出现在敏感列表中。Listing4.2～Listing4.5 给出 D 触发器的描述风格称为一段式描述，时序逻辑电路另一种常用的描述风格称为两段式（多段式）描述。一段式描述采用边沿敏感的敏感列表和非阻塞赋值语句，组合逻辑电路和存储元件采用一个 always 块描述。两段式描述将电路的存储元件和组合逻辑电路分开，采用两个 always 块独立描述，一个 always 块描述存储元件，另一个 always 块描述组合逻辑电路。带使能端的同步复位 D 触发器的两段式描述参考 Listing4.6。

Listing4.6　带使能端的同步复位 D 触发器的 Verilog HDL 描述（两段式）

```
module dff_synrst1(
    input clk, rst,
    input En,
    input D,
    output Q
);
    reg r_reg, r_next;
    /* state register */
    always@(posedge clk)
        if (rst)
            r_reg <= 0;
        else
            r_reg <= r_next;
    /* Next-state logic */
    always@(En, rst,D)
        if(rst)
            r_next = 0;
        else if (En)
            r_next = D;
        else
            r_next = r_reg;
    /* Output logic */
    assign Q = r_reg;
endmodule
```

Listing4.7 给出带使能端的异步复位 D 触发器的两段式描述。

Listing4.7　带使能端的异步复位 D 触发器的 Verilog HDL 描述（两段式）

```
module dff_en2(
    input clk, rst,
    input En,
    input D,
    output Q
);
    reg r_reg, r_next;
    /* State register */
```

```
always@(posedge clk, posedge rst)
    if (rst)
        r_reg <= 0;
    else
        r_reg <= r_next;
    /* Next-state logic */
always@(En, D)
    if (En)
        r_next = D;
    else
        r_next = r_reg;
/* Output logic */
assign Q = r_reg;
endmodule
```

一段式描述的代码更紧凑，两段式描述的电路结构更清晰，有利于用户掌握电路结构及综合软件的综合，本书绝大多数描述采用两段式描述。

触发器的时序参数对于理解电路时序分析至关重要。D 触发器的主要时序参数及其含义如图 4.3 所示。

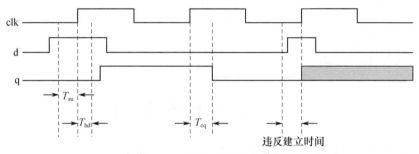

图 4.3　D 触发器的时序参数

1. 传播延迟

D 触发器的传播延迟定义为从时钟信号有效沿开始，到输出信号获得输入信号的值为止所持续的时间，也称为 D 触发器的时钟到输出延迟，表示为 T_{cq}。

2. 异步传播延迟

D 触发器可能包含异步置位和异步复位输入端。异步置位和异步复位信号独立于时钟信号，只要异步置位信号有效，则输出置位，异步复位信号有效，则输出清零。D 触发器的数据输入端 D 总是同步的。异步置位信号到输出延迟用 T_{S2Q} 表示，异步复位信号到输出延迟用 T_{R2Q} 表示。同步的复位/置位信号，不需要额外定义时序参数，同步复位/置位到输出的延迟称为时钟到输出传播延迟，用 T_{cq} 表示。触发器还可能具有其他类型的输入信号（如使能信号），如果信号是同步的，无须定义额外的传播延迟。

3. 建立时间和保持时间

除了传播延迟和异步传播延迟，D 触发器还有两个关键的时序参数：建立时间和保持时间。同步输入信号在时钟信号有效沿之前保持稳定（不发生改变）的最短时间称为触发器的建立时间，用 T_{su} 表示。同步输入信号在时钟信号有效沿之后保持稳定（不发生改变）的最短时间称为触发器的保持时间，用 T_{hd} 表示，如图 4.3 所示。

4.1.3　寄存器

寄存器（Register）用于存储数据，由具有存储功能的触发器并联构成。一个触发器存储 1 位二进制数，存放 N 位二进制数需要 N 个触发器。使用相同时钟信号和复位信号的 N 个 D 触发器，称为寄存器。与触发器类似，寄存器也可能包含异步复位信号和同步使能信号。除输入和输出数据信号的位宽不同外，寄存器的描述方式与 D 触发器一致。N 位寄存器的 Verilog HDL 描述参考 Listing4.8。

Listing4.8　N 位寄存器的 Verilog HDL 描述

```
module registerN#(
    parameter N = 8
)(
    input clk, rst,
    input [N-1:0]D,
    output reg [N-1:0]Q
);
    always@(negedge clk, negedge rst) begin
        if(~rst)
            Q <= 0;
        else
            Q <= D;
    end
endmodule
```

4.2　时序逻辑电路仿真

时序逻辑电路的仿真框架与组合逻辑电路一致，Testbench 模块的编写思路一致，唯一需要注意的问题是时钟信号的产生方法。

4.2.1　时序逻辑电路的 Testbench 模块

时序逻辑电路与组合逻辑电路的 Testbench 模块的最大区别在于时钟信号的产生方法。Listing4.9 给出基本存储元件的 Testbench 模块。

Listing4.9　基本存储元件的 Testbench 模块

```
/* dff_tb.v */
module dff_tb();
    reg clk, reset;
    reg d;
    wire q0, q1, q2;
    initial begin
        clk = 0;
        reset = 1'b1;
        d = 1'b0;
        #20 d = 1'b1;
        #20 d = 1'b0;
        #50
        reset = 1'b0;
        #10 d = 1'b1;
```

```
        #15 d = 1'b0;
        #20 d = 1'b1;
        #20 d = 1'b0;
        #20 d = 1'b1;
        #50 $stop();
    end
    /* clock signal */
    always #15 clk = ~clk;
    /* D latch */
    dlatch u0(.en(clk),.d(d),.q(q0));
    /* D flipflop */
    dff_neg u1(.clk(clk), .reset(reset),.d(d),.q(q1));
    /* D flipflop */
    dff u2(.clk(clk), .reset(reset),.d(d),.q(q2));
endmodule
```

Listing4.9 中，采用 always 块语句：

```
always #15 clk= ~clk;
```

产生时钟信号，always 块没有使用敏感列表，表示 always 块一直执行，每隔 15 个仿真时间单位，对 clk 信号取反，获得一个周期为 30、占空比为 50% 的时钟信号。特别强调，clk 信号必须在仿真开始时赋予初值（在 initial 块中对 clk 信号赋值）。

事实上，Verilog HDL 产生时钟信号的方法有很多，下面给出一种采用 initial 块和 forever 语句产生时钟信号的方法：

```
parameter clk_period = 10;
reg clk;
initial begin
    clk = 0;
    forever
        #(clk_period/2) clk = ~clk;
end
```

4.2.2 ModelSim 工程仿真流程

本节在 2.7 节介绍的基本仿真流程基础上介绍工程仿真流程。ModelSim 工程仿真流程如图 4.4 所示。

1. 创建工程

在 ModelSim 中，工程（Project）是管理设计全部信息的一个文件，其中记录设计相关的全部信息。复杂设计一般由多个文件组成，为了更好地管理设计文件，绝大多数的 EDA（Electronics Design Automation，电子设计自动化）软件通过工程管理设计文件。

2. 向工程添加文件

ModelSim 工程可能包含多种类型的多个文件，已经存在的文件需要加入工程才能被编译和使用。

下面介绍工程创建和向工程添加文件的详细过程。

（1）新建文件夹 D:/tutorial，将设计文件复制到新建文件夹。

（2）启动 ModelSim，打开 ModelSim 主窗口。

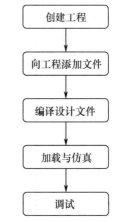

图 4.4 ModelSim 工程仿真流程

（3）单击 File→Change Directory 命令，更改工作目录为新建的文件夹 D:/tutorial。

（4）新建工程 test。单击 File→New→Project 命令，打开 Create Project 对话框，如图 4.5 所示，在 Project Name 栏填写 test，单击 Project Location 栏后的 Browse 按钮，指定工程存放的文件夹为 D:/tutorial，在 Default Library Name 栏填写 work，选择初始化.ini 文件，完成参考库设置或将库直接复制到工程所在的文件夹。单击 OK 按钮，完成工程创建，弹出 Add items to the Project 对话框，如图 4.6 所示。

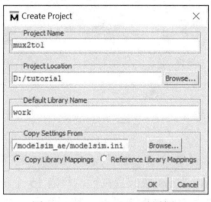

图 4.5　Create Project 对话框　　　　　图 4.6　Add items to the Project 对话框

（5）向工程中加入文件。在图 4.6 中单击 Add Existing File 选项，打开 Add file to Project 对话框，如图 4.7 所示。

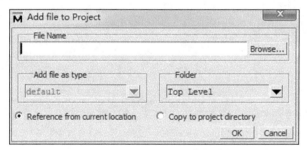

图 4.7　Add file to Project 对话框

单击 File Name 栏后的 Browse 按钮，打开 Select files to add to project 对话框，显示当前文件夹下的内容。选择 dff.v、dlatch.v、dff_neg.v 和 dff_tb.v，单击 Open 按钮，关闭 Select files to add to project 对话框，返回到图 4.7，单击 OK 按钮，返回到 Project 窗口，选择的文件已经加入工程。由于没有编译，因此每个文件的 Status 栏显示？，如图 4.8 所示。

图 4.8　文件加入 Project 窗口

3. 编译

单击 Compile→Compile All 命令，对设计文件进行编译。编译成功的文件，Status 栏的？变为 √，表示编译通过。

右键单击文件，在弹出的菜单中选择 Compile→Compile All 选项，也能对文件进行编译。

4. 仿真

（1）单击 Simulate→Start Simulation 命令，弹出 Start Simulation 对话框，单击 work 库前面的 "+" 号，选择顶层模块 dff_tb，单击 OK 按钮。

（2）打开 sim 窗口、Objects 窗口及 Processes 窗口。为了观察信号仿真波形，打开 Wave 窗口。

（3）在 sim 窗口，右键单击 dff_tb 模块，在弹出的菜单中选择 Add Wave 选项，模块 dff_tb 端口加入 Wave 窗口。

（4）在 Transcript 窗口的命令行提示符 Vsim>下输入 run 命令，观察 Wave 窗口的仿真波形，如图 4.9 所示。

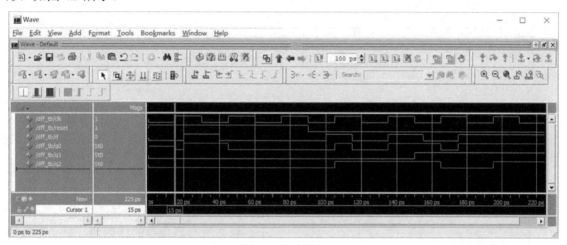

图 4.9　仿真波形

4.3　计　数　器

计数器是数字系统的基本部件，是构成复杂数字系统的基础，主要功能是记录输入脉冲的个数。按照计数容量不同，分为二进制计数器、十进制计数器等不同种类。按照功能不同，分为加法计数器（Up Counter）、减法计数器（Down Counter）和可逆计数器（Up/Down Counter）等不同类型。

4.3.1　通用计数器

N 位计数器采用 N 个触发器保存计数值，计数范围为 $0\sim 2^N-1$，每个时钟周期计数值加 1，当计数值达到计数上限后，返回 0 重新计数。Listing4.10 给出 N 位计数器的 Verilog HDL 描述。关键字 parameter 定义参数 N，表示计数器的位宽及输出信号的位宽。定义 N 位的信号 q_reg 和 q_next 分别表示 N 位寄存器的输出和输入，采用两段式描述，一个 always 块采用边沿敏感的敏感列表，非阻塞赋值语句实现 N 位寄存器，寄存器的输出为 q_reg，输入为 q_next。接下来的 always 块实现组合逻辑（电路次态），输出逻辑也是组合逻辑采用连续赋值语句来描述的。

Listing4.10 N 位计数器的 Verilog HDL 描述

```
module CounterN#(
    parameter N = 8
)(
    input clk,reset,
    output [N-1:0]q
);
    reg [N-1:0]q_reg;
    reg [N-1:0]q_next;
    always @(posedge clk, posedge reset) begin
        if(reset) begin
            q_reg <= 0;
        end
        else begin
            q_reg <= q_next;
        end
    end
    /* Next logic */
    always@(*)begin
    q_next = q_reg + 1'b1;
    end
    /* Output logic */
    assign q = q_reg;
endmodule
```

Listing4.10 描述的 N 位计数器的电路结构如图 4.10 所示，寄存器（Reg）用于存储计数器的计数值，由 D 触发器实现，称为电路的状态寄存器。组合逻辑加法器（Σ）称为电路的次态逻辑，两个输入中的一个是固定值"1"，另一个是状态寄存器保存的计数值，每个时钟周期计数值加"1"。从电路结构角度考虑，Listing 4.10 给出的计数器属于时序逻辑电路，时序逻辑电路的典型结构如图 4.11 所示。时序逻辑电路由 3 部分组成。次态逻辑是当前状态（状态寄存器的输出）和输入的函数，是组合逻辑电路。例如，N 位计数器的次态逻辑是一个加 1 电路。状态寄存器由多个 D 触发器组

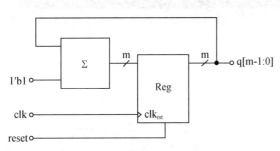

图 4.10 N 位计数器的电路结构

成，用来表示时序逻辑电路的当前状态，寄存器中所有 D 触发器使用相同的时钟信号。输出逻辑也是组合逻辑电路，决定电路的输出。电路的输出可能只与电路的当前状态有关，也可能与电路输入和电路当前状态都有关。

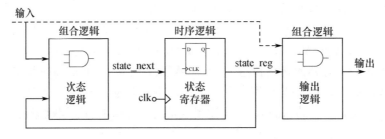

图 4.11 时序逻辑电路的典型结构

Listing4.11 给出 N 位通用计数器的 Verilog HDL 描述。N 位通用计数器的功能表见表 4.1。相比于 N 位计数器（Listing4.10），增加了 3 个控制信号：同步清零信号 syn_clr、装载信号 load 和计数方向控制信号 up，这 3 个信号控制计数器工作在不同的状态。

Listing4.11　N 位通用计数器的 Verilog HDL 描述

```verilog
module univ_bin_counter#(
    parameter N=8
)(
    input wire clk, reset,
    input wire syn_clr, load, en, up,
    input wire [N-1:0] d,
    output wire max_tick, min_tick,
    output wire [N-1:0] q
);
    reg [N-1:0] r_reg, r_next;
    /* Register */
    always@(posedge clk, posedge reset) begin
        if(reset)
            r_reg <= 0;
        else
            r_reg <= r_next;
    end
    /* Next-state logic */
    always@(*) begin
        if(syn_clr)
            r_next = 0;
        else if(load)
            r_next = d;
        else if(en & up)
            r_next = r_reg + 1'b1;
        else if(en & ~up)
            r_next = r_reg - 1'b0;
        else
            r_next = r_reg;
    end
    /* Output logic */
    assign q = r_reg;
    assign max_tick = (r_reg==2**N-1) ? 1'b1 : 1'b0;
    assign min_tick = (r_reg==0) ? 1'b1 : 1'b0;
endmodule
```

N 位通用计数器除了输出计数值 q，增加了两个输出信号 max_tick 和 min_tick，用于指示输出达到的最大值和最小值。事实上，数字电路中经常使用类似方式指示输出信号的状态或电路的状态。

相比于 N 位计数器，N 位通用计数器的功能更为复杂，但二者的电路结构整体上与图 4.11 所

表 4.1　N 位通用计数器的功能表

syn_clr	load	en	up	q*	操作
1	×	×	×	0...0	同步清零
0	1	×	×	d	装载
0	0	0	×	q	保持
0	0	1	1	q+1	加 1 计数
0	0	1	0	q−1	减 1 计数

示的结构一致。从 Verilog HDL 描述角度看，采用两段式描述风格，N 位通用计数器拥有更复杂的次态逻辑 always 块。事实上，如果采用两段式（多段式）描述风格，时序逻辑电路的描述都类似，区别在于次态逻辑和输出逻辑的描述。

4.3.2　模 M 计数器

有些情况下，计数器的计数上限不等于 2^N-1，而等于 $M-1$（$<2^N-1$），计数器的计数上限称为计数器的"模"，因此计数上限为 M 的计数器称为模 M 计数器，又称为 M 进制计数器。例如，十进制计数器的计数范围为 0～9，区分 10 个状态最少需要 4 个 D 触发器，4 个 D 触发器最多表示 16（2^4）个状态。模 M 计数器需要对计数上限做特别处理。Listing4.12 给出一种十进制计数器的 Verilog HDL 描述。

Listing4.12　十进制计数器的 Verilog HDL 描述

```verilog
module counter_m#(
    parameter N = 4,
              M = 10
)(
    input clk, reset,
    input en,
    output maxtick,
    output [N-1:0]q
);
    reg   [N-1:0]q_reg, q_next;
    always@(posedge clk, posedge reset) begin
        if(reset) begin
            q_reg <= 0;
        end
        else begin
            q_reg <= q_next;
        end
    end
    /* Next logic */
    always@(*) begin
        if(en) begin
            if(q_reg==M-1)
                q_next = 0;
            else
                q_next = q_reg + 1'b1;
        end
        else begin
            q_next = q_reg;
        end
    end
    /* Output logic */
    assign q = q_reg;
    assign maxtick = (q_reg==M-1);
endmodule
```

4.4 移位寄存器

移位寄存器由一组 D 触发器构成，数据在移位脉冲（时钟信号）控制下依次逐位右移或左移。移位寄存器的次态逻辑简单，将上一级寄存器的输出端口连接到下一级寄存器的输入端口即可实现。简单的移位寄存器电路结构如图 4.12 所示，s_in 和 s_out 分别表示输入和输出信号，每个时钟周期每个寄存器的数据右移一位，最左侧寄存器值由输入信号 s_in 填充。

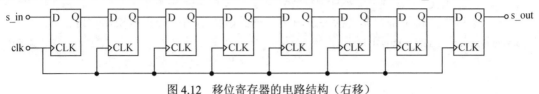

图 4.12　移位寄存器的电路结构（右移）

图 4.12 所示移位寄存器的 Verilog HDL 描述参考 Listing4.13。为了简洁，图 4.12 没有给出复位信号 reset。

Listing4.13　移位寄存器的 Verilog HDL 描述（右移）

```
module free_run_shift_reg #(
    parameter N=8
)(
    input wire clk, reset,
    input wire s_in,
    output wire s_out
);
    reg [N-1:0] r_reg;
    wire [N-1:0] r_next;
    // Registers
    always@(posedge clk, posedge reset)
        if (reset)
            r_reg <= 0;
        else
            r_reg <= r_next;
    // Next-state logic
    assign r_next = {s_in, r_reg[N-1:1]};
    // Output logic
    assign s_out = r_reg[0];
endmodule
```

Listing4.13 实现了一个右移寄存器，每个时钟周期每个寄存器右移一位，串行输入 s_in 填充最左侧的寄存器。移位寄存器 free_run_shift_reg 只提供串行输出 s_out，等于最右侧寄存器的输出。

Listing4.13 中，次态逻辑采用拼接操作符{}描述（不建议采用 Verilog HDL 的移位操作符实现）。拼接操作将多个操作数组合在一起，结果是一个位宽更大的操作数。拼接操作符的每个操作数必须有确定位宽，用法是将各个操作数用花括号括起来，每个操作数之间用逗号隔开，操作数类型可以是线网类型或寄存器类型，可以是标量、向量及向量的位选或域选。

```
// A = 1'b1, B = 2'b00, C = 2'b10, D = 3'b110
reg A;
reg [1:0] B, C;
reg [2:0] D;
```

Y = {B, C} //计算结果 Y 等于 4'b0010
Y = {A, B , C , D , 3'b001} //计算结果 Y 等于 11'b10010110001
Y = {A, B[0], C[1]} //计算结果 Y 等于 3'b101

A = 1'b1; B = 2'b00; C = 2'b10; D = 3'b110;
Y = {4{A}} // Result Y is 4'b1111
Y = {4{A}, 2{B}} // Result Y is 8'b11110000
Y = {4{A}, 2{B}, C} // Result Y is 8'b1111000010

具体到本例中，移位寄存器的次态逻辑采用连续赋值语句结合拼接操作实现：

assign r_next = {s_in, r_reg[N-1:1]};
/* 等价于 */
assign r_next[N-1] = s_in;
assign r_next[N-1:0] = r_reg[N-1:1];

一种通用移位寄存器的功能表见表 4.2。通用移位寄存器具有保持、左移、右移和装载功能，控制输入信号 ctrl=00，保持；ctrl=01，左移 1 位，LSB 使用 d[0]填充；ctrl=10，右移 1 位，MSB 使用 d[N-1]填充；ctrl=11，装载。

表 4.2 给出的通用移位寄存器的 Verilog HDL 描述如 Listing4.14 所示。

Listing4.14　通用移位寄存器的 Verilog HDL 描述

表 4.2　通用移位寄存器的功能表

ctrl	操作
00	保持
01	左移 1 位，LSB 使用 d[0]填充
10	右移移位，MSB 使用 d[N-1]填充
11	装载

```verilog
module univ_shift_reg#(
    parameter N = 8
)(
    input wire clk, reset,
    input wire [1:0] ctrl,
    input wire [N-1:0] d,
    output wire [N-1:0] q
);
    // signal declaration
    reg [N-1:0] r_reg, r_next;
    // state register
    always@(posedge clk, posedge reset)
        if(reset)
            r_reg <= 0;
        else
            r_reg <= r_next;
    /* next-state logic */
    always@(r_reg, ctrl, d)
        case(ctrl)
            2'b00: r_next = r_reg; // hold
            2'b01: r_next = {r_reg[N-2:0], d[0]}; // shift left
            2'b10: r_next = {d[N-1], r_reg[N-1:1]}; // shift right
            default: r_next = d; // load
        endcase
    /* output logic */
    assign q = r_reg;
endmodule
```

4.5 环形计数器和约翰逊计数器

计数器和移位寄存器应用广泛，它们的电路结构相似，简单修改移位寄存器次态逻辑的电路结构就可以实现不同功能、用途广泛的计数器。

4.5.1 环形计数器

环形计数器是一种特殊类型的移位寄存器，其中 8 位环形计数器的计数模式如图 4.13 所示，图中箭头方向表示计数周期的增加，随着计数周期增加，计数器的计数模式发生改变。8 个寄存器组成移位寄存器，移位寄存器的输出端反馈连接到输入端，形成环形计数器。需要强调的是，寄存器复位后的初始值为 10000000。环形计数器的 Verilog HDL 描述如 Listing4.15 所示。

0	0	0	0	0	0	0	1
0	0	0	0	0	0	1	0
0	0	0	0	0	1	0	0
0	0	0	0	1	0	0	0
0	0	0	1	0	0	0	0
0	0	1	0	0	0	0	0
0	1	0	0	0	0	0	0
1	0	0	0	0	0	0	0
0	0	0	0	0	0	0	1

图 4.13　8 位环形计数器的计数模式

Listing4.15　环形计数器的 Verilog HDL 描述

```verilog
module ring_counter#(
    parameter N = 8
)(
    input wire clk, reset,
    input wire en,
    output wire[N-1:0]count
);
    reg[7:0]state_reg, state_next;
    // Registers
    always@(posedge clk, posedge reset)
    if(reset)
        state_reg <= 1; //
    else
        state_reg <= state_next;
    // Next-state logic
    always@(state_reg, en)
        if(en)
            state_next = {state_reg[N-2:0], state_reg[N-1]};
        else
            state_next = state_reg;
    assign count = state_reg;
endmodule
```

Listing4.15 对应的电路结构如图 4.14 所示。环形计数器本质上是一个移位寄存器（见图 4.12），区别在于电路复位后寄存器的状态。注意：寄存器复位后的值，可能对综合结果产生很大影响。

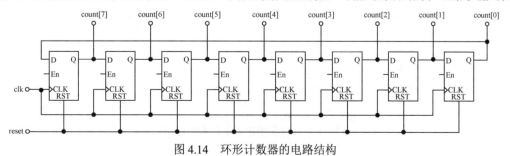

图 4.14　环形计数器的电路结构

4.5.2 约翰逊计数器

约翰逊（Johnson）计数器又称扭环形计数器，是一种用 N 个触发器来表示 $2N$ 个状态的计数器。与环形计数器不同，环形计数器用 N 个触发器表示 N 个状态。约翰逊计数器的 Verilog HDL 描述如 Listing4.16 所示。

Listing4.16　约翰逊计数器的 Verilog HDL 描述

```verilog
module johnson#(
    parameter N = 8
)(
    input wire clk, reset,
    input wire en,
    output wire[N-1:0]count
);
    reg[7:0]state_reg, state_next;
    // Registers
    always@(posedge clk, posedge reset)
    if(reset)
        state_reg <= 0; //
    else
        state_reg <= state_next;
    // Next-state logic
    always@(state_reg, en)
        if(en)
            state_next = {state_reg[N-2:0], ~state_reg[N-1]};
        else
            state_next = state_reg;
    assign count = state_reg;
endmodule
```

4.6　线性反馈移位寄存器

线性反馈移位寄存器（Linear Feedback Shift Register，LFSR）的电路结构与约翰逊计数器类似，LFSR 使用 n 个触发器，电路在 2^n-1 个状态之间循环，实现 2^n-1 个计数状态。但是，不同的 n，LFSR 没有统一的反馈电路，这给 LFSR 的设计带来了一定的麻烦。当 $n=4$ 时，LFSR 的电路结构如图 4.15 所示，反馈电路（产生最高位寄存器的输入信号）由移位寄存器的低 2 位异或操作实现，产生的输出作为移位寄存器的串行输入。假设移位寄存器的初始状态为 1000，电路将会按如下状态循环：1000→0100→0010→1001→1100→0110→1011→0101→1010→1101→1110→1111→0111→0011→0001→1000。

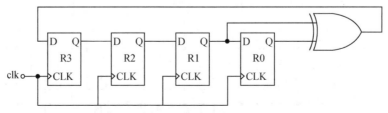

图 4.15　4 位线性反馈移位寄存器的电路结构

4 位线性反馈移位寄存器的 Verilog HDL 描述如 Listing4.17 所示。

Listing4.17　4 位线性反馈移位寄存器的 Verilog HDL 描述

```verilog
module lfsr4#(
    parameter [3:0]SEED = 4'b0001
)(
    input wire clk, reset,
    output wire [3:0]q
);
    // signal declaration
    reg [3:0]r_reg;
    wire [3:0]r_next;
    wire fb;
    // state register
    always@(posedge clk, posedge reset) begin
        if(reset)
            r_reg <= SEED;
        else
            r_reg <= r_next;
    end
    // next-state(feedback) logic
    assign fb = r_reg[1]^r_reg[0];
    assign r_next = {fb, r_reg[3:1]};
    // output logic
    assign q = r_reg;
endmodule
```

线性反馈移位寄存器的反馈电路的逻辑表达式只包含异或操作（代数理论中称为线性系统），因此称为线性反馈移位寄存器。线性反馈移位寄存器具有很多非常有用的性质：

① n 位线性反馈移位寄存器具有 2^n-1 状态，唯独不包含全 0 状态；

② 对于任何自然数 n，总存在反馈电路，使线性反馈移位寄存器的状态达到最多；

③ 线性反馈移位寄存器输出的状态序列是伪随机序列。

线性反馈移位寄存器的反馈电路只包含异或操作，电路结构简单。表 4.3 给出 $n=2\sim8$ 时反馈电路的逻辑表达式。假设 n 位线性反馈移位寄存器的输出为 q_{n-1}，q_{n-2}，…，q_0，反馈电路的输出连接到线性反馈移位寄存器的串行输入端（第 $n-1$ 个触发器的输入端）。

表 4.3　线性反馈寄存器反馈电路的逻辑表达式

n	逻辑表达式	n	逻辑表达式
2	$q_1 \wedge q_0$	8	$q_4 \wedge q_3 \wedge q_2 \wedge q_0$
3	$q_1 \wedge q_0$	16	$q_5 \wedge q_4 \wedge q_3 \wedge q_0$
4	$q_1 \wedge q_0$	32	$q_{22} \wedge q_3 \wedge q_1 \wedge q_0$
5	$q_2 \wedge q_0$	64	$q_4 \wedge q_3 \wedge q_1 \wedge q_0$
6	$q_1 \wedge q_0$	128	$q_{29} \wedge q_{17} \wedge q_2 \wedge q_0$
7	$q_3 \wedge q_0$		

必须指出，线性反馈移位寄存器不能初始化为全 0 状态，否则电路无法正常工作。

线性反馈移位寄存器常用于产生伪随机数。产生伪随机数时，寄存器的初始值称为种子（Seed），Listing4.17 使用 parameter 定义初始值，系统进行初始化后，初始值装载到状态寄存器。

通过增加额外电路，LFSR 可能包含全 0 状态，使 n 位 LFSR 可以在 2^n 个状态循环。因为不包含全 0 状态，LFSR 在"0001"状态后，串行输入一定是"1"。换句话说，如果 LFSR 高 $n-1$ 位全部为"0"，反馈值一定为"1"，"0001"状态之后必须为"1000"。因此，为了使 LFSR 包含全 0 状态，可以在"0001"和"1000"状态之间插入全"0"状态。假设 n 位 LFSR 的输出为 q_{n-1}，q_{n-2}，$\cdots$，q_0，反馈电路的输出为 f_b，则修改后的反馈电路表达式为

$$f_{zero}=f_b \wedge (\overline{q_{n-1}}\,\overline{q_{n-2}}\cdots\overline{q_2}\,\overline{q_1})$$

改进的反馈电路的 Verilog HDL 描述如 Listing4.18 所示。

Listing4.18　改进的反馈电路的 Verilog HDL 描述

```verilog
module lfsr4_e#(
    parameter [3:0]SEED = 4'b0001
)(
    input wire clk, reset,
    output wire [3:0]q
);
    // signal declaration
    reg [3:0]r_reg;
    wire [3:0]r_next;
    wire fb, zero, fzero;
    // state register
    always@(posedge clk, posedge reset) begin
        if(reset)
            r_reg <= SEED;
        else
            r_reg <= r_next;
    end
    // next-state(feedback) logic
    assign fb = r_reg[1]^r_reg[0];
    assign zero = (r_reg[3:1]==3'b000) ? 1'b1 : 1'b0;
    assign fzero = zero^fb;
    assign r_next = {fzero, r_reg[3:1]};
    // output logic
    assign q = r_reg;
endmodule
```

改进后的反馈电路在"0001"和"1000"状态之间插入全 0 状态。注意：改进的反馈电路不再是线性的，因此也不能再称为线性反馈移位寄存器。

4.7　计数分频电路

分频是数字系统常见的操作。高精度分频电路采用锁相环（Phase Locked Loop，PLL）实现，如果精度要求不高，一般采用计数器实现分频电路（称为计数分频电路）。相比锁相环，计数分频电路需要更少的逻辑资源。

4.7.1　偶分频电路

偶分频电路通过计数器实现。如果希望实现 $2N$ 分频电路，需要模 $2N$ 计数器，计数器计数上限是 $2N-1$，计数器计数值达到计数中点 $N-1$ 时，输出取反，达到计数上限 $2N-1$ 时，计数器

归零继续计数。图 4.16 给出一个 4 分频电路的工作时序，时钟信号上升沿计数器开始计数，每次计数到计数上限 3 时，输出信号 clkout 翻转一次。

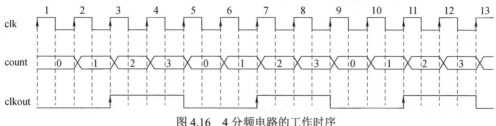

图 4.16   4 分频电路的工作时序

Listing4.19 给出偶分频电路的一种 Verilog HDL 描述。采用参数化设计，实例化时按照需要的分频系数设置对应的参数值。

Listing4.19   偶分频电路的 Verilog HDL 描述

```
module even_freq_div#(
    parameter   N = 2,        // counter width
                M = 4         // M must be even number
)(
    input clk,rst,
    output clkout
);
    reg    [N-1:0]q_reg;
    wire   [N-1:0]q_next;
    reg    clkout_reg;
    wire   clkout_next;
    always@(posedge clk, posedge rst)begin
        if(rst) begin
            q_reg       <= 0;
            clkout_reg <= 0;
        end
        else    begin
            q_reg       <= q_next;
            clkout_reg <= clkout_next;
        end
    end
    /* Mod-M Counter */
    assign q_next = (q_reg==M-1) ? 0 : q_reg + 1'b1;
    /* duty cycle is determined by M/2-1 */
    assign clkout_next = (q_reg==M/2-1) ? ~clkout_reg : (q_reg==M-1) ? 1'b0 : clkout_reg;
    /*output */
    assign clkout = clkout_reg;
endmodule
```

如果偶分频系数是 2 的整数次幂，可以用二分频电路级联得到。例如，4 分频电路就是两个二分频电路的级联，如图 4.17 所示。D 触发器+反相器组合成一个二分频电路，两个二分频电路级联形成一个 4 分频电路。

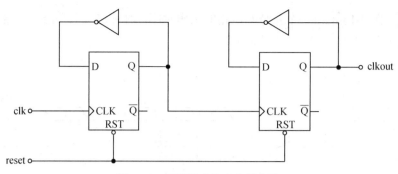

图 4.17 级联形成的 4 分频电路

Listing4.19 对应的 Testbench 模块由 Listing4.20 给出。

Listing4.20　4 分频电路的 Testbench 模块

```
/* 4 分频电路的测试文件 */
timescale 1ns/1ps;
module tb_even_freq_div();

    reg clk, rst;
    wire clkout;

    always #10 clk = ~clk;
    initial begin
        clk = 1'b0;
        rst = 1'b1;
        #20 rst = 1'b0;
        #2000 $stop();
    end
    /* instantiate UUT: even_freq_div */
    even_freq_div U0(.clk(clk), .rst(rst),.clkout(clkout));
endmodule
```

4.7.2　奇分频电路

奇分频电路如果不考虑 50% 的占空比,设计方法与偶分频电路一样;如果希望占空比为 50%,则采用上升沿和下降沿触发的两个计数器实现。

1. 占空比非 50% 的奇分频电路

如果不要求占空比为 50%,奇分频电路的设计思路与偶分频电路类似,计数器的计数上限设置为 $M-1$,当计数值达到 $(M-1)/2$ 时,输出时钟信号取反,当计数器达到上限值 $M-1$ 时,输出时钟信号再取反,同时计数器归零,信号的占空比为 $(M-1)/2M$。

例如,设计一个 5 分频器,计数器初值为 0,那么在时钟信号的上升沿计数,计数值为 2 时,输出时钟信号反转一次,然后继续计数,计数值到达上限 4 时,再反转一次,同时计数器清零,并继续上述过程,其 Verilog HDL 描述参考 Listing4.21。

Listing4.21　奇分频电路(占空比非 50%)的 Verilog HDL 描述

```
module odd_freq_div#(
    parameter N = 3,// bit width
              M = 5 // frequency dividing factor
)(
```

```
        input clk, rst,
        output clkout
);
        reg    [N-1:0]count_reg;
        wire   [N-1:0]count_next;
        reg    clk_reg;
        wire clk_next;
        always@(posedge clk, posedge rst)begin
                if(rst) begin
                        count_reg <= 0;
                        clk_reg <= 0;
                end
                else begin
                        count_reg <= count_next;
                        clk_reg   <= clk_next;
                end
        end
        /* next logic */
        assign count_next = (count_reg==(M-1)) ? 0 : count_reg + 1'b1;
        assign clk_next   = (count_reg==(M-1)/2) ? ~clk_reg : count_reg==(M-1) ? 1'b0 : clk_reg;
        /* output logic */
        assign clkout = clk_reg;
endmodule
```

2. 占空比为 50%的奇分频电路

为了实现占空比为 50%的 M 分频电路（M 为奇数），首先实现上升沿触发模 M 计数，计数器的计数值达到$(M-1)/2$ 时，输出时钟信号翻转，计数值达到 $M-1$ 时再次进行翻转，得到一个占空比非 50%的奇数 M 分频时钟信号 clkp。同时，实现下降沿触发的模 M 计数器，计数器的计数值达到$(M-1)/2$ 时，输出时钟信号翻转，继续计数到 $M-1$ 再次进行翻转，得到一个占空比非 50%的 N 分频时钟信号 clkn。两个占空比非 50%的时钟信号 clkp 和 clkn 做或运算，得到占空比为 50%的 M 分频时钟信号 clkout。

Listing4.22　奇分频电路（占空比 50%）的 Verilog HDL 描述

```
module odd_freq_div1#(
        parameter N = 3,
                        M = 5
)(
        input clk, rst,
        output clkout
);
        reg    [N-1:0]countp_reg;
        wire   [N-1:0]countp_next;
        reg    [N-1:0]countn_reg;
        wire   [N-1:0]countn_next;
        reg    clkp_reg;
        wire clkp_next;
        reg    clkn_reg;
        wire  clkn_next;
        always@(posedge clk, posedge rst)begin
```

```
            if(rst) begin
                countp_reg <= 0;
                clkp_reg <= 0;
            end
            else begin
                countp_reg <= countp_next;
                clkp_reg   <= clkp_next;
            end
    end
    always@(negedge clk, posedge rst)begin
        if(rst) begin
            countn_reg <= 0;
            clkn_reg <= 0;
        end
        else begin
            countn_reg <= countn_next;
            clkn_reg   <= clkn_next;
        end
    end
    /* next logic */
    assign countp_next  = (countp_reg==(M-1)) ? 0 : countp_reg + 1'b1;
    assign countn_next  = (countn_reg==(M-1)) ? 0 : countn_reg + 1'b1;
    assign clkp_next    = (countp_reg==(M-1)/2) ? ~clkp_reg : countp_reg==(M-1) ? ~clkp_reg : clkp_reg;
    assign clkn_next    = (countn_reg==(M-1)/2) ? ~clkn_reg : countn_reg==(M-1) ? ~clkp_reg : clkn_reg;
    /* output logic */
    assign clkout = clkp_reg|clkn_reg;
endmodule
```

odd_freq_div1 对应的 Testbench 模块参考 Listing4.23。

Listing4.23 odd_freq_div1 对应的 Testbench 模块

```
module tb_odd_freq_div1();
    reg clk, rst;
    wire clk_out;
    always 10 clk = ~clk;
    initial begin
        clk = 1'b0;
        rst = 1'b1;
        #20 rst = 1'b0;
        #2000 $stop();
    end
    odd_freq_div1 U0(.clk(clk), .rst(rst),.clk_out(clk_out));
endmodule
```

4.7.3 设计实例：流水灯电路

本节基于 DE2-115 开发板设计流水灯电路：点亮 LEDR[0]，延时时间 T，熄灭 LEDR[0]，延时时间 T，点亮 LEDR[0]，如此循环。

熄灭 LEDR[0]的时间间隔不能太短，否则人眼可能无法感知 LED 已经熄灭。如果时间间隔过短，即使已经熄灭 LEDR[0]，由于熄灭时间过短，造成的视觉效果也是 LEDR[0]依然点亮。

DE2-115 开发板提供 50MHz 时钟，一个时钟周期的时间间隔为 20ns。通常时间间隔 T 需要达到毫秒级人眼才能够识别。

Listing4.24 给出流水灯电路的 Verilog HDL 描述，该电路本质上是一个计数器，电路的输出是计数器的最高位，最高位经过延时改变状态：最高位保持 0，经过延时状态变为 1，再经过延时状态变为 0，实现设计要求。此外，电路增加了输入使能信号 en。

Listing4.24　流水灯电路的 Verilog HDL 描述

```verilog
module led_light(
    input clk, rst,
    input en,
    output y
);
    reg    [23:0]state_reg;
    wire  [23:0]state_next;
    /* register */
    always @(posedge clk, posedge rst) begin
        if(rst) begin
            state_reg <= 0;
        end
        else begin
            state_reg <= state_next;
        end
    end
    /* next state logic */
    assign state_next = en ? state_reg + 1'b1 : state_reg;
    /* output logic */
    assign y = state_reg[23];
endmodule
```

按照上述设计思路，利用 DE2-115 开发板提供的多个 LED，能够设计出不同的显示模式。假设电路控制 8 个发光二极管 LEDR[7:0]，支持 16 种显示模式，按照某种规律循环显示。考虑到 16 种显示模式循环，除了延时定时器，还需要一个 4 位定时器来区分 16 种显示模式，通过译码器对 4 位定时器的计数值进行译码，输出正确的显示模式。

Listing4.25 给出多种显示模式的流水灯电路的 Verilog HDL 描述，电路实现一个 24 位计数器，计数器的低 20 位用作延时定时器使用，高 4 位用作另一个定时器，作为译码器的输入，译码器根据定时器的计数值输出不同的显示模式编码。

Listing4.25　多种显示模式的流水灯电路的 Verilog HDL 描述

```verilog
module led_light1#(
    parameter N = 24
)(
    input clk, rst,
    input en,
    output reg[8-1:0]y // LED display pattern
);
    reg    [N-1:0]state_reg;
    wire  [N-1:0]state_next;
    /* Counter: Registers */
    always@(posedge clk, posedge rst) begin
```

```
            if(rst) begin
                    state_reg <= 0;
            end
            else begin
                    state_reg <= state_next;
            end
    end
    /*Counter: next-state */
    assign state_next = en ? state_reg + 1'b1 : state_reg;
    /* decoder circuit */
    always@(*) begin
        case(state_reg[N-1:N-4])
                4'b0000: y = 8'b1000_0000;
                4'b0001: y = 8'b1100_0000;
                4'b0010: y = 8'b1110_0000;
                4'b0011: y = 8'b1111_0000;
                4'b0100: y = 8'b1111_1000;
                4'b0101: y = 8'b1111_1100;
                4'b0110: y = 8'b1111_1110;
                4'b0111: y = 8'b1111_1111;
                4'b1000: y = 8'b1111_1110;
                4'b1001: y = 8'b1111_1100;
                4'b1010: y = 8'b1111_1000;
                4'b1011: y = 8'b1111_0000;
                4'b1100: y = 8'b1110_0000;
                4'b1101: y = 8'b1100_0000;
                4'b1110: y = 8'b1000_0000;
                4'b1111: y = 8'b0000_0000;
            endcase
    end
endmodule
```

Listing4.26 采用模块化设计,可提高代码的可维护性和复用性,同时使设计思路更加清晰。模块 counter_n 是一个参数化设计的计数器,模块 decoderx 是一个译码器,整个电路实例化两个计数器和一个译码器。一个 23 位计数器实现时钟信号的分频,输出 maxtick 作为另一个 4 位计数器的使能信号。4 位计数器的输出用作译码器的输入,用于区分 16 个不同的显示状态,电路结构如图 4.18 所示。

Listing4.26　多种显示模式的流水灯电路的 Verilog HDL 描述（模块化）

```
module counter_n#(
    parameter N = 8
)(
    input clk,rst,
    input en,
    output [N-1:0]counter,
    output maxtick
);
    reg    [N-1:0]q_reg;
    wire   [N-1:0]q_next;
    always@(posedge clk, posedge rst) begin
```

```verilog
            if(rst) begin
                q_reg <= 0;
            end
            else begin
                q_reg <= q_next;
            end
    end
    /* next state logic */
    assign q_next = (en) ? q_reg + 1'b1 : q_reg;
    /* output state logic */
    assign maxtick = (q_reg==2**(N-1));
    assign counter = q_reg;
endmodule
/* decoder */
module decoderx(
    input [3:0]data_in,
    output reg[7:0]data_out
);
    always@(*) begin
        case(data_in)
            4'b0000: data_out = 8'b1000_0000;
            4'b0001: data_out = 8'b1100_0000;
            4'b0010: data_out = 8'b1110_0000;
            4'b0011: data_out = 8'b1111_0000;
            4'b0100: data_out = 8'b1111_1000;
            4'b0101: data_out = 8'b1111_1100;
            4'b0110: data_out = 8'b1111_1110;
            4'b0111: data_out = 8'b1111_1111;
            4'b1000: data_out = 8'b1111_1110;
            4'b1001: data_out = 8'b1111_1100;
            4'b1010: data_out = 8'b1111_1000;
            4'b1011: data_out = 8'b1111_0000;
            4'b1100: data_out = 8'b1110_0000;
            4'b1101: data_out = 8'b1100_0000;
            4'b1110: data_out = 8'b1000_0000;
            default: data_out = 8'b0000_0000;
        endcase
    end
endmodule
/* top level entity */
module led_light_str#(
    parameter N = 8
)(
    input clk, rst,
    input en,
    output [N-1:0]y
);
    wire [3:0]s;
    wire maxtick;
```

```
/* counter: delay */
counter_n#(.N(23)) U0(.clk(clk),.rst(rst),.en(en),.counter(),.maxtick(maxtick));
/*counter: */
counter_n#(.N(4)) U1(.clk(clk),.rst(rst),.en(maxtick),.counter(s),.maxtick());
/* decoder circuit */
decoderx U2(.data_in(s),.data_out(y));
endmodule
```

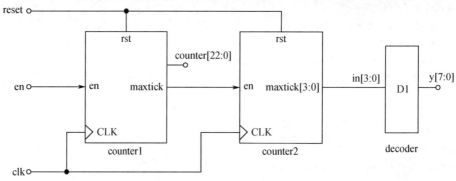

图 4.18　Listing4.26 对应的电路结构

Listing4.26 对应的电路功能与 Listing4.25 一致，好处在于模块化设计更容易让人理解电路的功能及复用模块。

4.8　同步时序电路与导出时钟

电路中只包含一个时钟信号，所有的存储元件在同一个时钟信号控制下工作，这种类型的电路被称为同步时序电路。由于只使用一个时钟信号，便于电路的分析和设计。数字集成电路或 FPGA 前端设计一般要求遵循同步设计原则。在不产生混淆的情况下，同步时序电路简称同步电路。

如图 4.19 所示，子电路 S2 的时钟信号不是系统提供的主时钟信号 clk，而是由主时钟信号驱动的子电路 S1 产生的信号，称为导出时钟信号（Derived Clock）。导出时钟信号的存在导致整个电路不是同步电路。

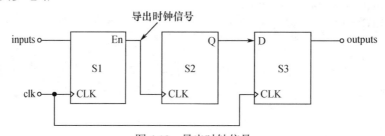

图 4.19　导出时钟信号

导出时钟信号导致的异步时序电路（异步电路）可以采用同步电路来实现。子电路 S2 采用主时钟信号 clk 驱动，增加一个使能端控制电路运行。子电路 S1 产生使能信号，并连接到子电路 S2 的使能端，控制子电路 S2 的运行，电路结构如图 4.20 所示。

基于 T 触发器的 4 位行波计数器如图 4.21 所示，T 触发器的输出信号取反后作为下一级 T 触发器的时钟信号。4 位行波计数器的 Verilog HDL 描述参考 Listing4.27。

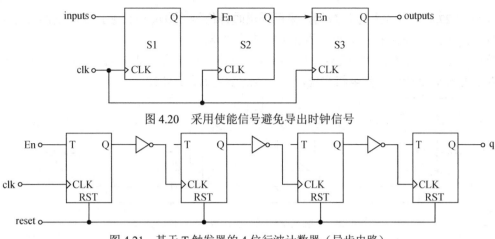

图 4.20　采用使能信号避免导出时钟信号

图 4.21　基于 T 触发器的 4 位行波计数器（异步电路）

Listing4.27　4 位行波计数器的 Verilog HDL 描述

```verilog
module tff1(
    input clk, rst,
    input en,
    output q
);
    reg q_reg;
    wire q_next;
    always @(posedge clk,posedge rst) begin
        if(rst) begin
            q_reg <= 0;
        end
        else begin
            q_reg <= q_next;
        end
    end
    /* next logic */
    assign q_next = (en) ? ~q_reg : q_reg;
    /* output logic */
    assign q = q_reg;
endmodule
/* ripple counter */
module ripple_counter(
    input clk, rst,
    input en,
    output [3:0]cout
);
    wire q0,q1,q2,q3;
    tff1 U0(.clk(clk), .rst(rst), .en(en), .q(q0));
    tff1 U1(.clk(~q0), .rst(rst), .en(en), .q(q1));
    tff1 U2(.clk(~q1), .rst(rst), .en(en), .q(q2));
    tff1 U3(.clk(~q2), .rst(rst), .en(en), .q(q3));
assign cout = {q3,q2,q1,q0};
endmodule
```

Listing4.27 描述 4 位行波计数器，采用导出时钟信号。模块 tff1 基于 D 触发器实现 T 触发器，模块 ripple_counter 通过 T 触发器实现行波计数器。

通常情况下，逻辑设计阶段不允许采用异步电路，需要采用同步电路。图 4.21 所示异步电路可以采用图 4.22 所示同步电路实现，对应描述参考 Listing4.28。

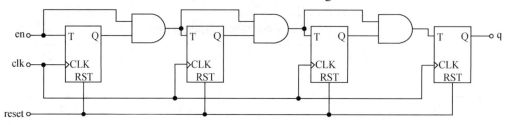

图 4.22　T 触发器实现行波计数器（同步电路）

Listing4.28　T 触发器实现行波计数器（同步电路）的 Verilog HDL 描述

```verilog
module syn_counter(
    input clk,rst,
    input en,
    output [3:0]cout
);

    wire q0,q1,q2,q3;
    wire en0,en1,en2,en3;

    assign en0 = en;
    assign en1 = en&q0;
    assign en2 = en1&q1;
    assign en3 = en2&q2;

    tff1 U0(.clk(clk), .rst(rst), .en(en0), .q(q0));
    tff1 U1(.clk(clk), .rst(rst), .en(en1), .q(q1));
    tff1 U2(.clk(clk), .rst(rst), .en(en2), .q(q2));
    tff1 U3(.clk(clk), .rst(rst), .en(en3), .q(q3));

    assign cout = {q3,q2,q1,q0};
endmodule
```

Listing4.29 给出计数器 syn_counter 的 Testbech 模块。

Listing4.29　计数器 syn_counter 的 Testbench 模块

```verilog
module syn_counter_tb();
    reg clk;
    reg rst;
    reg en;
    wire [3:0]cout;

    always #8 clk = ~clk;
    initial begin
        clk = 1'b0;
        rst = 1'b1;
        en = 1'b0;
```

```
        #10
        en = 1'b1;
        #10
        rst = 1'b0;
        #10000 $stop();
    end
    /* instantiate the UUT: syn_counter */
    syn_counter U0(.clk(clk),.rst(rst),.en(en), .cout(cout));
endmodule
```

4.9　简　易　秒　表

本节考虑简易秒表电路设计，计时范围为 00.0～99.9s，当达到显示的最大值 99.9s 后，显示值归零继续显示，具体地，电路包含：

①　1 个异步复位信号 clr，clr 信号置位，显示值清零。

②　1 个使能信号 go，go 信号置位和清零控制秒表开始与停止计数。

简易秒表的核心是 BCD 码计数器。为了实现 0.1s 计时，需要对 50MHz 时钟信号进行分频，得到周期为 0.1s 的时钟信号。为了显示计数器的计数值，使用显示译码电路。信号 go 是计数器的使能信号。当 go 信号为 1 时，计数器开始计数；当 go 信号为 0 时，计数器停止计数。

图 4.23 给出 BCD 码计数器的电路结构，采用 3 个计数器，计数器 T1 是一个模 5000000 计数器，产生周期为 0.1s 的信号，作为第二个计数器 T2 的时钟信号；定时器 T2 是一个模 10 计数器，输出信号周期为 1s，作为第三个定时器 T3 的时钟信号；定时器 T3 也是一个模 10 计数器。图 4.23 所示电路结构属于异步电路。计数器 T1、T2 和 T3 使用 3 个不同的时钟信号，3 个时钟信号存在一定联系，计数器 T2 和 T3 的时钟信号称为导出时钟信号。在同步电路设计中，应该避免使用导出时钟信号。

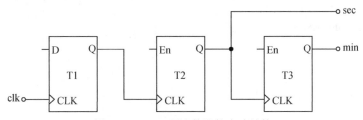

图 4.23　BCD 码计数器的电路结构

在图 4.23 中，计数器 T1 的输出作为计数器 T2 的时钟信号使用，存在导出时钟信号，属于异步电路设计。修改异步电路结构，将导出时钟信号作为使能信号使用，实现同步电路设计，电路结构如图 4.24 所示。

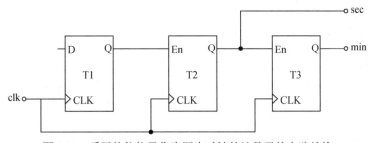

图 4.24　采用使能信号作为同步时钟的计数器的电路结构

基于图 4.24 电路结构，Listing4.30 给出简易秒表的 Verilog HDL 描述。

Listing4.30　简易秒表的 Verilog HDL 描述

```verilog
module stopwatch_cascade(
    input wire clk, reset,
    input wire go,
    output wire [3:0]d2, d1, d0
);
    localparam DVSR=5000000;

    reg [22:0]ms_reg;
    wire [22:0]ms_next;

    reg [3:0]d2_reg, d1_reg, d0_reg;
    wire [3:0]d2_next, d1_next, d0_next;

    wire d2_en, d1_en,d0_en;
    wire ms_tick, d0_tick, d1_tick;

    always@(posedge clk, posedge reset) begin
        if(reset) begin
            ms_reg <= {23{1'b0}};
            d2_reg <= 4'b0000;
            d1_reg <= 4'b0000;
            d0_reg <= 4'b0000;
        end
        else begin
            ms_reg <= ms_next;
            d2_reg <= d2_next;
            d1_reg <= d1_next;
            d0_reg <= d0_next;
        end
    end
    assign ms_next =(((ms_reg==DVSR)&&go))?(4'b0000):((go)?(ms_reg+1):ms_reg);
    assign ms_tick = (ms_reg==DVSR)?1'b1:1'b0;
    /* 0.1 sec counter */
    assign d0_en = ms_tick;
    assign d0_next = ((d0_en && d0_reg==9))?(4'b0000):((d0_en)?(d0_reg+1'b1):(d0_reg));
    assign d0_tick = (d0_reg==9)?(1'b1):(1'b0);
    /* 1 sec counter */
    assign d1_en = d0_en&d0_tick;
    assign d1_next = ((d1_en && d1_reg==9))?(4'b0000):((d1_en)?(d1_reg+1'b1):(d1_reg));
    assign d1_tick = (d1_reg==9)?(1'b1):(1'b0);
    /* 10 sec counter */
    assign d2_en = d1_en&d1_tick;
    assign d2_next = ((d2_en && d2_reg==9))?(4'b0000):((d2_en)?(d2_reg+1'b1):(d2_reg));
    /* output logic */
    assign d0 = d0_reg;
    assign d1 = d1_reg;
```

```
        assign d2 = d2_reg;
endmodule
/* Top-level entity and decoder */
module top_stopwatch(
        input CLOCK_50,
        input [1:0]SW,
        output [6:0]HEX0,HEX1,HEX2
);
        wire [3:0]d0,d1,d2;
        stopwatch_cascade    stopwatch_U0(
                        .clk(CLOCK_50),
                        .go(SW[0]),
                        .reset(SW[1]),
                        .d2(d2),
                        .d1(d1),
                        .d0(d0)                 );
        SEG7_LUT U0(.oSEG(HEX0),.iDIG(d0));
        SEG7_LUT U1(.oSEG(HEX1),.iDIG(d1));
        SEG7_LUT U2(.oSEG(HEX2),.iDIG(d2));
endmodule
```

模块 stopwatch_cascade 采用同步电路实现 BCD 码计数器，BCD 码计数器模块的输出信号 d2、d1、d0 的值需要显示在数码管上。因此，顶层模块 top_stopwatch 实例化 BCD 码计数器模块和显示译码器模块。信号 d2、d1、d0 连接到七段显示译码电路 SEG7_LUT（Listing3.12）的输入端，译码后输出显示编码并驱动数码管。模块 top_stopwatch 采用预先定义端口信号名，通过导入引脚分配文件，方便引脚分配。

Listing4.30 给出的简易秒表描述，所有寄存器的次态逻辑采用连续赋值语句实现，结构不够清晰，可读性和可维护性不佳。考虑到电路的本质，Listing4.31 基于模 M 计数器给出一种模块化描述方式。

Listing4.31　简易秒表的 Verilog HDL 描述（模块化）

```
module stop_watch_cascade1(
        input clk, reset,
        input go,
        output [3:0]d2, d1, d0
);
        wire d0_en, d1_en, d2_en;
        localparam DVSR=5000000;

        counter_m #(.N(23), .M(DVSR=5000000)) U0(
                        .clk(clk),
                        .reset(reset),
                        .en(go),
                        .maxtick(d0_en),
                        .q());
        counter_m #(.N(4), .M(10)) U1(
                        .clk(clk),
                        .reset(reset),
                        .en(d0_en),
```

```
                    .maxtick(d1_en),
                    .q(d0));
        counter_m #(.N(4), .M(10)) U2(
                    .clk(clk),
                    .reset(reset),
                    .en(d0_en&d1_en),
                    .maxtick(d2_en),
                    .q(d1));
        counter_m #(.N(4), .M(10)) U3(
                    .clk(clk),
                    .reset(reset),
                    .en(d0_en&d1_en&d2_en),
                    .maxtick(),
                    .q(d2));
endmodule
/* Top-level entity */
module top_stopwatch1(
    input clk,reset,
    input go,
    output [6:0]HEX0,HEX1,HEX2
);

    wire [3:0]d0,d1,d2;
    stop_watch_cascade1    stop_watch_U1(
                    .clk(clk),
                    .reset(reset),
                        .go(go),
                    .d2(d2),
                    .d1(d1),
                    .d0(d0)                  );
    SEG7_LUT U0(.oSEG(HEX0),.iDIG(d0)) ;
    SEG7_LUT U1(.oSEG(HEX1),.iDIG(d1)) ;
    SEG7_LUT U2(.oSEG(HEX2),.iDIG(d2)) ;
endmodule
```

模块 stop_watch_cascade1 通过实例化模 M 计数器 counter_m（Listing4.12）实现。合理设置计数器的位宽 N 和计数上限 M，分别实现模 5000000 计数器和模 10 计数器。模 5000000 计数器用于分频，获得 0.1ms 的时钟信号，模 10 计数器则用于实现 BCD 码计数器。顶层模块 top_stopwatch1 实例化模块 stop_watch_cascade1 和七段显示译码器 SEG7_LUT（Listing3.12），这样顶层模块全部由独立模块组成，电路结构清晰，可读性和可维护性更好。

4.10　时钟显示电路

本节基于 DE2-115 开发板设计时钟及其显示电路，具体功能要求包括：

① 电路能够显示时、分、秒和 0.1s。时的显示范围为 0～23，需要两个数码管；分的显示范围为 0～59，需要两个数码管；秒的显示范围为 0～59，需要两个数码管；0.1s 的显示范围为 1～10，需要一个数码管。

② 输入信号 reset 用作复位信号，reset 信号置位，所有数码管清零。输入信号 go 作为使能信号，如果 go 为高电平，电路工作在时钟模式，正常计数、显示；如果 go 为低电平，停止计数，数码管保持之前的显示值不变。

③ 输入信号 set 控制电路的工作模式，set 置位，电路进入设置模式，通过输入信号 ok 选择当前设置位置（时、分和秒共计 6 个数码管，0.1s 数码管不能设置），当前选中数码管闪烁显示。输入 load 连接按键，用于设置显示值，每按一次按键，load 显示值加 1，加到最大值后自动归零显示。

分析上述要求不难发现，电路核心部分也是 BCD 码计数器，有两种工作模式：设置模式和时钟模式。在时钟模式下，电路需要 7 个计数器，分别是时计数器 d6_reg、d5_reg，分计数器 d4_reg、d3_reg，秒计数器 d2_reg、d1_reg 和 0.1s 计数器 d0_reg，电路工作方式与 4.9 节介绍的简易秒表基本类似。在设置模式下，为了区分设置的具体位置，增加 set_reg 计数器，计数范围为 0~5，区分 6 个设置位置（即显示数码管）（小时：个位和十位，分：个位和十位，秒：个位和十位）。输入信号 ok 作为 set_reg 计数器的使能信号，ok 信号置位 1 次，计数器 set_reg 加 1，通过 ok 选择当前设置位置。输入信号 load 用于输入设置值。此外，为了实现处于设置状态的数码管的闪烁显示效果，增加一个控制闪烁频率的计数器 flash_reg。时钟显示电路的 Verilog HDL 描述参考 Listing4.32。

Listing4.32　时钟显示电路的 Verilog HDL 描述

```
module timer(
    input clk, reset,
    input go,
    input set,    /* 1: setting mode, 0: counter mode */
    input load, /* Setting Mode:    */
    input ok,     /*                    */
    output [3:0]d6, d5, d4, d3, d2, d1, d0
);
    localparam DVSR=5000000;

    reg    [22:0]ms_reg;
    wire   [22:0]ms_next;
    /* setting mode: counter used for creating time interval */
    reg    [24:0]flash_reg;
    wire   [24:0]flash_next;
    reg    [2:0]set_reg;
    wire   [2:0]set_next;
    reg load_reg, ok_reg;
    wire load_next, ok_next;
    reg [3:0]d6_reg, d5_reg, d4_reg, d3_reg, d2_reg, d1_reg, d0_reg;
    reg [3:0]d6_next, d5_next, d4_next, d3_next, d2_next, d1_next, d0_next;
    wire d6_en, d5_en, d4_en, d3_en, d2_en, d1_en, d0_en;
    wire ms_tick, d0_tick, d1_tick, d2_tick, d3_tick, d4_tick, d5_tick;
    wire load_en;
    wire ok_en;
    /* registers */
    always@(posedge clk, posedge reset) begin
        if(reset) begin
```

```verilog
            flash_reg   <= 0;   /* Setting mode: delay counter */
            ok_reg      <= 0;
            load_reg    <= 0;
            ms_reg      <= {23{1'b0}};
            set_reg     <= 0;
            d6_reg      <= 4'b0000;
            d5_reg      <= 4'b0000;
            d4_reg      <= 4'b0000;
            d3_reg      <= 4'b0000;
            d2_reg      <= 4'b0000;
            d1_reg      <= 4'b0000;
            d0_reg      <= 4'b0000;
        end
        else begin
            flash_reg   <= flash_next;
            ok_reg      <= ok_next;
            load_reg    <= load_next;
            set_reg     <= set_next;
            ms_reg      <= ms_next;
            d6_reg      <= d6_next;
            d5_reg      <= d5_next;
            d4_reg      <= d4_next;
            d3_reg      <= d3_next;
            d2_reg      <= d2_next;
            d1_reg      <= d1_next;
            d0_reg      <= d0_next;
        end
end
assign load_next = load;
assign ok_next = ok;
/* Counter for delay */
assign flash_next = flash_reg + 1'b1;
/* Edge detect circuit   */
assign load_en = (~load_reg & load);
assign ok_en   = (~ok_reg & ok);
/* Mod-6 counter,ok_en is enable signal */
assign set_next = (set_reg==5&&ok_en)? 3'b000:((ok_en) ? (set_reg + 1'b1):set_reg);
/* millisecond counter */
assign ms_next =(((ms_reg==DVSR)&&go))?({23{1'b0}}):((go)?(ms_reg+1):ms_reg);
assign ms_tick = (ms_reg==DVSR)?1'b1:1'b0;
/* 0.1 second counter */
assign d0_en = ms_tick;
always@(*) begin
    d0_next = ((d0_en && d0_reg==9))?(4'b0000):((d0_en)?(d0_reg+1'b1):(d0_reg));
end
assign d0_tick = (d0_reg==9)?(1'b1):(1'b0);
/* second counter: ones place */
assign d1_en = d0_en&d0_tick;
always@(*) begin
```

```verilog
        if(set) begin
            if(set_reg==5) begin
                if(load_en)
                    if(d1_reg==9)
                        d1_next = 0;
                    else
                        d1_next = d1_reg+1'b1;
                else
                    d1_next = d1_reg;
            end
            else begin
                d1_next = d1_reg;
            end
        end
        else begin //if(set)
            d1_next = ((d1_en && d1_reg==9))?(4'b0000):((d1_en)?(d1_reg+1'b1):(d1_reg));
        end
    end

assign d1_tick = (d1_reg==9)?(1'b1):(1'b0);
/* second: tens place */
assign d2_en = d1_en&d1_tick;
always @(*) begin
    if(set) begin
        if(set_reg==4) begin
            if(load_en)
                if(d2_reg==5)
                    d2_next = 0;
                else
                    d2_next = d2_reg+1'b1;
            else
                d2_next = d2_reg;
        end
        else begin
            d2_next = d2_reg;
        end
    end
    else begin
        d2_next = ((d2_en && d2_reg==5))?(4'b0000):((d2_en)?(d2_reg+1'b1):(d2_reg));
    end
end

assign d2_tick = (d2_reg==5)?(1'b1):(1'b0);
/* minute counter: ones place */
assign d3_en = d2_en&d2_tick;
always@(*) begin
    if(set) begin
        if(set_reg==3) begin
            if(load_en)
```

```
                                if(d3_reg==9)
                                        d3_next = 0;
                                else
                                        d3_next = d3_reg+1'b1;
                        else
                                d3_next = d3_reg;
                end
                else begin
                        d3_next = d3_reg;
                end
        end
        else begin
                d3_next = ((d3_en && d3_reg==9))?(4'b0000):((d3_en)?(d3_reg+1'b1):(d3_reg));
        end
end
assign d3_tick = (d3_reg==9)?(1'b1):(1'b0);
/* minute: tens place */
assign d4_en = d3_en&d3_tick;
always@(*) begin
        if(set) begin
                if(set_reg==2) begin
                        if(load_en)
                                if(d4_reg==5)
                                        d4_next = 0;
                                else
                                        d4_next = d4_reg+1'b1;
                        else
                                d4_next = d4_reg;
                end
                else begin
                        d4_next = d4_reg;
                end
        end
        else begin
                d4_next = ((d4_en && d4_reg==5))?(4'b0000):((d4_en)?(d4_reg+1'b1):(d4_reg));
        end
end

assign d4_tick = (d4_reg==5)?(1'b1):(1'b0);
/* hour counter: ones place */
assign d5_en = d4_en&d4_tick;
always@(*) begin
        if(set) begin
                if(set_reg==1) begin
                        if(load_en)
                                if(d5_reg==3)
                                        d5_next = 0;
                                else
                                        d5_next = d5_reg+1'b1;
```

```verilog
                            else
                                d5_next = d5_reg;
                    end
                    else begin
                            d5_next = d5_reg;
                    end
                end
                else begin
                        d5_next = ((d5_en && d5_reg==3))?(4'b0000):((d5_en)?(d5_reg+1'b1):(d5_reg));
                end
        end

        assign d5_tick = (d5_reg==3)?(1'b1):(1'b0);
        /* hour counter: tens place */
        assign d6_en = d5_en&d5_tick;
        always@(*) begin
            if(set) begin
                    if(set_reg==0) begin
                            if(load_en)
                                if(d6_reg==2)
                                        d6_next = 0;
                                    else
                                        d6_next = d6_reg+1'b1;
                                else
                                        d6_next = d6_reg;
                        end
                        else begin
                            d6_next = d6_reg;
                        end
                end
                else begin
                        d6_next = ((d6_en && d6_reg==1))?(4'b0000):((d6_en)?(d6_reg+1'b1):(d6_reg));
                end
        end
        /* output logic */
        assign d0 = d0_reg;
        assign d1 = (set&flash_reg[24]&set_reg==5) ? 4'b1111 : d1_reg;
        assign d2 = (set&flash_reg[24]&set_reg==4) ? 4'b1111 : d2_reg;
        assign d3 = (set&flash_reg[24]&set_reg==3) ? 4'b1111 : d3_reg;
        assign d4 = (set&flash_reg[24]&set_reg==2) ? 4'b1111 : d4_reg;
        assign d5 = (set&flash_reg[24]&set_reg==1) ? 4'b1111 : d5_reg;
        assign d6 = (set&flash_reg[24]&set_reg==0) ? 4'b1111 : d6_reg;
endmodule
/* top-level entity */
module top_timer(
    input CLOCK_50,
    input [2:0]SW,
    input [1:0]KEY,
    output [6:0]HEX0,HEX1,HEX2,HEX3,HEX4,HEX5,HEX6
```

```
);
    wire [3:0]d0,d1,d2,d3,d4,d5,d6;
    timer       timer_U0(
                    .clk(CLOCK_50),
                    .ok(KEY[1]),      /* Selecting position for setting */
                    .set(SW[2]),      /* selecting working mode */
                    .load(KEY[0]), /* enter the setting value */
                    .go(SW[0]),       /* enable signal */
                    .reset(SW[1]), /* reset signal   */
                    .d6(d6),      /* hour: tens place    */
                    .d5(d5),      /* hour: ones place    */
                    .d4(d4),      /* minute: tens place */
                    .d3(d3),      /* minute: ones place */
                    .d2(d2),      /* second: tens place */
                    .d1(d1),      /* second: ones place */
                    .d0(d0));     /* 0.1s           */
    SEG7_LUT        U0(.oSEG(HEX0),.iDIG(d0));
    SEG7_LUT        U1(.oSEG(HEX1),.iDIG(d1));
    SEG7_LUT        U2(.oSEG(HEX2),.iDIG(d2));
    SEG7_LUT        U3(.oSEG(HEX3),.iDIG(d3));
    SEG7_LUT        U4(.oSEG(HEX4),.iDIG(d4));
    SEG7_LUT        U5(.oSEG(HEX5),.iDIG(d5));
    SEG7_LUT        U6(.oSEG(HEX6),.iDIG(d6));
endmodule
```

假设输入时钟信号频率为 50MHz，实现一个模 5000000 计数器 ms_reg，计数器 ms_reg 的 max_tick 信号作为 0.1s 计数器 d0 的使能信号 d0_en，计数器 d0 每 0.1s 加 1，0.1s 计数器 d0 的 max_tick 信号作为秒个位计数器 d1 的使能信号：

```
assign d0_tick = (d0_reg==9)?(1'b1):(1'b0);
/* 1 sec counter */
assign d1_en = d0_en&d0_tick;
```

如果 set 信号置位，计数器 d1_reg 的次态进入设置模式，否则工作在时钟模式。在设置模式下，比较当前设置位置是否为 d1_reg 计数器，如果是，则通过按键 load_en 进行设置，每按一次显示值加 1，当达到计数上限后归零。如果设置位置不是 d1_reg 计数器，则 d1_reg 保持当前值不变。

```
/* next-state */
always@(*) begin
    if(set) begin
        if(set_reg==5) begin
            if(load_en)
                if(d1_reg==9)
                    d1_next = 0;
                else
                    d1_next = d1_reg+1'b1;
            else
                d1_next = d1_reg;
        end
        else begin
```

```
                    d1_next = d1_reg;
            end
    end
    else begin
        d1_next = ((d1_en && d1_reg==9))?(4'b0000):((d1_en)?(d1_reg+1'b1):(d1_reg));
    end
end
```

为了区分时钟和设置两种状态，在输出信号 d1、d2、d3、d4、d5、d6 和 d7 前使用二选一数据选择器：

```
assign d1 = (set&&flash_reg[23]&&set_reg==5) ? 4'b1111 : d1_reg;
```

在设置模式下（set==1'b1），设置位置被选中（set_reg==5），延时计数器最高位为 1（flash_reg[23]）时，计数器 d1 的值为 4'b1111（经译码器输出，数码管熄灭），延时计数器最高位（flash_reg[23]）不为 1 时，将 d1_reg 的值输出送给译码器。

模块 top_timer 实例化模块 timer 和七段显示译码器 SEG7_LUT（Listing3.12），实现时、分、秒等信息的正确显示。此外，改变了 top_timer 端口信号名，目的是通过导入引脚分配文件实现快速引脚分配。

4.11　思　考　题

1．解释异步复位和同步复位的区别。
2．总结 Verilog HDL 描述异步复位触发器和带有同步复位触发器的语法区别。
3．说明锁存器和触发器的区别。
4．说明上升沿触发的触发器和下降沿触发的触发器的区别及 Verilog HDL 描述方法。
5．画出计数器的典型结构，说明每部分子电路的作用。
6．总结 Verilog HDL 描述计数器的方法。
7．试述定时器和计数器的区别与联系。
8．试述数码管动态显示和静态显示的工作原理。
9．总结偶分频电路设计原理及实现方法。
10．总结奇分频电路设计原理及实现方法。

4.12　实　践　练　习

1．考虑 JK 触发器。
（1）采用两段式描述方法给出 JK 触发器的 Verilog HDL 描述。
（2）采用一段式描述方法给出 JK 触发器的 Verilog HDL 描述。
（3）编写 JK 触发器的 Testbench 模块，并采用 ModelSim 给出仿真结果。
2．考虑 T 触发器。
（1）采用两段式描述方法给出 T 触发器的 Verilog HDL 描述。
（2）采用一段式描述方法给出 T 触发器的 Verilog HDL 描述。
（3）编写 T 触发器的 Testbench 模块，并采用 ModelSim 给出仿真结果。
3．要求利用 DE2-115 开发板上的数码管 HEX0 滚动显示 0～9 这 10 个数字。
（1）要求数码管 HEX0 上滚动显示 0～9 这 10 个数字。

（2）电路具有一个使能信号 en，使能或禁止显示过程。

（3）信号 dir 控制滚动显示方向。

4．要求利用数码管 HEX3～HEX0。

（1）在 4 个数码管上滚动显示 0～9 这 10 个数字，显示模式为：0123，1234，2345，…，6789，7890，…，0123。

（2）电路具有一个使能信号 en，使能或禁止显示过程。

（3）信号 dir 控制滚动显示方向。

5．在 DE2-115 开发板上实现、验证 Listing4.25 所示电路。

（1）编写 led_light1 的 Testbench 模块，采用 ModelSim 工程仿真流程给出仿真结果。

（2）采用 DE2-115 开发板验证电路功能。

6．考虑 Listing4.20 和 Listing4.21。

（1）新建 ModelSim 工程，将 Listing4.20 和 Listing4.21 加入工程，给出仿真结果。

（2）采用 DE2-115 开发板验证电路功能。

7．时序逻辑电路仿真需要产生时钟信号，采用 always 块产生一个周期为 $T = T_1 + T_2$，占空比为 $D = T_1/T$ 的时钟信号。

8．考虑偶分频电路，假设设计 $2N$ 分频电路。

（1）给出采用模$(N-1)$计数器实现 $2N$ 分频电路的实现方案。

（2）给出（1）所示方案的 Verilog HDL 描述。

（3）给出上述 $2N$ 分频电路的仿真结果。

（4）比较 Listing 4.19，给出 $2N$ 分频电路的综合结果。

第5章　有限状态机

数字电路中的有限状态机（Finite State Machine，FSM）一般作为控制器使用。本章介绍有限状态机的表示方法（状态转换图和状态转换表）、状态赋值、代码风格等重要内容，目的在于帮助读者了解有限状态机的基本工作原理，能够基于有限状态机思想设计相对复杂的时序逻辑电路。

5.1　有限状态机特征和结构

有限状态机是一种对象行为的建模工具，描述对象在生命周期内经历的状态变化及如何响应来自外界的各种事件。有限状态机在很多领域得到了应用，如数字电路设计、通信协议描述及软件编程都可以采用有限状态机描述。有限状态机存在多种表示方式，图 5.1 给出采用状态转换图描述物质 3 种状态的转换过程。

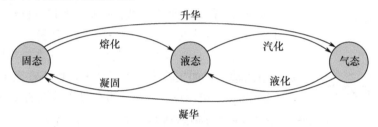

图 5.1　物质 3 种状态的转换过程

物质有 3 种状态：固态、液态和气态，状态转换图包含 3 个节点，分别表示这 3 种状态，在外界输入条件作用下，物质可以从一种状态转变为另一种状态，用有向箭头表示。

有限状态机用状态来描述对象，任意时刻对象只能处于一种状态，对象拥有的状态数有限。外界的某些行为（系统输入）可能导致对象从一种状态过渡到另一种状态，状态的变化遵循固定规则，同一种外界行为，不能导致对象从一种状态迁移到多种状态。

在数字系统设计领域，有限状态机是时序逻辑电路的别称。有些情况下，为了区分，将次态逻辑较复杂的时序逻辑电路称为有限状态机。因此，有限状态机的电路结构与时序逻辑电路一致，包括 3 部分：次态逻辑、状态寄存器和输出逻辑，如图 5.2 所示。

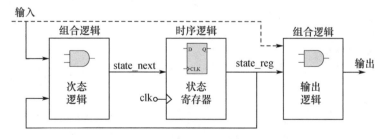

图 5.2　有限状态机的电路结构

次态逻辑是当前状态（状态寄存器输出）和输入的函数，是有限状态机的核心部分。状态寄存器由多个 D 触发器组成，存储时序逻辑电路的当前状态，寄存器中所有 D 触发器使用相同的时钟信号（同步时序逻辑）。输出逻辑用来决定电路的输出，次态逻辑和输出逻辑是组合逻辑电路。电路输出如果只由电路状态决定，称为摩尔类型输出（Moore Output）。如果电路的输出由电路的输入和状态共同决定，则称为米利类型输出（Mealy Output）。如果有限状态机只包含摩尔类型输出，则称为摩尔类型的有限状态机，简称摩尔状态机（Moore Machine）。如果有限状态机至少包含一个米利类型输出，则称为米利类型的有限状态机，简称米利状态机（Mealy Machine）。

5.2　有限状态机的表示

状态转换图、状态转换表和算法状态机图是常用的有限状态机表示方法。

5.2.1　状态转换图

状态转换图是标准有向图，包括节点和有向箭头。图 5.3 所示状态转换图具有 3 个状态、两个外部输入信号 a 和 b、一个摩尔类型输出 y1 和一个米利类型输出 y0。在状态转换图中，节点表示电路状态，在圆圈外部标注状态名称，圆圈内部标注摩尔类型输出（摩尔类型输出只由状态决定）。有向箭头弧线或直线表示状态切换方向，通常标注一个关于输入变量的逻辑表达式，表示状态转换条件，称为条件表达式。如果有限状态机包含米利类型输出，也在状态转换图中标出。一般采用"/"分割，符号"/"的左侧标注条件表达式，右侧标注米利类型输出。状态转换图只标注不等于默认值的输出，如果输出等于默认值，则不在图中标注。

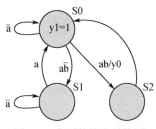

图 5.3　典型的状态转换图

Listing5.1 给出图 5.3 表示的有限状态机的 Verilog HDL 描述。

Listing5.1　图 5.3 表示的有限状态机的 Verilog HDL 描述

```
module stg_class(
    input clk, reset,
    input a, b,
    output reg y0, y1
);
    reg [1:0]state_reg, state_next;

    localparam  S0 = 2'b00,
                S1 = 2'b01,
                S2 = 2'b10;
    /* state register */
    always@(posedge clk, posedge reset) begin
        if(reset) begin
            state_reg <= S0;
        end
        else begin
            state_reg <= state_next;
        end
    end
    /* next logic and output logic */
    always@(*) begin
        y0 = 1'b0;
        y1 = 1'b1;
        state_next = state_reg;
```

```
        case(state_reg)
            S0:
                if(a) begin
                    if(b) begin
                        y0 = 1'b1;
                        state_next = S2;
                    end
                    else begin
                        state_next = S1;
                    end
                end
            S1:
                if(a) begin
                    state_next = S0;
                end
            S2:
                state_next = S0;
        endcase
    end
endmodule
```

5.2.2 状态转换表

状态转换表也是常用的描述有限状态机的方法。状态转换表每行包含 3 列，第 1 列表示源状态，第 2 列表示目标状态，第 3 列给出从源状态到目标状态的转换条件。每一行给出一个状态转换过程。图 5.3 对应的状态转换表见表 5.1。

描述规范的有限状态机能够被 Quartus Prime 识别，Quartus Prime 会给出对应的状态转换图和状态转换表。在 Quartus Prime 主窗口，单击 Tool→Netlist views→State Machine Viewer 命令，打开 State Machine Viewer 窗口即可查看。Listing5.1 对应的状态转换图和状态转换表如图 5.4 所示。

表 5.1 状态转换表

源状态	目标状态	转换条件
S0	S1	(a)(!b)
S0	S2	(a)(b)
S0	S0	(!a)
S1	S1	(!a)
S1	S0	(a)
S2	S0	

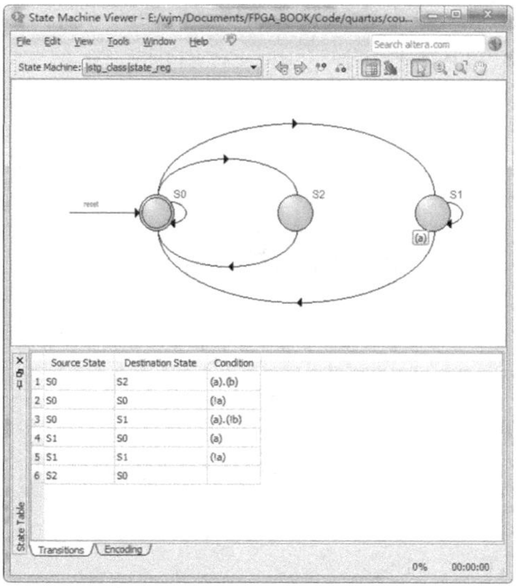

图 5.4 State Machine Viewer 窗口

5.2.3 算法状态机图

算法状态机图（Algorithm State Machine Chart，ASM 图）是另一种表示有限状态机的有效方法。算法状态机图与状态转换图完成相同的功能，但描述能力更强。尤其涉及复杂算法描述时，算法状态机图更具优势。算法状态机图由 ASM 块（ASM Block）组成，每个 ASM 块包含一个状态框、可选的条件判断框及条件输出框，典型的 ASM 块如图 5.5 所示。

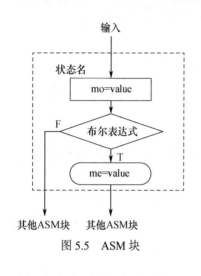

图 5.5 ASM 块

状态框用矩形表示，表示有限状态机的状态。摩尔类型输出直接写在状态框内部，状态名一般标注在状态框的左上角。为了使算法状态机图更加清晰，图中只画出不等于默认值的输出信号。如果在某个状态没有明确指明某输出信号的具体取值，表示该状态下输出信号等于默认值。条件判断框采用菱形框表示，内部包含关于输入信号的逻辑表达式，作用与状态转换图中的条件表达式类似，条件判断框可以描述非常复杂的状态转换条件。根据条件表达式的取值，有限状态机按照 True(T) 路径或 False（F）路径进入相应状态（另一个 ASM 块）。在一个 ASM 块内部级联多个条件判断框，用来表示相对复杂的状态转换条件。条件输出框采用圆角矩形表示，内部列出非默认取值的输出信号（米利类型输出）。条件输出框只能置于条件判断框之后，表示条件判断框的条件满足时，输出信号才会发生相应改变。条件判断框中的逻辑表达式关于输入信号，说明输出依赖于当前状态和输入信号，即条件输出框中的输出信号属于米利类型输出。类似地，条件输出框只列出不等于默认值的输出信号。

算法状态机图和状态转换图都用于描述有限状态机，二者可以互相转换，ASM 块等价于状态转换图的状态及状态转换条件。图 5.6 给出一个有限状态机的状态转换图和算法状态机图，S0 状态转换的条件表达式比较复杂。状态转换图中的条件表达式 $\bar{a}$、ab 和 a$\bar{b}$，在算法状态机图中，采用级联结构的两个条件判断框实现，第 1 个条件判断框的 False 路径后级联另一个条件判断框。第 1 个条件判断框的 False 路径表示 a == 0 不成立（即 a == 1）。为了描述简单和清晰，第二个条件判断框并没有出现 a == 1。

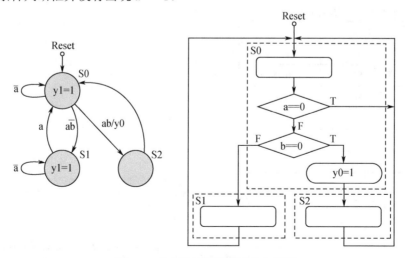

图 5.6 状态转换图和算法状态机图

5.3 米利状态机和摩尔状态机

摩尔状态机和米利状态机具有相似的计算能力。对于同样的计算任务，米利状态机通常需要更少的状态。如果有限状态机用作控制器，摩尔状态机和米利状态机存在微小差别。二者在时序上的微小差别对于控制器的正确工作至关重要。下面通过一个简单设计实例介绍米利状态机和摩尔状态机。

5.3.1 边沿检测电路

边沿检测电路分为上升沿检测电路、下降沿检测电路及双边沿检测电路。信号从 0 变为 1 时刻称为信号上升沿，信号从 1 变为 0 时刻称为信号下降沿。上升沿检测电路在输入信号上升沿时，输出信号置位一个时钟周期，否则输出信号为低电平。下降沿检测电路在输入信号下降沿时，输出信号置位一个时钟周期，否则输出信号为低电平。双边沿检测电路检测到输入信号上升沿或下降沿时，输出信号置位一个时钟周期，否则输出信号为低电平。

下面介绍上升沿检测电路设计过程。如果输入信号 strobe 出现从 0 变为 1 的上升沿，输出一个宽度等于（摩尔状态机）或小于（米利状态机）有限状态机时钟周期的"短"脉冲。有限状态机的输入信号 strobe 变化相对较慢，即输入信号置位时间远大于有限状态机的时钟周期。

5.3.2 摩尔状态机

有限状态机边沿检测电路的设计思想：状态 ZERO 表示输入保持 0，状态 ONE 表示输入保持 1，如果有限状态机从 ZERO 状态切换为 ONE 状态，输出置位。首先考虑采用摩尔状态机实现上升沿检测电路，状态转换过程如图 5.7（a）所示。有限状态机由 3 个状态组成，除了 ZERO 和 ONE 状态，还包括 EDGE 状态。如果电路处于 ZERO 状态（表示输入为 0），输入信号 strobe 变为 1，表示输入信号从 0 变为 1，有限状态机进入 EDGE 状态。EDGE 状态时，输出信号 p1 置位。如果 strobe 信号保持 1 不变，有限状态机在下一个时钟周期进入 ONE 状态，并保持在 ONE 状态，直至 strobe 信号变为 0。如果 strobe 是一个短脉冲（即在 EDGE 状态，输入变为 0），有限状态机从 EDGE 状态直接切换到 ZERO 状态。

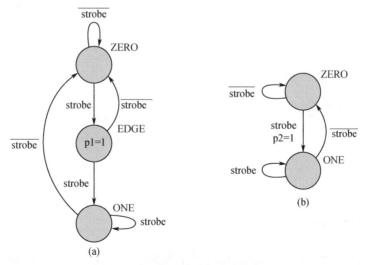

图 5.7 边沿检测电路的状态转换图

Listing5.2 给出上升沿检测电路的摩尔状态机实现。

Listing5.2 上升沿检测电路的 Verilog HDL 描述（摩尔状态机）

```verilog
module edge_detect_moore(
    input clk, reset,
    input strobe,
    output p1
);
    localparam [1:0] ZERO = 2'b00,
                     EDGE = 2'b01,
                     ONE = 2'b10;
    // Signal declaration
    reg [1:0] state_reg, state_next;
    // State registers
    always@(posedge clk, posedge reset)
        if(reset)
        state_reg <= ZERO;
        else
        state_reg <= state_next;
    // Next-state logic
    always@(*) begin
        state_next = state_reg;
        case (state_reg)
        ZERO:
            if(strobe)
                state_next = EDGE;
            else
                state_next = ZERO;
        EDGE: begin
            p1 = 1'b1;
            if(strobe)
                state_next = ONE;
            else
                state_next = ZERO;
            end
        ONE:
            if(strobe)
                state_next = ONE;
            else
                state_next = ZERO;
        endcase
    end
    // output logic
    assign p1 = (state_reg==EDGE)?1'b1:1'b0;
endmodule
```

5.3.3 米利状态机

米利状态机边沿检测电路的状态转换过程如图 5.7（b）所示，状态 ZERO 和状态 ONE 的含义与摩尔状态机相同。如果有限状态机处于 ZERO 状态，输入信号 strobe 变为 1，输出信号 p2 立即置位。有限状态机在下一个时钟信号上升沿进入 ONE 状态，输出信号 p2 同时清零。上升沿检测电路的时序如图 5.8 所示。

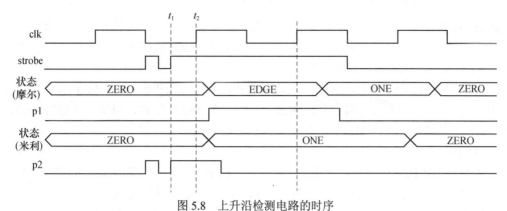

图 5.8　上升沿检测电路的时序

Listing5.3 给出上升沿检测电路的米利状态机实现。

Listing5.3　上升沿检测电路的 Verilog HDL 描述（米利状态机）

```verilog
module edge_detect_mealy(
    input wire clk, reset,
    input wire strobe,
    output wire p2
);
    localparam ZERO = 1'b0,
              ONE = 1'b1;
    // signal declaration
    reg state_reg, state_next;
    // state registers
    always@(posedge clk, posedge reset)
        if(reset)
            state_reg <= ZERO;
        else
            state_reg <= state_next;
    // next-state logic
    always@(*) begin
        case(state_reg)
        ZERO:
            if(strobe)
                state_next = ONE;
            else
                state_next = ZERO;
        ONE:
            if(strobe)
                state_next = ONE;
            else
                state_next = ZERO;
        endcase
    end
    // output logic
    assign p2 = ((state_reg==ZERO)&&(strobe==1'b1))?1'b1:1'b0;
endmodule
```

5.3.4　摩尔状态机和米利状态机的区别

输入信号从 0 变为 1，两种类型的边沿检测电路都能产生一个短脉冲，但这两种实现方式的时序存在一定差别。理解差别产生的原因是设计正确、高效有限状态机及使用有限状态机的关键。摩尔状态机和米利状态机的区别主要体现在以下几个方面。

① 对于同样的任务，米利状态机一般需要更少的状态。米利状态机的输出由状态和外部输入共同决定，可以在一个状态指定几个输出。例如，在 ZERO 状态，根据输入信号 strobe 值的不同，输出信号 p2 可以是 0 或 1。米利状态机边沿检测电路只需要 2 个状态，摩尔状态机至少需要 3 个状态。

② 米利状态机的响应速度可能更快。米利状态机的输出由输入和状态共同决定，无论何时只要输入满足一定条件，输出就发生改变。在米利状态机边沿检测电路中，如果有限状态机处于 ZERO 状态，只要 strobe 从 0 变为 1，其输出立即变为 1。摩尔状态机的输出并不直接对输入信号的改变做出响应。摩尔状态机边沿检测电路在 ZERO 状态检测到输入 strobe 从 0 变为 1，输出并不立即变为 1，要等到有限状态机进入 EDGE 状态后，输出才变为 1。有限状态机在下一个时钟信号上升沿才会进入 EDGE 状态，p1 才相应地变为 1。参考图 5.8，米利状态机的输出 p2 在 t_1 时刻被采样，由于寄存器时钟到输出延迟及输出逻辑延迟，摩尔状态机的输出 p1 在 t_1 时刻并不能被使用，必须等到下一个时钟信号上升沿（t_2 时刻）才能使用。

③ 相较于米利状态机，摩尔状态机的输出会延迟一个时钟周期。

5.4　序列检测器

序列检测器（Sequence Detecter）从连续输入码流中识别指定序列。下面设计在连续码流输入中检测 10010 序列检测器。输入码流用 xin 表示，假定每个时钟周期会有输入信号连续加入，序列检测器连续检测输入码流。如果检测到输入码流中包含指定模式 10010，输出信号 zout 置位，否则 zout 保持低电平。序列检测器的状态转换过程如图 5.9 所示，其 Verilog HDL 描述参考 Listing5.4。

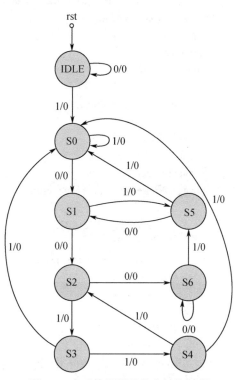

图 5.9　序列检测器的状态转换过程

Listing5.4　序列检测器的 Verilog HDL 描述

```
module seqdet(
    input wire clk, rst,
    input wire xin,
    output wire zout
);
    reg [2:0] state_reg, state_next;
    localparam      IDLE = 3'd0,
                    S0 = 3'd1,
```

```
                    S1 = 3'd2,
                    S2 = 3'd3,
                    S3 = 3'd4,
                    S4 = 3'd5,
                    S5 = 3'd6,
                    S6 = 3'd7;
/* state register */
always@(posedge clk, posedge rst)
     if(rst)
            state_reg <= IDLE;
     else
            state_reg <= state_next;
// Next-state logic
always@(state_reg,xin) begin
     case(state_reg)
          IDLE:
               if(xin)
                    state_next = S0;
               else
                    state_next = IDLE;
          S0:
               if(~xin)
                    state_next = S1;
               else
                    state_next = S0;
          S1:
               if(~xin)
                    state_next = S2;
               else
                    state_next = S5;
          S2:
               if(xin)
                    state_next = S3;
               else
                    state_next = S6;
          S3:
               if(~xin)
                    state_next = S4;
               else
                    state_next = S0;
          S4:
          if(~xin)
                    state_next = S2;
               else
                    state_next = S0;
          S5:
               if(xin)
                    state_next = S0;
               else
```

```
                        state_next = S1;
            S6:
                if(xin)
                    state_next = S5;
                else
                    state_next = S1;
            default:
                state_next = IDLE;
        endcase
    end
    /* output logic */
    assign zout =(state_reg==S3 && xin==1'b0) ? 1'b1 :1'b0;
endmodule
```

5.5 格雷码计数器

二进制格雷码（Binary Gray Code）简称格雷码，广泛应用于通信及数字电路设计等领域。有限状态机状态赋值时经常采用格雷码，原因在于任意两个相邻的格雷码编码只有一位二进制数不同，从而降低状态切换引起电路错误的概率。

由于格雷码最大数与最小数之间也仅一位数不同，即"首尾相连"，因此格雷码又称循环码或反射码。在数字系统中，常要求代码按一定顺序变化，比如按自然数递增计数，若采用 8421码，则 0111 变到 1000 时 4 位均要变化，而在实际电路中，4 位的变化不可能绝对同时发生，编码状态切换时可能出现短暂的其他编码（1100、1111 等），在特定情况下可能导致电路状态错误或输入错误。使用格雷码可以在一定程度上避免这种错误。

格雷码有多种编码方式，见表 5.2。本节基于格雷码计数器设计问题，阐述有限状态机设计过程中状态赋值的重要性。Listing5.5 给出一种 4 位格雷码计数器采用有限状态机的实现方式，有限状态机的 16 个状态 S0，S1，…，S15 采用格雷码依次赋值。按照这种状态赋值方式，有限状态机的输出等于电路状态，输出逻辑简单。但是，有限状态机的次态逻辑需要实现 4 位格雷码到其相邻的下一个 4 位格雷码的转换，相对复杂。

表 5.2   格雷码编码方式

十进制数	4 位二进制数	4 位格雷码	4 位余 3 格雷码	十进制数	4 位二进制数	4 位格雷码	4 位余 3 格雷码
0	0000	0000	0010	8	1000	1100	1110
1	0001	0001	0110	9	1001	1101	1010
2	0010	0011	0111	10	0000	1111	—
3	0011	0010	0101	11	0001	1110	—
4	0100	0110	0100	12	0010	1010	—
5	0101	0111	1100	13	0011	1011	—
6	0110	0101	1101	14	0100	1001	—
7	0111	0101	1111	15	0101	1000	—

Listing5.5   4 位格雷码计数器的 Verilog HDL 描述（格雷码状态赋值）

```
module graycounter_fsm(
    input    clk, rst,
```

```verilog
    output wire [3:0]q
);
    /* Gray code as state assignment */
    localparam S0    = 4'b0000,
               S1    = 4'b0001,
               S2    = 4'b0011,
               S3    = 4'b0010,
               S4    = 4'b0110,
               S5    = 4'b0111,
               S6    = 4'b0101,
               S7    = 4'b0100,
               S8    = 4'b1100,
               S9    = 4'b1101,
               S10 = 4'b1111,
               S11 = 4'b1110,
               S12 = 4'b1010,
               S13 = 4'b1011,
               S14 = 4'b1001,
               S15 = 4'b1000;
    reg [3:0]state_reg, state_next;
    /* state register */
    always@(posedge clk, posedge rst) begin
        if(rst)
            state_reg <= S0;
        else
            state_reg <= state_next;
    end
    /* next-state logic */
    always@(*) begin
        case(state_reg)
            S0:   state_next = S1;
            S1:   state_next = S2;
            S2:   state_next = S3;
            S3:   state_next = S4;
            S4:   state_next = S5;
            S5:   state_next = S6;
            S6:   state_next = S7;
            S7:   state_next = S8;
            S8:   state_next = S9;
            S9:   state_next = S10;
            S10: state_next = S11;
            S11: state_next = S12;
            S12: state_next = S13;
            S13: state_next = S14;
            S14: state_next = S15;
            S15: state_next = S0;
            default: state_next = state_reg;
        endcase
    end
```

```
/* Output logic */
    assign q = state_reg;
endmodule
```

Listing5.5 采用格雷码进行状态赋值。事实上，采用普通二进制编码进行状态赋值，也可以实现格雷码计数器。此时，有限状态机的输出需要实现二进制数到格雷码的转换，次态逻辑则相对简单，是一个加 1 电路，具体实现参考 Listing5.6。

Listing5.6　4 位格雷码计数器的 Verilog HDL 描述（二进制编码状态赋值）

```
/* graycode counter */
module graycounter(
    input   clk, rst,
    output reg[3:0]q
);
    reg [3:0]state_reg;
    wire [3:0]state_next;
    /* state register */
    always@(posedge clk, posedge rst) begin
        if(rst)
            state_reg <= 0;
        else
            state_reg <= state_next;
    end
    /* next-state logic */
    assign state_next = state_reg + 1'b1;
    /* Output logic */
    /*assign q = state_reg^({1'b0,state_reg[4-1:1]});*/
    always@(*) begin
        BintoGray(state_reg,q);
    end
    /* Binary convert to Gray code */
    task BintoGray(
        input [4-1:0]bin,
        output [4-1:0]gray);
        begin
            gray = bin^({1'b0,bin[4-1:1]});
        end
    endtask
endmodule
```

Listing5.6 采用任务 BintoGray 实现 4 位二进制数转换成 4 位格雷码。n 位二进制数转换成格雷码的计算规则如下：

① 格雷码的最高位 g_{n-1} 与二进制数的最高位 b_{n-1}。

② 对于其他位（$0 \leq i < n-1$），如果二进制数的第 i 位（b_i）和第 $i+1$ 位（b_{i+1}）不同，则格雷码的第 i 位（g_i）为 1，否则为 0，即

$$g_i = b_i \oplus b_{i+1}$$

例如，当 $n=5$ 时，二进制数 b= $b_4\ b_3\ b_2\ b_1\ b_0$ 转换成格雷码 g=$g_4 g_3 g_2 g_1 g_0$ 的计算过程如图 5.10 所示。公式表示为

$$g_4 = b_4 = b_4 \oplus 0$$

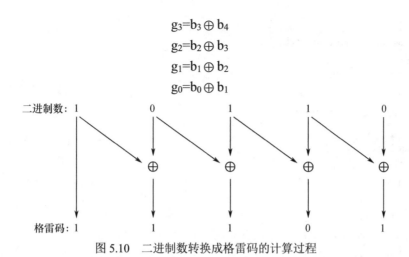

$$g_3 = b_3 \oplus b_4$$
$$g_2 = b_2 \oplus b_3$$
$$g_1 = b_1 \oplus b_2$$
$$g_0 = b_0 \oplus b_1$$

图 5.10　二进制数转换成格雷码的计算过程

Listing5.5 和 Listing5.6 都基于有限状态机思想实现，由于状态赋值不同，导致电路的次态逻辑和输出逻辑差别很大，说明采用有限状态机实现具体电路时，状态赋值对电路逻辑资源使用和电路性能影响很大，设计时要慎重选择状态编码。

Listing5.7 给出 4 位二进制计数器的一种实现方式，基于有限状态机实现。有限状态机采用格雷码进行状态赋值，每次状态切换时只有 1 位发生改变，降低由于状态切换引起电路错误的概率，代价是电路的输出（格雷码转换成二进制数）相对复杂，电路的次态逻辑需要实现格雷码向其相邻编码的转换，与 Listing5.6 的次态逻辑一致。如果有限状态机采用二进制编码进行状态赋值，有限状态机的输出简单，输出等于电路状态，次态逻辑是加 1 电路，相比 Listing5.7 给出的方式，也会简单许多。

Listing5.7　4 位二进制计数器的 Verilog HDL 描述（格雷码状态赋值）

```
/*binary Counter */
module counter_fsm(
    input clk, rst,
    output reg[3:0]q
);
    localparam S0  = 4'b0000,
               S1  = 4'b0001,
               S2  = 4'b0011,
               S3  = 4'b0010,
               S4  = 4'b0110,
               S5  = 4'b0111,
               S6  = 4'b0101,
               S7  = 4'b0100,
               S8  = 4'b1100,
               S9  = 4'b1101,
               S10 = 4'b1111,
               S11 = 4'b1110,
               S12 = 4'b1010,
               S13 = 4'b1011,
               S14 = 4'b1001,
               S15 = 4'b1000;
    reg [3:0]state_reg, state_next;
```

```
/* Register */
always@(posedge clk, posedge rst) begin
    if(rst)
        state_reg <= S0;
    else
        state_reg <= state_next;
end
/* Next-state logic */
always@(*) begin
    case(state_reg)
        S0:   state_next = S1;
        S1:   state_next = S2;
        S2:   state_next = S3;
        S3:   state_next = S4;
        S4:   state_next = S5;
        S5:   state_next = S6;
        S6:   state_next = S7;
        S7:   state_next = S8;
        S8:   state_next = S9;
        S9:   state_next = S10;
        S10: state_next = S11;
        S11: state_next = S12;
        S12: state_next = S13;
        S13: state_next = S14;
        S14: state_next = S15;
        S15: state_next = S0;
        default: state_next = state_reg;
    endcase
end
/* Output logic */
/* assign q = state_reg^({1'b0,q[4-1:1]}); */
always@(*) begin
    GraytoBin(state_reg,q);
end
task GraytoBin(
    input [4-1:0]g,
    output [4-1:0]b);
    integer i;
    begin
        for(i=0;i<4;i=i+1) begin
            b[i] = ^{g>>i};
        end
    end
endtask
endmodule
```

Listing5.7 采用任务 GraytoBin 实现 4 位格雷码转换成二进制数。格雷码转换成二进制数的计算过程如图 5.11 所示。具体的计算规则总结如下：

① 格雷码的最高位等于二进制数的最高位；

② 如果不是最高位，根据 $g_i = b_i \oplus b_{i+1}$，有

$$b_i = g_i \oplus b_{i+1}$$

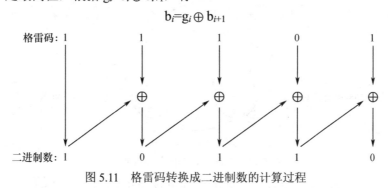

图 5.11　格雷码转换成二进制数的计算过程

对于 $n=5$，有

$$b_4 = g_4 \oplus 0 = g_4$$
$$b_3 = g_3 \oplus b_4$$
$$b_2 = g_2 \oplus b_3$$
$$b_1 = g_1 \oplus b_2$$
$$b_0 = g_0 \oplus b_1$$

Listing5.6 和 Listing5.7 在描述输出逻辑时，采用任务（Task）来提高代码的可读性和可复用性。关于任务和函数的详细语法，请参考文献[1]。

5.6　双向计数器

双向计数器（Up/Down Counter）的计数模式如图 5.12 所示，计数器从计数下限（也就是 BOTTOM，通常是 0）开始向上计数（加法计数），达到计数上限（也就是 TOP）后开始向下计数（减法计数），直至达到计数下限。输出信号 oUpDown 指示计数方向（向上计数还是向下计数），oUpDown=0 表示向上计数（加法计数），oUpDown= 1 表示向下计数（减法计数）。输出信号 oMaxTick 用于指示计数值是否达到计数上限，oMaxTick = 1 表示计数值达到计数上限。输出信号 oMinTick 用于指示计数值是否达到计数下限，oMinTick =1 表示计数值达到计数下限。

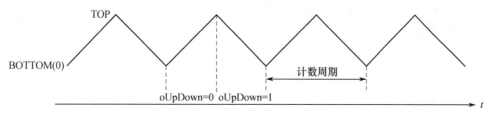

图 5.12　双向计数器的计数模式

双向计数器可以基于有限状态机思想进行设计，具体的状态转换图如图 5.13 所示。电路复位后进入 IDLE 状态，如果使能信号 iEn 有效，有限状态机进入 UP 状态，向上计数，否则保持 IDLE 状态。在 UP 状态，如果使能信号有效，计数器向上计数（加法计数），直至达到计数上限，有限状态机进入 DOWN 状态，使能信号 iEn 无效进入 IDLE 状态。DOWN 状态的工作过程与 UP 状态类似，不再赘述。

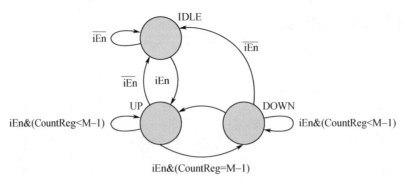

图 5.13 双向计数器的状态转换图

按照图 5.13，Listing5.8 给出双向计数器的 Verilog HDL 描述。采用两段式描述，存储元件和组合逻辑分开描述，同时每个输出信号都包含输出寄存器。

Listing5.8 双向计数器的 Verilog HDL 描述

```
module UpDownCounter#(
    parameter  N = 8,
               M = 255
)(
    input iClk,iRst,
    input iEn,
    output oUpDown,
    output oValid,
    output oMaxTick, oMinTick,
    output [N-1:0]oData
);
    localparam IDLE = 2'b00;
    localparam UP   = 2'b01;
    localparam DOWN = 2'b10;
    /* internal signals */
    reg [1:0] StateReg, StateNext;
    reg [N-1:0]CountReg, CountNext;
    reg ValidReg;
    wire ValidNext;
    reg UpDownReg, UpDownNext;
    reg MaxTickReg;
    wire MaxTickNext;
    reg MinTickReg;
    wire MinTickNext;
    /* state register and counter */
    always@(posedge iClk, posedge iRst) begin
        if(iRst) begin
            StatcReg        <= IDLE;
            CountReg        <= 0;
            ValidReg        <= 0;
            UpDownReg       <= 0;
            MaxTickReg      <= 0;
            MinTickReg      <= 0;
        end
```

```verilog
        else begin
            StateReg        <= StateNext;
            CountReg        <= CountNext;
            ValidReg        <= ValidNext;
            UpDownReg       <= UpDownNext;
            MaxTickReg      <= MaxTickNext;
            MinTickReg      <= MinTickNext;
        end
    end
end
/* Next-state logic */
assign ValidNext = (iEn) ? 1'b1 : 1'b0;
assign MaxTickNext = (iEn)&(CountReg==M) ? 1'b1 : 1'b0;
assign MinTickNext = (iEn)&(CountReg==0) ? 1'b1 : 1'b0;
always@(*) begin
    StateNext = StateReg;
    case(StateReg)
        IDLE: begin
            if(iEn) begin
                StateNext = UP;
            end
        end
        UP: begin
            if(iEn) begin
                if(CountReg==(M-1)) begin
                    StateNext = DOWN;
                end
                else begin
                    StateNext = StateReg;
                end
            end
            else begin
                StateNext = IDLE;
            end
        end
        DOWN: begin
            if(iEn) begin
                if(CountReg==1) begin
                    StateNext = UP;
                end
                else begin
                    StateNext = StateReg;
                end
            end
            else begin
                StateNext = IDLE;
            end
        end
    endcase
end
```

```
    /* Next-state logic for counter */
    always@(*) begin
        if(StateReg==UP) begin
            CountNext = CountReg + 1;
            UpDownNext = 1'b0;
        end
        else if(StateReg==DOWN) begin
            CountNext = CountReg - 1;
            UpDownNext= 1'b1;
        end
        else begin
            CountNext    = CountReg;
            UpDownNext = UpDownReg;
        end
    end
    /* Output logic */
    assign oData      = CountReg;
    assign oValid     = ValidReg;
    assign oUpDown    = UpDownReg;
    assign oMaxTick = MaxTickReg;
    assign oMinTick = MinTickReg;
endmodule
```

Listing5.8 的 Testbench 模块可参考 Listing5.9，基于命名端口连接方式实例化待测模块 UpDownCounter，并对参数 N 和 M 进行赋值。采用 initial 块和 always 块产生待测模块的激励信号，系统函数$stop()用于停止仿真过程。

Listing5.9   双向计数器的 Testbench 模块

```
/* Testbench */
module Tb_UpDownCounter();
    reg Clk, Rst;
    reg En;
    wire UpDown;
    wire Valid;
    wire MaxTick, MinTick;
    wire [7:0]Data;
    /* inst of UUT */
    UpDownCounter#(
        .N(8),
        .M(255)
        ) U0(
        .iClk(Clk),
        .iRst(Rst),
        .iEn(En),
        .oData(Data),
        .oValid(Valid),
        .oUpDown(UpDown),
        .oMaxTick(MaxTick),
        .oMinTick(MinTick));
    /*stimulus generation */
```

```
    initial begin
        Clk = 1'b0;
        Rst = 1'b1;
        En = 1'b0;
        #20
        Rst = 1'b0;
        #20
        En = 1'b1;
        #200000
        En = 1'b1;
        #5000
        $stop();
    end
    /* clock signal */
    always #15 Clk = ~Clk;
endmodule
```

5.7 思 考 题

1．什么是有限状态机？

2．总结有限状态机的应用场合。

3．总结有限状态机的电路结构及每个组成部分的作用。

4．总结格雷码的编码特点。

5．总结状态转换图（表）和算法状态机图的优缺点。

6．总结有限状态机的一段式描述和两段式（多段式）描述的优缺点。

7．总结状态赋值如何影响有限状态机的电路性能。

8．试述状态转换图和算法状态机图在描述有限状态机时的优势与劣势。

5.8 实 践 练 习

1．消抖电路。机械开关的开关过程由于反射造成信号出现毛刺，信号反射过程可能持续20ms。消抖电路的目的是消除由于机械开关引起的信号毛刺。

（1）画出消抖电路的状态转换图。

（2）编写消抖电路的 Verilog HDL 代码。

（3）编写 Testbench 模块，给出仿真结果。

（4）设计实验方案，在 DE2-115 开发板上验证电路的正确性。

2．考虑 Listing5.8。

（1）增加 1 个输入信号 iCtrl，当 iCtrl==0 时，加法计数；当 iCtrl==1 时，减法计数。采用有限状态机实现该计数器，画出状态转换图，并给出电路的 Verilog HDL 描述。

（2）采用 Quartus Prime 获得状态转换图和状态转换表。

（3）基于 ModelSim 工程仿真流程给出仿真结果。

3．设计序列检测器，检测序列中的固定模式 0111 1110。

（1）画出序列检测器的状态转换图及算法状态机图。

（2）给出状态转换图的 Verilog HDL 描述。

（3）给出仿真结果。

4. 设计 N 位格雷码计数器。

（1）给出 N 位格雷码计数器的实现方案。

（2）给出 N 位格雷码计数器的 Verilog HDL 描述。

（3）给出仿真结果。

5. 基于双向计数器设计 PWM 信号产生电路。

（1）给出 N 位双向计数器实现方案，并基于上述方案给出产生 PWM 信号的方法。

（2）给出上述方案的 Verilog HDL 描述。

（3）给出仿真结果。

第6章 通用异步收发器

通用异步收发器（Universal Asynchronous Receiver/Transmitter，UART）采用串行异步通信方式，为了实现正常的通信，发送和接收双方必须约定一系列通信参数，包括波特率、数据位、结束位及是否使用校验位，采用何种校验方式等。波特率指 1s 内通信网络上传输的比特数（bits per second，b/s），是一个表征通信速率的参数，常用的波特率有 2400b/s、4800b/s、9600b/s 及 19200b/s 等。

UART 数据包括空闲位、起始位、数据位、校验位和停止位。数据位从最低位开始传送，d0 为最低位，dn 为最高位（n=5～9），具体格式如图 6.1 所示，其中 IDLE 表示空闲位，di（i=0,1,…,9）表示数据位，dc 表示校验位，ds 表示停止位。

图 6.1 UART 数据格式

UART 硬件实现一般由接收模块和发送模块组成。发送模块通常由移位寄存器实现，以并行方式接收待发送数据，按照指定的波特率逐位发送。接收模块逐位接收数据，按照事先约定的数据格式，将接收数据组合成字节数据。在空闲情况下，数据线处于高电平。在数据传输过程中，发送模块依次发送一个起始位 0、数据位、可选的校验位及停止位。校验位（dc）的作用是检查数据传输是否存在错误。奇校验：如果数据中包含奇数个 1，则 dc=0；偶校验：如果数据中包含偶数个 1，则 dc=0。停止位设置为 1 位、1.5 位或 2 位。

本章设计一个简单的 UART 系统，波特率为 19200b/s，8 个数据位，1 个停止位，不使用校验位，波特率产生模块由接收和发送模块公用，接收和发送模块使用 FIFO（接收 FIFO 和发送 FIFO）作为接口电路，如图 6.2 所示。

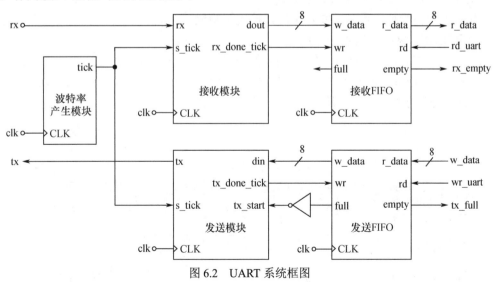

图 6.2 UART 系统框图

6.1 过 采 样

异步通信数据传输过程不包含时钟信息，接收模块通过事先约定好的参数（如波特率、数据位等）确定如何接收数据。通常情况下，UART 使用过采样机制估计发送数据的"中间点"，将该时刻的接收值作为最终的接收结果。

6.1.1 过采样方案

发送模块以指定的波特率发送数据，依据波特率容易确定发送模块发送数据的频率（周期），数据的发送周期等于波特率的倒数。例如，如果选择波特率为 9600b/s，那么发送模块发送数据的周期为 1/9600=104μs，具体如图 6.3 所示。

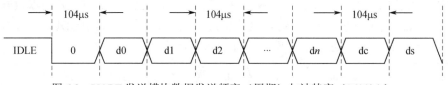

图 6.3　UART 发送模块数据发送频率（周期）与波特率（9600b/s）

接收模块以波特率 T 倍的数据发送频率采样接收数据，发送模块发送的每个串行数据被接收模块采样 T 次，T 通常取值 8 或 16。假设 UART 通信有 N 个数据位、M 个停止位、1 个校验位，过采样的具体流程如下：

① 等待接收到信号变为 0，即接收起始位，如果接收到起始位 0，则启动采样次数计数器。采样次数计数器是一个加法计数器，计数上限为 T-1。

② 如果采样次数计数器的计数值达到 $T/2$-1，表示已经处于起始位的"中间点"时刻，重新启动采样次数计数器。

③ 如果采样次数计数器的计数值达到计数上限 T-1，表示已经到达第 1 个数据的"中间点"，移位寄存器移位 1 次，保存接收值，重新启动采样次数计数器。

④ 重复第③步 N-1 次，接收其余数据。

⑤ 如果使用校验位，重复第③步 1 次，接收校验位。

⑥ 重复第③步 M 次，接收停止位。

图 6.4 给出 T=8，N=8，M=2，在使用校验位情况下过采样计数的实施方案。UART 波特率决定了发送模块发送数据的周期（波特率倒数），为了实现过采样，接收模块需要以更高的时钟信号频率采样接收的数据，通常是数据发送频率的 8 倍或 16 倍。

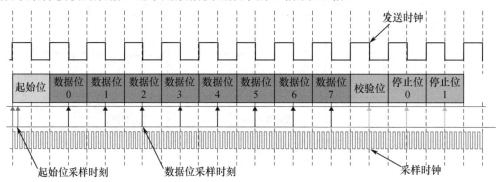

图 6.4　UART 接收模块过采样方案

事实上，过采样过程实现了时钟信号的功能（通信过程离不开时钟信号，但是异步通信双方没有时钟信号的发送和接收过程）。过采样技术不使用时钟信号有效沿表示接收信号是否有效，而是采用采样次数计数器估计每 1 位接收信号的"中间点"。尽管接收模块无法获得起始位的确切"有效时间"，但估计偏差最多为波特率的 $1/T$。后续数据位中间点的估计偏差也不会大于 $1/T$ 数据发送频率。通常情况下，过采样技术要求波特率比系统主时钟速率慢很多，这就决定了过采样方案只能应用于一些通信速率相对较低的场合。

6.1.2 波特率产生模块

波特率产生模块产生接收模块的采样时钟信号，信号频率是 UART 数据发送频率的 16 倍。如果 UART 波特率确定为 19200b/s，采样时钟信号频率为 307200（=19200×16）Hz。假设系统主时钟频率为 50MHz，波特率产生模块采用模 163（$5×10^7$/307200）计数器实现，每 163 个系统主时钟周期采样一次接收数据。模 M 计数器的 Verilog HDL 描述参考 Listing6.1。

Listing6.1 模 M 计数器的 Verilog HDL 描述

```
module mod_m_counter#(
    parameter  N=8, /* Data width */
               M=163 /* Top limit */
    )(
    input clk, rst,
    output    max_tick,
    output [N-1:0] q
);
    /* signal declaration */
    reg [N-1:0] r_reg;
    wire [N-1:0] r_next;
    /* register */
    always@(posedge clk, posedge rst)
        if (rst)
            r_reg <= 0;
        else
            r_reg <= r_next;
    /* next-state logic */
    assign r_next = (r_reg==(M-1)) ? 0 : r_reg + 1;
    /* output logic */
    assign q = r_reg;
    assign max_tick = (r_reg==(M-1)) ? 1'b1 : 1'b0;
endmodule
```

模块 mod_m_counter 给出参数化模 M 计数器的 Verilog HDL 描述，参数 M 表示计数上限，参数 N 表示计数器的位宽。对于本例，计数器的计数上限 M=163，因此位宽 N 至少为 8（$2^7<163<2^8$）。

6.2 接 收 模 块

按照过采样方案，UART 接收模块有限状态机的算法状态机图如图 6.5 所示。为了后续维护方便，算法状态机图及后续的 Verilog HDL 描述均采用参数表示，常数 D_BIT 表示数据位，SB_TICK 表示停止位需要的采样次数，可能取值 16、24 和 32 分别对应停止位为 1 位、1.5 位和 2 位，本设计参数 D_BIT 和 SB_TICK 分别等于 8 和 16。

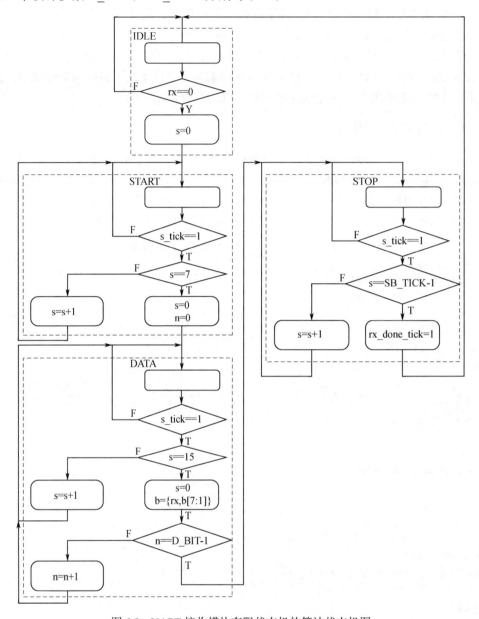

图 6.5　UART 接收模块有限状态机的算法状态机图

UART 接收模块有限状态机包括 IDLE、START、DATA 和 STOP 这 4 个状态，分别对应空闲状态、处理起始位、数据位和停止位的过程。使能信号 s_tick 来自波特率产生模块，频率为波特率的 16 倍，因此每个数据位期间等于 s_tick 信号时钟周期的 16 倍。信号 s_tick 置位，有限状态机才有可能切换状态，否则保持原状态不变。计数器 s 和 n 分别用于保存使能信号（s_tick）的有效次数和处理数据的位数。

IDLE 状态：有限状态机判断 rx 是否为 0，即判断是否收到起始信号。如果收到起始信号，接收模块的计数器 s 清零，有限状态机进入 START 状态；如果没有接收到起始信号，则保持在 IDLE 状态。

START 状态：有限状态机判断 s_tick 是否为 1，即判断是否收到波特率发生模块产生的使能信号，如果有使能信号产生，计数器 s 启动开始计数，否则保持在 START 状态。每次收到使能信号，计数一次，直到计数至 s=7。对于 16 倍过采样来说，采样至 s=7，正好是数据的中间点，然后计数器清零，重新计数，并把 n 清零（n 为数据位宽），有限状态机进入 DATA 状态。

DATA 状态：首先判断 s_tick 是否为 1，当有采样信号产生时开始计数，否则保持 DATA 状态。当计数到 s=15 时，表示采样到第 1 位数据的中间点，返回采样结果到 b 最高位，b 右移一位。b 为 8 位，UART 从最低位开始传送数据，这样，每次把收到的数据位存放到 b 的最高位，经过 n（n 为数据位宽，本例为 8）次右移，得到完整的数据结果，把 8 位的数据作为整体进行传输。当数据的 8 位传送完毕后，进入 STOP 状态。

STOP 状态：首先判断 s_tick 是否为 1，如果是，有使能信号产生时开始采集停止位。停止位可能是 1 位、1.5 位、2 位，停止位需要采样次数用 SB_TICK 表示，与 1 位、1.5 位、2 位相对应的 SB_TICK 分别为 16、24、32。本章设计 UART 停止位是 1 位，SB_TICK 取值 16。停止位采样结束后，产生一个使能信号 rx_done_tick，用于控制后面的接口电路，有限状态机返回 IDLE 状态，准备下一次的数据传送。

UART 接收模块的 Verilog HDL 描述如 Listing6.2 所示。

Listing6.2　UART 接收模块的 Verilog HDL 描述

```verilog
module uart_rx#(
    parameter    D_BIT = 8,      /* data bits */
                 SB_TICK = 16 /* ticks for stop bits */
)(
    input clk, rst,
    input rx,
    input s_tick,                /*From baud generating module */
    output reg rx_done_tick,
    output    [D_BIT-1:0] dout
);
    /* Symbolic state declaration */
    localparam    [1:0] IDLE    = 2'b00,
                        START   = 2'b01,
                        DATA    = 2'b10,
                        STOP    = 2'b11;
    /* signal declaration */
    reg [1:0] state_reg, state_next;
    reg [3:0] s_reg, s_next;
    reg [2:0] n_reg, n_next;
    reg [D_BIT-1:0] b_reg, b_next;
    /* state and data registers */
    always@(posedge clk, posedge rst)
        if(rst) begin
            state_reg <= IDLE;
            s_reg       <= 0;
            n_reg       <= 0;
            b_reg       <= 0;
        end
        else begin
            state_reg <= state_next;
            s_reg       <= s_next;
```

```verilog
                n_reg       <= n_next;
                b_reg       <= b_next;
        end
/* Next-state logic */
always@(*) begin
        state_next = state_reg;
        rx_done_tick = 1'b0;
        s_next = s_reg;
        n_next = n_reg;
        b_next = b_reg;
        case(state_reg)
                IDLE:
                        if(~rx) begin
                                state_next = START;
                                s_next = 0;
                        end
                START:
                        if(s_tick) begin
                                if(s_reg==7) begin
                                        state_next = DATA;
                                        s_next = 0;
                                        n_next = 0;
                                end
                                else
                                        s_next = s_reg + 1'b1;
                        end
                DATA:
                        if(s_tick) begin
                                if(s_reg==15) begin
                                        s_next = 0;
                                        b_next = {rx, b_reg[7:1]};
                                        if(n_reg==(D_BIT-1))
                                                state_next = STOP ;
                                        else
                                                n_next = n_reg + 1'b1;
                                end
                                else begin
                                        s_next = s_reg + 1'b1;
                                end
                        end
                STOP:
                        if(s_tick) begin
                                if(s_reg==(SB_TICK-1)) begin
                                        state_next = IDLE;
                                        rx_done_tick =1'b1;
                                end
                                else begin
                                        s_next = s_reg + 1'b1;
                                end
                        end
        endcase
```

```
        end
        /* Output logic */
        assign dout = b_reg;
endmodule
```

6.3 接口电路

UART 通常作为标准外设使用，用于数据传输。系统周期地检测 UART 的状态，并对数据进行处理。接口电路有两个功能：①接口电路必须提供一种机制"通知"系统有新的数据被接收，防止同一数据被接收多次；②接口电路必须能够在接收模块和系统之间提供一定的缓冲空间。根据应用场合不同，考虑如下 3 种接口电路（见图 6.6）：标志寄存器、标志寄存器+缓冲器和 FIFO 缓冲器。UART 接收模块在成功接收 1 字节的数据后，置位信号 rx_done_tick，3 种接口电路根据 rx_done_tick 读取接收到的数据。第 1 种接口电路使用标志寄存器跟踪是否有新数据，如图 6.6（a）所示。标志寄存器的数据输入 D 来自 UART 接收模块的输出 rx_done_tick，当 UART 接收模块接收到新数据时，标志寄存器置位。系统检测到标志寄存器的输出，判读是否有接收到的新数据，并在接收到新数据一个时钟周期后，置位信号 rd_uart 有效，清零标志寄存器，如图 6.6（a）所示，为了保持一致，标志寄存器的输出信号取反后产生 rx_empty 信号，用于指示没有数据可以读取。本接口电路中，系统直接接收数据，并不提供缓冲空间。如果系统完成读取之前，发送模块又一次发送数据，上一次发送的数据可能会被覆盖，从而产生通信错误。为了提供一定的缓冲，考虑加入一个缓冲器，如图 6.6（b）所示。如果信号 rx_done_tick 有效，接收到的数据保存至缓冲器，同时置位标志寄存器。UART 接收模块继续接收数据，而并不破坏上一次接收到的数据，其 Verilog HDL 描述参考 Listing6.3。

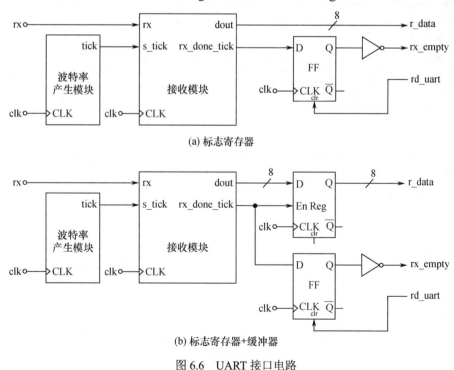

(a) 标志寄存器

(b) 标志寄存器+缓冲器

图 6.6　UART 接口电路

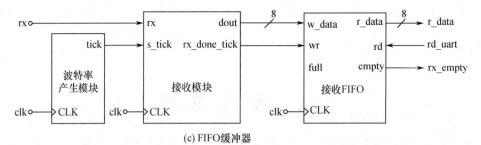

(c) FIFO缓冲器

图 6.6　UART 接口电路（续）

Listing6.3　UART 接口电路的 Verilog HDL 描述

```verilog
module flag_buf
    #(parameter W = 8 // buffer bits
)(
    input wire clk, reset,
    input wire clr_flag, set_flag,
    input wire [W-1:0] din,
    output wire flag,
    output wire [W-1:0] dout
);

    // signal declaration
    reg [W-1:0] buf_reg, buf_next;
    reg flag_reg, flag_next;
    // FF & register
    always@(posedge clk, posedge reset)
        if (reset) begin
            buf_reg <= 0;
            flag_reg <= 1'b0;
        end
        else begin
            buf_reg <= buf_next;
            flag_reg <= flag_next;
        end
     // next-state logic
    always@(*) begin
        buf_next = buf_reg;
        flag_next = flag_reg;
        if (set_flag) begin
            buf_next = din;
            flag_next = 1'b1;
        end
        else if (clr_flag)
            flag_next = 1'b0;
    end
    // output logic
    assign dout = buf_reg;
    assign flag = flag_reg;
endmodule
```

第 3 种接口电路使用同步先进先出存储器（First In First Out Memory, FIFO），如图 6.6（c）所示。同步 FIFO 提供更多的缓冲空间，减少发生 overrun 错误的可能。调整接收 FIFO 的深度（FIFO 能够存储的数据数），满足系统的处理要求。信号 rx_done_tick 连接接收 FIFO 的 wr 引脚（写使能），当接收新数据时，wr 信号置位一个时钟周期，相应数据会被写入接收 FIFO 中。系统从接收 FIFO 读端口读取数据，读取数据时，系统置位 rd_uart 信号（连接接收 FIFO 的读使能引脚 rd）。接收 FIFO 的 empty 信号用于指示是否有接收的数据需要处理。同步 FIFO 的 Verilog HDL 描述参考 Listing6.4。

Listing6.4　同步 FIFO 的 Verilog HDL 描述

```verilog
module fifo#(
    parameter B=8, // number of bits in a word
            W=4    // number of address bits
    )(
    input wire clk, reset,
    input wire rd, wr,
    input wire [B-1:0] w_data,
    output wire empty, full,
    output wire [B-1:0] r_data
);
    //signal declaration
    reg [B-1:0] array_reg [2**W-1:0];    // register array
    reg [W-1:0] w_ptr_reg, w_ptr_next, w_ptr_succ;
    reg [W-1:0] r_ptr_reg, r_ptr_next, r_ptr_succ;
    reg full_reg, empty_reg, full_next, empty_next;
    wire wr_en;
    // register file write operation
    always@(posedge clk)
        if(wr_en)
            array_reg[w_ptr_reg] <= w_data;
    // register file read operation
    assign r_data = array_reg[r_ptr_reg];
    // write enabled only when FIFO is not full
    assign wr_en = wr & ~full_reg;
    // fifo control logic
    // register for read and write pointers
    always@(posedge clk, posedge reset)
        if (reset)
            begin
            w_ptr_reg <= 0;
            r_ptr_reg <= 0;
            full_reg <= 1'b0;
            empty_reg <= 1'b1;
            end
        else begin
                w_ptr_reg <= w_ptr_next;
                r_ptr_reg <= r_ptr_next;
                full_reg <= full_next;
                empty_reg <= empty_next;
```

```
            end
        // next-state logic for read and write pointers
        always@(*) begin
            // successive pointer values
            w_ptr_succ = w_ptr_reg + 1;
            r_ptr_succ = r_ptr_reg + 1;
            // default: keep old values
            w_ptr_next = w_ptr_reg;
            r_ptr_next = r_ptr_reg;
            full_next = full_reg;
            empty_next = empty_reg;
            case ({wr, rd})
                // 2'b00:    no op
                2'b01: // read
                    if (~empty_reg) begin // not empty
                        r_ptr_next = r_ptr_succ;
                        full_next = 1'b0;
                        if (r_ptr_succ==w_ptr_reg)
                            empty_next = 1'b1;
                    end
                2'b10: // write
                    if (~full_reg) begin// not full
                        w_ptr_next = w_ptr_succ;
                        empty_next = 1'b0;
                        if(w_ptr_succ==r_ptr_reg)
                            full_next = 1'b1;
                    end
                2'b11: begin// write and read
                    w_ptr_next = w_ptr_succ;
                    r_ptr_next = r_ptr_succ;
                end
            endcase
        end
        // output
        assign full = full_reg;
        assign empty = empty_reg;
endmodule
```

事实上，本节介绍的接口电路不仅适用于 UART，凡是涉及两个系统进行数据交换的场合都需要类似的接口电路，因此该接口电路可以推广到其他通信或跨时钟域数据交换的应用中，有所区别的是跨时钟域数据交换一般采用异步 FIFO 实现。Listing6.4 描述的是同步 FIFO，从实用角度考虑，接口电路采用异步 FIFO 更合适。异步 FIFO 的读和写基于不同的时钟信号，在实际应用中，异步 FIFO 经常被用作接口电路实现两个系统的数据交互。关于 FIFO 使用和设计的更多细节，可参考文献[3]。

6.4 发 送 模 块

UART 发送模块与接收模块的功能相反，负责将并行数据按照事先规定好的波特率逐位发送出去，本质上可以理解为一个并行转串行的电路。发送模块可以采用有限状态机实现，状态转换过程如图 6.7 所示。

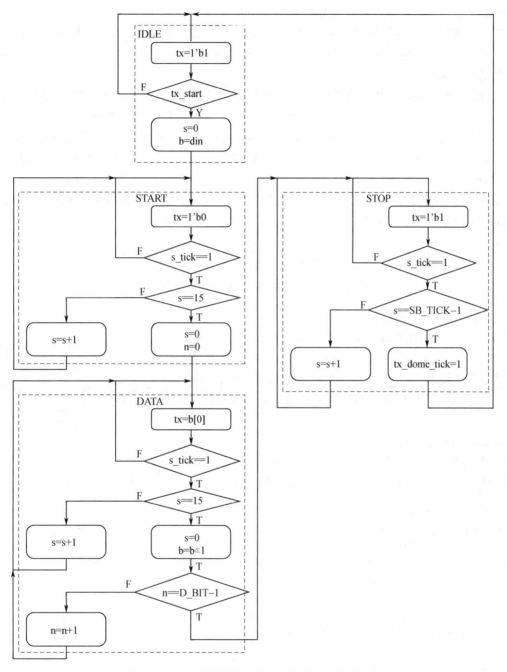

图 6.7　UART 发送模块有限状态机的状态转换过程

UART 发送模块有限状态机有 IDLE、START、DATA 和 STOP 这 4 个状态，分别对应空闲状态、处理起始位、数据位和停止位的过程。输入信号 tx_start 用于启动发送过程，信号 s_tick 来自波特率产生模块，频率等于数据发送频率的 16 倍，计数器 s 和 n 分别用于保存使能信号 s_tick 的有效次数和处理数据的位宽，寄存器 b 保存待发送数据，输出信号 tx 是发送模块发送的数据。

IDLE 状态：有限状态机等待 tx_start 信号置位，启动一次发送过程，有限状态机进入 START 状态，清零并启动计数器 s 开始计数，待发送数据 din 保存到寄存器 b，否则保持 IDLE 状态。在 IDLE 状态，有限状态机输出 tx 始终保持为 1。

START 状态：发送起始位，因此输出 tx=0，信号 s_tick 作为使能信号，每个 s_tick 信号周期，寄存器 s 加 1，直到 s==15，说明发送时间到，有限状态机进入 DATA 状态，同时清零并启动计数器 s 和 n。

DATA 状态：发送具体数据，输出等于输入寄存器 b 的最低位，即 tx=b[0]，每个 s_tick 周期，s=s+1，每 16 个 s_tick 周期发送一个数据。因此，当 s==15，清零计数器 s，重新开始计数，输入寄存器进行一次移位操作，待发送数据位移位到最低位 b=b<<1，同时计数器 n 加 1，该过程持续直到计数器 n 等于 D_BIT-1，表明全部数据位发送完成，有限状态机进入 STOP 状态。

STOP 状态：发送停止位，因此输出 tx=1。每个 s_tick 周期，计数器 s 加 1，直到计数器 s 的计数值等于 SB_TICK-1，表明停止位发送完成，有限状态机返回 IDLE 状态，同时置位 tx_done_tick 信号，表明数据发送完成。这里 SB_TICK 取值为 16、24、32，分别对应 1、1.5、2 位停止位。

UART 发送模块的 Verilog HDL 描述参考 Listing6.5。

Listing6.5 UART 发送模块的 Verilog HDL 描述

```
module uart_tx#(
        parameter       D_BIT = 8,
                        SB_TICK = 16
)(
    input clk,
    input rst,
    input tx_start,
    input s_tick,
    input [D_BIT-1:0] din,
    output reg tx_done_tick,
    output tx
);
    /* Symbolic state declaration */
    localparam [1:0]  IDLE   = 2'b00,
                      START = 2'b01,
                      DATA  = 2'b10,
                      STOP  = 2'b11;
    /* Signal declaration */
    reg [1:0] state_reg, state_next;
    reg [3:0] s_reg, s_next;
    reg [2:0] n_reg, n_next;
    reg [D_BIT-1:0] b_reg, b_next;
    reg tx_reg, tx_next;
    /* State data registers */
    always@(posedge clk, posedge rst)
        if(rst) begin
            state_reg <= IDLE;
            s_reg <= 0;
            n_reg <= 0;
            b_reg <= 0;
```

```
                tx_reg <= 1'b1;
        end
        else begin
                state_reg <= state_next;
                s_reg <= s_next;
                n_reg <= n_next;
                b_reg <= b_next;
                tx_reg <= tx_next;
        end
/* Next-state logic functional units */
always@(*) begin
        state_next = state_reg;
        tx_done_tick = 1'b0;
        s_next = s_reg;
        n_next = n_reg;
        b_next = b_reg;
        tx_next = tx_reg ;
        case(state_reg)
                IDLE: begin
                        tx_next = 1'b1;
                        if(tx_start) begin
                                state_next = START;
                                s_next = 0;
                                b_next = din;
                        end
                end
                START: begin
                        tx_next = 1'b0;
                        if(s_tick) begin
                                if(s_reg==15) begin
                                        state_next = DATA;
                                        s_next = 0;
                                        n_next = 0;
                                end
                                else
                                        s_next = s_reg + 1'b1;
                        end
                end
                DATA: begin
                        tx_next = b_reg[0];
                        if(s_tick) begin
                                if(s_reg==15) begin
                                        s_next = 0;
                                        b_next = b_reg >> 1;
                                        if(n_reg==(D_BIT-1))
                                                state_next = STOP;
                                        else
                                                n_next = n_reg + 1'b1;
                                end
```

```
                        else
                            s_next = s_reg + 1'b1;
                    end
                end
                STOP: begin
                    tx_next = 1'b1;
                    if(s_tick) begin
                        if(s_reg==(SB_TICK-1)) begin
                            state_next = IDLE;
                            tx_done_tick = 1'b1;
                        end
                        else
                            s_next = s_reg + 1'b1;
                    end
                end
            endcase
        end
    /*   Output logic */
    assign tx = tx_reg;
endmodule
```

UART 发送模块的核心部分是一个移位寄存器，有限状态机产生必要的控制信号将数据以指定速度逐位发送出去。发送速度由波特率决定,波特率产生模块产生一个周期性的使能信号。由于不涉及过采样，使能信号频率为接收电路时钟信号频率的 1/16。具体实现时，不必再单独设计新计数器，与接收模块共享同一个波特率产生模块，增加一个计数器对波特率产生模块的max_tick 信号进行计数，每 16 个时钟周期产生一个使能信号。信号 tx_start 有效后，装载数据，并通过 START、DATA、STOP 这 3 个状态逐位将数据发送出去。完成发送后，控制器置位tx_done_tick 信号，指示发送完成。1 位缓冲器 tx_reg 用于滤除可能存在的毛刺。

6.5 完整的 UART

实例化接收模块、发送模块、波特率产生模块及接口电路，实现完整的 UART（见图 6.2），完整 UART 的 Verilog HDL 描述参考 Listing6.6。

Listing6.6 完整 UART 的 Verilog HDL 描述

```
module uart#(
    // Default setting:
    // 19,200 baud, 8 data bits, 1 stop bit, 2\^2 FIFO
    parameter DBIT = 8,       // # data bits
             SB_TICK = 16, // # ticks for stop bits, 16/24/32
                                // for 1/1.5/2 stop bits
             DVSR = 163,      // baud rate divisor
                                // DVSR = 50M/(16*baud rate)
             DVSR_BIT = 8, // # bits of DVSR
             FIFO_W = 2      // # addr bits of FIFO
                            // # words in FIFO=2\^FIFO\_W
)(
    input wire clk, reset,
    input wire rd_uart, wr_uart, rx,
```

```
    input wire [7:0] w_data,
    output wire tx_full, rx_empty, tx,
    output wire [7:0] r_data
);
    // signal declaration
    wire tick, rx_done_tick, tx_done_tick;
    wire tx_empty, tx_fifo_not_empty;
    wire [7:0] tx_fifo_out, rx_data_out;
    //body
    mod_m_counter #(.M(DVSR), .N(DVSR_BIT)) baud_gen_unit
        (.clk(clk), .reset(reset), .q(), .max_tick(tick));

    uart_rx #(.DBIT(DBIT), .SB_TICK(SB_TICK)) uart_rx_unit
        (.clk(clk), .reset(reset), .rx(rx), .s_tick(tick),
        .rx_done_tick(rx_done_tick), .dout(rx_data_out));

    fifo #(.B(DBIT), .W(FIFO_W)) fifo_rx_unit
        (.clk(clk), .reset(reset), .rd(rd_uart),
        .wr(rx_done_tick), .w_data(rx_data_out),
        .empty(rx_empty), .full(), .r_data(r_data));

    fifo #(.B(DBIT), .W(FIFO_W)) fifo_tx_unit
        (.clk(clk), .reset(reset), .rd(tx_done_tick),
        .wr(wr_uart), .w_data(w_data), .empty(tx_empty),
        .full(tx_full), .r_data(tx_fifo_out));

    uart_tx #(.DBIT(DBIT), .SB_TICK(SB_TICK)) uart_tx_unit
        (.clk(clk), .reset(reset), .tx_start(tx_fifo_not_empty),
        .s_tick(tick), .din(tx_fifo_out),
        .tx_done_tick(tx_done_tick), .tx(tx));

    assign tx_fifo_not_empty = ~tx_empty;

endmodule
```

6.6 思 考 题

1. 总结 UART 通信数据传输的实现过程。
2. 解释过采样技术的特征及其应用场合。
3. 总结异步通信和同步通信的区别与联系。
4. 试述同步 FIFO 和异步 FIFO 的区别。
5. 总结 FIFO 在电路设计中的作用及其实现方法。
6. 总结算法状态机图和状态转换图的特征与区别。

6.7 实 践 练 习

1. 考虑 UART 接收模块 Listing6.2。

（1）编写 Testbench 模块，基于 ModelSim 工程仿真流程，给出仿真结果，验证设计的正确性。

（2）设计验证方案，采用 DE2-115 开发板验证设计。

2. 考虑 UART 发送模块 Listing6.5。

（1）画出发送模块有限状态机的状态转换图。

（2）编写 Testbench 模块，基于 ModelSim 工程仿真流程，给出仿真结果，验证设计的正确性。

（3）设计验证方案，采用 DE2-115 开发板验证设计。

3. 电路如图 6.8 所示，验证 Listing6.6 给出的 UART。

（1）按照图 6.8 给出电路的 Verilog HDL 描述。

（2）建立工程并编译工程，将电路下载到 DE2-115 开发板。

（3）在 PC 上打开串口调试助手，设置合适的通信参数：波特率 19200b/s。

（4）验证电路功能。

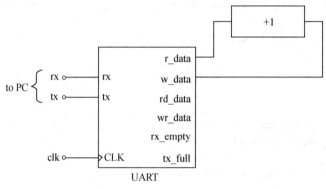

图 6.8　UART 验证电路

4. 本章给出 UART 设计，没有考虑校验位，请考虑校验位重新设计 UART。

（1）考虑校验位重新设计发送模块，给出发送过程有限状态机的状态转换图，并给出 Verilog HDL 描述。

（2）考虑校验位重新设计接收模块。

（3）设计实验方案，基于 DE2-115 开发板验证设计的正确性。

第7章 数据通道

带有限状态机的数据通道（Datapath with FSM，FSMD）是处理复杂数据或算法实现的典型电路结构。本章通过乘法器设计过程介绍带有限状态机的数据通道设计的概念和方法，包括带有限状态机数据通道的电路结构、寄存器传输级（RTL）设计等内容，目的在于帮助读者掌握数据通道设计的概念和方法，能够为算法设计合理、高效的数据通道和控制器。

7.1 带有限状态机的数据通道

复杂计算问题涉及大量的数据处理，一般采用带有限状态机的数据通道实现。从电路结构角度考虑，带有限状态机的数据通道分为控制器和数据通道两部分，电路结构如图 7.1 所示。控制器即有限状态机，负责接收外部控制命令、数据通道的状态信息，产生控制信号，控制数据通道中的执行单元、数据选择器等部件的工作。数据通道一般由执行单元、路由网络（Routing Network）和寄存器组成。执行单元包括加/减法器、乘法器、加 1/减 1 电路等，执行寄存器传输操作指定的功能。寄存器用于保存中间的计算结果。路由网络实现两个功能：一是将源寄存器连接到合适的执行单元；二是将执行单元的计算结果连接到合适的目标寄存器，路由网络由数据选择器实现。

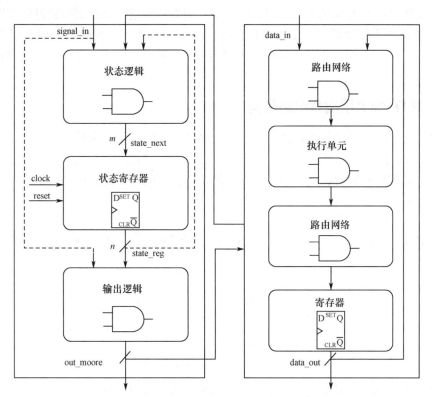

图 7.1 带有限状态机的数据通道的电路结构

数据通道的输入和输出信号如下。

① 数据输入：外部输入数据，即 FSMD 要处理的数据。

② 数据输出：FSMD 的处理结果。

③ 控制信号：输入数据通道的控制信号，指定数据通道具体要执行寄存器传输操作，一般来自控制器。

④ 内部状态：数据通道的输出信号，表示数据通道的内部状态，比如数据通道的内部某个寄存器是否为 0。内部状态信号输出到控制器。

控制器是一个有限状态机，包括状态寄存器、次态逻辑和输出逻辑 3 部分，输入和输出信号如下。

① 命令输入：来自外部的控制命令，如操作的启动、停止信号等。

② 状态输入：来自数据通道，用于指示数据通道的状态，如寄存器是否溢出、FIFO 满或空等，控制器根据外部的控制命令和数据通道的内部状态决定其次态及输出。

③ 控制信号：数据通道的输出信号，用于控制数据通道的寄存器传输操作，比如控制数据选择器的选择输入端，为目标寄存器选择合适的输入。

④ 外部状态：数据通道的输出信号，用于指示 FSMD 的状态。

7.2　寄存器传输级设计

FPGA 数字系统设计或数字集成电路前端设计基于寄存器传输级（RTL）抽象层次。设计者需要在 RTL 抽象层次上描述和实现复杂计算问题或算法，从数字系统设计角度考虑，算法即一系列按照一定顺序执行的 RTL 操作。RTL 描述即控制数据通道中寄存器传输操作有序进行的过程。原则上讲，如果能够获得算法实现的数据流模型，采用一一映射方式就可以直接获得算法的硬件实现。但更多情况下，需要设计人员合理设计有限状态机+数据通道电路结构实现复杂算法。

7.2.1　RTL 抽象层次和电路架构

数字电路设计有不同的抽象层次，比如行为级描述、RTL 描述和结构级描述。为了能够高效地综合，FPGA 数字系统设计在 RTL 抽象层次上进行电路描述。相比于行为级描述，RTL 描述更接近底层，需要控制数据（信号）在不同的寄存器之间进行传输和处理。RTL 设计的电路架构如图 7.2 所示。

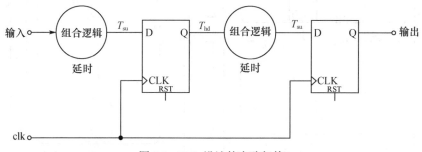

图 7.2　RTL 设计的电路架构

从 Verilog HDL 描述角度考虑，RTL 设计的电路结构与时序逻辑电路的两段式描述相对应，存储元件采用一个 always 块描述，作用是存储数据处理的中间结果，同时采用一个组合逻辑 always 块描述信号的处理过程。

7.2.2 算法

为了完成某个任务或解决某个问题而采取的一系列详细步骤和操作，称为算法。考虑如下简单问题：求数组中连续 4 个元素的和，除以 8 的商向最接近整数的值取整。假设 a[i]为整型数组，解决上述问题的一个可能算法如 Listing7.1 所示。

Listing7.1　简单算法的 C 语言描述

```
size=4;
sum=0; // line 2
for(i=0;i<=size-1;i++)
    sum = sum + a[i];
q = sum/8; //注意：整数除法
r = sum%8;
if(r>3)
    q = q + 1;
outp = 1;
```

首先将 4 个元素相加，结果保存在变量 sum 中，然后计算 sum 除以 8 的商和余数。如果余数大于 3，商加 1 作为最后的结果。分析算法的实现过程，不难发现算法实现具有如下特点。

1．使用变量

变量与存储器的某个地址对应，用于存储中间计算结果。例如，第 2 行 sum=0 表示将 0 存储到以 sum 为地址的存储器单元。在 for 循环中，a[i]与 sum 当前值累加，结果保存到 sum。q=sum/8;表示 sum 除以 8 的结果保存到以 q 为地址的存储器单元。

2．顺序执行

算法中语句的执行顺序非常重要。例如，除法操作执行之前，必须完成 4 个元素的求和操作。语句的执行顺序可能会依赖某些条件，比如循环语句或条件语句。

7.2.3 数据流模型

硬件描述语言用于描述并行的数字系统，与顺序执行的算法有本质差别。因此，不能采用硬件描述语言直接描述算法。某些情况下，如果能够得到算法的数据流模型（Dataflow Model），则采用硬件描述语言直接描述算法并不困难。数据流模型是表示信号计算或处理过程的一种方法。假设 sum 是位宽等于 8 的信号，7.2.2 节的简单算法的 Verilog HDL 描述参考 Listing7.2。

Listing7.2　简单算法的 Verilog HDL 描述

```
module example1(
    input wire [7:0]a0, a1, a2, a3,
    output reg[7:0] outp
);
    reg[7:0] sum0, sum1, sum2, sum3;
    reg[7:0] q,r;
    always@(*) begin
        sum0 = a0;
        sum1 = sum0+a1;
        sum2 = sum1+a2;
        sum3 = sum2+a3;
        q={3'b000,sum3[7:3]};
        r={5'b00000,sum3[2:0]};
```

```
        outp=(r>3)?(q+1):q;
    end
endmodule
```

Listing7.2 描述的电路结构如图 7.3 所示，与顺序执行的算法相比存在明显不同：数字电路中所有操作并行执行，不存在变量的概念，顺序执行的概念被隐含嵌入模块的互联中。

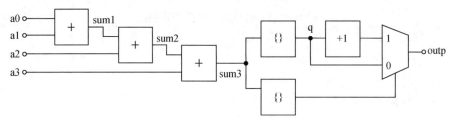

图 7.3　简单算法的电路结构

7.2.4　RTL 设计

分析图 7.2 不难发现，RTL 设计的关键特征如下：

① 使用寄存器存储中间计算结果；

② 使用自定义数据通道实现寄存器传输操作，即设计组合逻辑电路实现数据的处理；

③ 使用控制器（有限状态机）控制寄存器传输操作，设计组合逻辑电路时，需要考虑电路的本身状态及外部输入，根据上述信息不同采取不同的处理方式，因此需要控制器。

有限状态机使用寄存器表示电路的内部状态，数据通道中的寄存器用于保存中间计算结果，与算法中变量的概念一致。考虑算法实现的典型语句：

```
a  =  a + b;
```

RTL 设计使用寄存器 a_reg 和 b_reg 保存输入信号 a 和 b 的值，完成上述寄存器传输操作需要两个时钟周期，第 1 个时钟周期寄存器 a_reg 和 b_reg 相加，第 2 个时钟周期将相加结果保存到寄存器 a_reg。采用 RTL 设计实现算法时，全部数据处理过程采用自定义硬件实现。例如，实现 a=a+b 操作需要 1 个加法器和 2 个寄存器。数据处理过程不总是顺序执行的，为了控制数据通道中数据的处理过程，通常采用有限状态机作为控制器，控制数据通道中的执行单元、路由网络和寄存器执行相应的操作。采用数字电路（区别于采用微处理器）实现复杂算法，设计者必须从头开始设计数据通道和控制器，算法的实现过程被转换成一系列的控制命令。

7.3　FSMD 设计

正确表示和理解寄存器传输操作是数据通道设计的关键。

7.3.1　寄存器传输操作

寄存器传输操作使用如下符号表示为

$$r_{dest} \leftarrow f(r_{src1}, r_{src2}, \cdots, r_{srcn})$$

其中，r_{dest} 称为目标寄存器；r_{src1}, r_{src2}, $\cdots$, r_{srcn} 称为源寄存器；$f(\cdot)$ 是关于源寄存器和外部输入的逻辑函数（组合逻辑），表示对源寄存器执行的操作（计算过程）。根据 $f(r_{src1}, r_{src2}, \cdots, r_{srcn})$ 计算目标寄存器 r_{dest} 的值，在时钟信号上升沿将其值保存到目标寄存器 r_{dest}。典型的寄存器传输操作如下。

① r←1：常数 1 存储到寄存器 r。

② r←r：寄存器 r 的内容保存到本身，寄存器内容保持不变。

③ r←r<<3：寄存器 r 的内容左移 3 位后再保存到寄存器 r。

④ r0←r1：寄存器 r1 的内容保存到 r0 寄存器。

⑤ y←a⊕b⊕c：寄存器 a、b 和 c 异或后的结果保存到寄存器 y。

⑥ s←a^2+b^2：寄存器 a 和寄存器 b 的平方和保存到寄存器 s。

寄存器传输操作在系统时钟的控制下执行，符号

$$r_{dest} \leftarrow f(r_{src1}, r_{src2}, \cdots, r_{srcn})$$

更确切的含义如下：

① 在时钟信号上升沿，经过寄存器时钟到输出延迟（T_{cq}），源寄存器 r_{src1}, r_{src2}, $\cdots$, r_{srcn} 达到稳定状态，稳定的源寄存器输出加到组合逻辑的输入端；

② 在下一个时钟信号上升沿，组合逻辑输出结果被采样并保存到目标寄存器 r_{dest}（假设时钟周期足够长，满足组合逻辑传播延迟及目标寄存器 r_{dest} 的建立时间要求）。

寄存器传输操作 a←a+b 的执行过程分为两个时钟周期：

● a_next = a_reg + b_reg （当前时钟周期）；

● a_reg = a_next （下一个时钟周期）。

寄存器传输操作的电路实现涉及两个问题，一是实现组合逻辑函数 $f(\cdot)$，二是将组合逻辑函数 $f(\cdot)$ 的输出连接到目标寄存器。考虑寄存器传输操作 r1←r1+r2，函数 $f(\cdot)$ 由加法器实现，电路实现和时序如图 7.4（a）和（b）所示。寄存器 r1 的内容到下一个时钟有效沿更新。t_0 时刻，在时钟信号 clk 的上升沿，寄存器 r1_reg 采样 r1_next 信号，经过寄存器时钟到输出延迟 T_{cq}，寄存器 r1_reg 更新为新值 3（t_1 时刻），经过组合逻辑电路（加法器）延迟（t_2 时刻），r1_next 值稳定。在下一个时钟信号 clk 的上升沿（t_3 时刻），寄存器 r1_reg 采样输入信号，经过寄存器时钟到输出延迟 T_{cq}，更新为新值 5。寄存器 r2_reg 的工作过程与 r1_reg 类似。

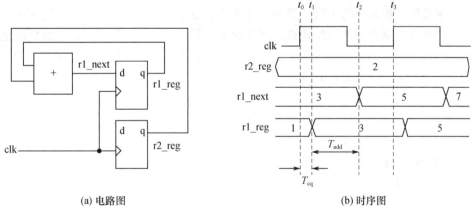

(a) 电路图　　　　　　　　　　　　　　(b) 时序图

图 7.4　寄存器传输操作的实现

7.3.2 数据通道

采用逻辑电路实现算法本质上讲是合理安排寄存器传输操作的过程。如果寄存器传输操作是顺序的，控制器的设计是简单的，甚至不需要控制器（事实上，大多数情况下寄存器传输操作都不是顺序执行的），多个寄存器传输操作可能使用同一个目标寄存器。例如，算法顺序执行以下多个以 r1 为目标寄存器的寄存器传输操作。第 1 步将常量 1 保存到寄存器 r1，第 2 步将寄

存器 r1 和 r2 的内容相加并保存到寄存器 r1；第 3 步将 r1 的内容加 1 保存到 r1；第 4 步 r1 保持不变。注意：上述 4 个操作都以 r1 为目标寄存器。

① r1←1

② r1←r1+r2

③ r1←r1+1

④ r1←r1

因为 r1 有多种可能取值，需要某种控制机制保证在合适时间将合适的结果送给寄存器 r1，一般采用数据选择器实现上述目标，如图 7.5 所示。通过控制数据选择器的选择输入端，为 r1 选择合适的输入信号。数据通道包含多个寄存器，对每个寄存器重复以上过程，完成数据通道的设计。需要指出的是，按照上述方法得到的数据通道未必最优，一般需要进一步的优化过程。

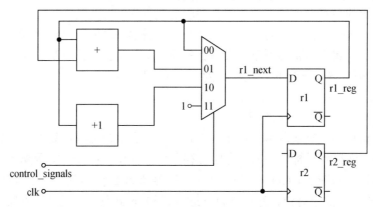

图 7.5　寄存器传输操作的实现（采用数据选择器）

7.3.3　控制器

数据通道包含多个寄存器传输操作，同一个寄存器存在多种取值可能（见图 7.5）。因此，需要一种控制机制，控制在每个时钟周期执行合适的寄存器传输操作，这个控制任务由控制器完成。控制器接收外部命令和数据通道的内部状态信号，输出控制信号并控制数据通道执行相应的寄存器传输操作。例如，图 7.5 中，在每个时钟周期控制器输出合适的控制信号，保证合适的输入（1，r1+r2，r1+1 或 r1）传输给目标寄存器。

7.4　乘　法　器

本节考虑无符号整数乘法器设计。假设乘法运算的两个操作数分别是 ain 和 bin，乘法操作的一种实现方法是将输入 ain 重复相加 bin 次，两个操作数均为无符号整数。C 代码实现参考 Listing7.3。

Listing7.3　乘法运算的 C 代码实现

```
if(ain==0||bin==0)
    r = 0;
else
    a = ain;
for(n=_bin; n!=0; n--)
r = r + a;
r_out = r;
```

为了便于硬件实现，改进上述代码，如 Listing7.4。

Listing7.4　改进的乘法运算实现

```
if(ain==0 || bin==o)
    r = 0;
else{
    a = ain;
    n = nin;
    r = 0;
op: r = r +a;
    n = n-1;
    if(n==0)
        goto stop;
    else
        goto op;
    }
stop: rout = r;
```

乘法器的输入和输出信号定义见表 7.1。额外的控制信号 start 和 ready 用于乘法器与其他模块的交互。如果 ready 信号有效，系统向乘法器提供两个操作数，并置位 start 信号。乘法器检测到 start 信号置位后，读取两个操作数并启动计算过程，完成计算过程后置位 ready 信号。乘法器的算法状态机（ASM）图如图 7.6 所示。注意：算法状态机图中使用了寄存器传输操作，有助于数据通道的设计。寄存器 n、a 和 r 表示变量，决策框表示 if 语句。ASM 图允许并行操作，如果寄存器传输操作被安排在同一个状态，表示操作在同一个时钟周期完成，也就是说操作是并行的。图 7.6 中，在 OP 状态，存在两个寄存器传输操作：r←r+a 和 n←n-1，表示系统实现时使用一个加法器和减 1 电路。通常情况下，如果计算过程不存在前后依赖关系，系统具有足够的硬件资源，则允许多个寄存器传输操作安排在同一个状态执行。图 7.6 所示的有限状态机包含 4 个状态。IDLE 状态表示电路处于空闲状态，ready 信号置位。如果 start 信号置位，有限状态机检测是否有某个输入信号为 0，如果有，有限状态机进入 AB0 状态，否则进入 LOAD 状态。虽然不是必需的，设计还是采用输入寄存器 a 和 n 保存输入信号 ain 和 bin。在 LOAD 状态，r 被初始化为 0，a 和 n 分别被初始化为外部输入 ain 和 bin，有限状态机进入循环过程，在 OP 状态重复 bin 次。在 OP 状态，将 a 与 r 相加并保存到寄存器 r，并将 n 的内容减 1 再保存到 n。寄存器 n 用于记录迭代的次数。当 n 等于 0 时，循环过程结束，有限状态机返回 IDLE 状态。

表 7.1　乘法器输入和输出信号定义

信号	输入/输出	功能描述
clk	输入	系统时钟
reset	输入	异步复位信号
start	输入	外部控制命令，信号 start 置位，启动一次计算过程
ain/bin	输入	8 位无符号整数
rout	输出	乘积，16 位无符号整数
ready	输出	指示电路空闲/输出 rout 可用

7.4.1　寄存器传输操作

图 7.6 中，寄存器传输操作分为 3 组。

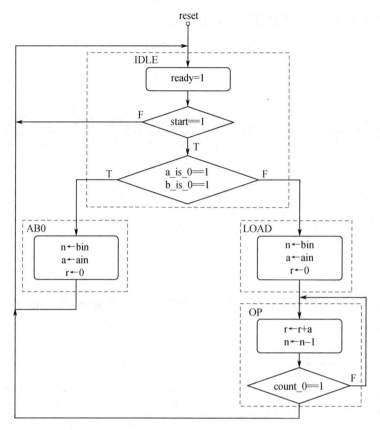

图 7.6　乘法器的算法状态机图

第 1 组，寄存器 r 作为目标寄存器的寄存器传输操作：

● r←r（IDLE 状态）；

● r←0（LOAD 状态和 AB0 状态）；

● r←r+a（OP 状态）；

第 2 组，寄存器 n 作为目标寄存器的寄存器传输操作：

● n←n（IDLE 状态）；

● n←bin（LOAD 状态和 AB0 状态）

● n←n-1（OP 状态）

第 3 组，寄存器 a 作为目标寄存器的寄存器传输操作：

● a←a　（IDLE 状态和 OP 状态）

● a←ain（LOAD 和 AB0 状态）

　　寄存器 r 作为目标寄存器的电路实现如图 7.7 所示。寄存器 r 有 3 种取值：0，r 和 r+a，通过数据选择器将次态值传递给寄存器，数据选择器的选择输入端为有限状态机的状态寄存器 state_reg。如果 state_reg 等于 IDLE，寄存器 r 的次态 r_next 即等于 r_reg；如果 state_reg 等于 AB0 或 LOAD，寄存器 r 的次态 r_next 则等于 0；如果 state_reg 等于 OP，寄存器 r 的次态 r_next 等于 r_reg+a_reg。对其他两个寄存器重复以上过程，使用比较器实现 3 个状态信号（count_0、a_is_0、b_is_0），可获得完整的数据通道设计，如图 7.8 所示。时钟信号 clk 和异步复位信号 reset 连接到所有寄存器，为了表达清楚，图中并没有画出。图 7.8 并非最简单的实现方式，例如，实现信号 a_next 的组合逻辑电路采用数据选择器就过于复杂，一个带有使能端的寄存器就可以实现上述功能。

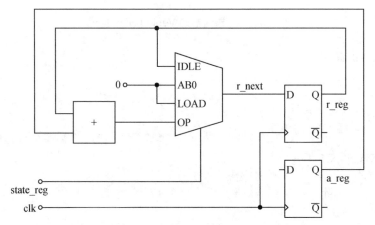

图 7.7 寄存器 r 的寄存器传输操作的电路实现

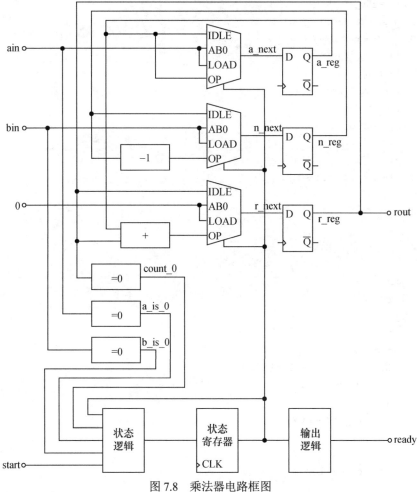

图 7.8 乘法器电路框图

7.4.2 设计实现

图 7.8 的 Verilog HDL 描述参考 Listing7.5。图 7.8 所示的乘法器电路分为 7 个模块，控制器包括 3 个模块，即状态寄存器、次态逻辑和输出逻辑，数据通道由 4 个模块组成，即数据寄存器、执行单元、路由网络和状态信号产生电路。Listing7.5 的描述基本上遵循了上述电路结构实现。

Listing7.5　乘法器的 Verilog HDL 描述

```verilog
module seq_mult#(
        parameter WIDTH=8
)(
    input clk, reset,
    input start,
    input [WIDTH-1:0]ain,
    output ready,
    output [2*WIDTH-1:0]r
)
    localparam IDLE = 2'b00,
            AB0 = 2'b01,
            LOAD= 2'b10,
            OP  = 2'b11;
    reg [1:0]state_reg, state_next;
    wire a_is_0, b_is_0, count_0;
    reg [WIDTH 1:0]a_reg, a_next;
    reg [WIDTH 1:0]n_reg, n_next;
    reg [WIDTH 1:0]r_reg, r_next;
    wire [2*WIDTH 1:0]adder_out;
    wire [WIDTH 1:0]sub_out;

    // State register
    always@(posedge clk posedge reset)
        if(reset)
            state_reg <= 0;
        else
            state_reg <= state_next;

    // Next state logic
    always@(*) begin
    case (state_reg)
        IDLE: begin
            if(start) begin
                if(a_is_0==1'b1|b_is_0==1'b1)
                    state_next = AB0;
                else
                    state_next = LOAD;
            end
            else
                state_next = IDLE;
            end
        AB0:   begin
            state_next = IDLE;
        end
        LOAD: begin
            state_next = OP;
        end
        OP: begin
```

```verilog
                if(count_0)
                        state_next = IDLE;
                else
                        state_next = OP;
                end
endcase
end
/
// Output logic
assign ready = (state_reg==IDLE)?1'b1:1'b0;
// Datapath: registers
always@(posedge clk, posedge reset)
if(reset) begin
        a_reg <= 0;
        n_reg <= 0;
        r_reg <= 0;
end
else begin
        a_reg <= a_next;
        n_reg <= n_next;
        r_reg <= r_next;
end

// Datapath: multiplexer
always@(*) begin
        case (state_reg)
                IDLE: begin
                        a_next = a_reg;
                        n_next = n_reg;
                        r_next = r_reg;
                end
                AB0: begin
                        a_next = ain;
                        n_next = bin;
                        r_next = 0;
                end
                LOAD: begin
                        a_next = ain;
                        n_next = bin;
                        r_next = 0;
                end
                OP: begin
                        a_next = a_reg;
                        n_next = sub_out;
                        r_next = adder_out;
                end
        endcase
end
assign adder_out = {8'b0000_000, a_reg} + a_reg;
```

```
        assign sub_out = n_reg;
        assign a_is_0 = (ain==8'b0000_0000)?1'b1:1'b0;
        assign b_is_0 = (bin==8'b0000_0000)?1'b1:1'b0;
        assign count_0 = (n_next==8'b0000_0000)?1'b1:1'b0;

        // Datapath: output
        assign r = r_reg;
endmodule
```

7.4.3 资源共享乘法器的设计

时分复用是实现资源共享的主要方式。相同或类似操作安排在有限状态机不同的状态,可实现同一逻辑资源的共享使用。例如,需要执行 3 个加法操作,实现时不使用 3 个加法器同时执行加法操作,而是使用一个加法器,将 3 个加法操作安排在 3 个不同的时钟周期。数据通道中执行单元最为复杂,会消耗较多的逻辑资源。同时,数据通道中存在许多实现相同或相似操作的执行单元,将相似或相同的操作安排在不同的状态,可实现执行单元的复用,即逻辑资源的共享。Listing7.6 描述的乘法器数据通道包括一个 16 位加法器和一个 8 位加 1 电路。两个操作均在 OP 状态执行,无法实现资源的共享。如果希望减少电路的逻辑资源使用,考虑将两个操作安排到不同的状态,将原来的 OP 状态拆分成两个状态 OP1 和 OP2,每个状态执行一个操作。需要指出的是,资源共享实现方式完成一次迭代过程的时钟周期由原来一个增加为两个,导致完成整个乘法计算的时钟周期数几乎是原来的 2 倍。资源共享乘法器的数据通道如图 7.10所示,只使用一个加法器,增加两个二选一数据选择器。加法器的输入可能是 a_reg 和 r_reg(当控制器处于 OP1 状态)或 n_reg 和 8'b11111111(-1 的补码),加法器的输出通过数据选择器连接到寄存器 r_reg 和 n_reg。

Listing7.6　资源共享乘法器数据通道的 Verilog HDL 描述

```
module seq_mult#(
        parameter WIDTH=8
    )(
    input clk, reset,
    input start,
    input [WIDTH-1:0]ain, bin,
    output reg ready,
    output [2*WIDTH 1 :0]r
    );
    reg [2:0]state_reg, state_next;
    reg [WIDTH 1:0]a_reg, a_next;
    reg [WIDTH 1:0]n_reg, n_next;
    reg [2*WIDTH 1:0]r_reg, r_next;
    reg [2*WIDTH 1:0]adder_src1, adder_src2;
    wire [2*WIDTH 1:0]adder_out;
    localparam  IDLE = 3'b000,
                AB0 = 3'b001,
                LOAD = 3'b010,
                OP1 = 3'b011,
                OP2 = 3'b100;

    // Registers
```

```verilog
always@(posedge clk posedge reset)
    if(reset) begin
        state_reg <= IDLE;
        a_reg <= 0;
        n_reg <= 0;
        r_reg <= 0;
    end
    else begin
        state_reg <= state_next;
        a_reg <= a_next;
        n_reg <= n_next;
        r_reg <= r_next;
    end

// Next state logic
always@(*) begin
    ready = 1'b0;
    a_next = a_reg;
    n_next = n_reg;
    r_next = r_reg;
    case (state_reg)
        IDLE: begin
            if(start) begin
                if (ain==8'b00000000||bin==8')
                    state_next = AB0;
                else
                    state_next = LOAD;
            end
            else begin
                state_next = IDLE;
            end
            ready = 1'b1;
        end
    AB0: begin
        a_next = ain;
        n_next = bin;
        r_next = 0;
        state_next = IDLE;
    end
    LOAD: begin
        a_next = ain;
        n_next = bin;
        r_next = 0;
        state_next = OP1;
    end
    OP1: begin
        r_next = adder_out;
        state_next = OP2;
    end
```

```
        OP2: begin
            n_next = adder_out[WIDTH-1:0];
            if(n_next==8'b00000000)
                state_next = IDLE;
            else
                state_next = OP1;state_next = OP1;
            end
        endcase
    end

    always@(*) begin
        if(state_reg==OP1) begin
            adder_src1 = r_reg;
            adder_src2 = {8'b00000000, a_reg};
        end
        else begin
            adder_src1 = {8'b00000000, n_reg};
            adder_src2 = 0;
        end
    end

    assign adder_out = adder_src1 + adder_src2;
    assign r = r_reg;
endmodule
```

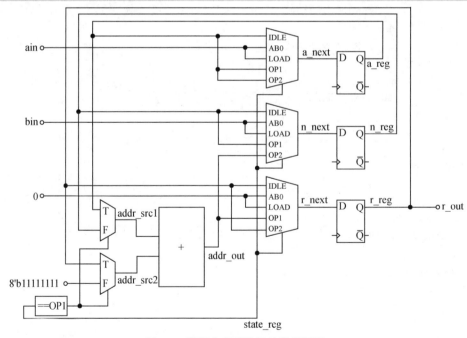

图 7.9   资源共享乘法器的数据通道

7.5 思 考 题

1. 试述 FSMD 电路结构及每个模块的具体作用。

2．总结有限状态机和 FSMD 的应用场合有何不同。

3．考虑图 7.9 所示资源共享乘法器的数据通道，以节省逻辑资源为目标，给出进一步的优化方案。

4．解释 RTL 设计和行为级设计的区别及应用场合。

5．试述 RTL 设计的一般步骤。

6．试述图 7.6 中信号 start 和 ready 的作用。

7.6 实 践 练 习

1．考虑图 7.6 给出的乘法器设计。

（1）编写 Testbench 模块，给出仿真结果。

（2）设计实验方案，在 DE2-115 开发板上验证电路的正确性。

2．基于 IP 核设计乘法器。

（1）基于 IP 核实现乘法器。注意：选择输入信号的类型。

（2）编写 Testbench 模块，给出仿真结果，与图 7.6 对比仿真结果。

（3）设计实验方案，在 DE2-115 开发板上验证电路的正确性。

第8章　流水线设计

流水线（Pipeline）设计基于面积换速度的设计思想，通过提高电路并行性（增加面积），提高电路的吞吐率（Throughput）和时序性能。如果组合逻辑电路被分为多级，在合适的位置插入寄存器，实现流水线设计，可提高系统的吞吐率和时序性能。

8.1　吞吐率和延迟

首先介绍流水线设计中使用的几个设计术语。

输入数据集：数据通道的外部数据输入。

输出数据集：在给定输入数据集情况下数据通道产生的输出。

例如，7.4 节介绍的乘法器设计中，输入数据集为输入信号 ain 和 bin，输出数据集为 rout。

延迟（Latency）：数据通道对输入数据集完成一次计算所需要的时间（时钟周期数），即输入数据集的第一个数据输入数据通道开始，到输出数据集的最后一个数据从数据通道输出为止所需要的时间。数据通道完成输入数据集处理所需要的时间等于数据通道延迟与时钟周期数的乘积。

启动间隔周期（Initiation Period）：用来衡量数据通道接收新数据集的频率，定义为从某个输入数据集的一个数据输入数据通道开始，到下一个输入数据集的第一个数据输入数据通道为止所经过的时钟周期数。

吞吐率：数据通道每单位时间处理的输入数据数。降低启动间隔周期（以更高的频率向数据通道提供输入数据）或降低时钟周期均可以提高数据通道的数据吞吐率。

设计约束：分为时序约束和面积约束，最终决定数据通道如何设计。如果设计不满足时序约束，指关键路径的延迟大于目标时钟周期。另一类常用约束是面积约束，即采用尽量少的逻辑单元实现数据通道。时序约束和面积约束是一对矛盾，采用较少的时钟周期完成设计通常意味着需要消耗更多的逻辑资源。

8.2　流水线设计

流水线设计的基本思想：对组合逻辑电路进行分级，不同的操作在不同分级同时进行，提高电路的吞吐率。为了确保数据在每一级的正确传输，避免出现"竞争"问题，需要为每一级电路加入寄存器，如图 8.1 所示。电路最后一级加入输出寄存器，输出寄存器确保信号在确定的时间（时钟信号有效沿）送入下一级电路。如果系统时钟周期足够大，满足最长一级组合电路（关键路径）的延迟要求，延迟时间较短的电路，即使输出信号已经达到稳定状态，也不会立即被送入下一级电路，必须在下一次时钟信号有效沿才能将数据保存到寄存器。每一级电路的输出都在时钟信号有效沿被采样并保存到寄存器，被采样并保存的数据作为下一级电路的输入。下一个时钟信号有效沿到来之前，每一级电路的新的输出信号已经稳定，在时钟信号上升沿时被采样并传输给下一级电路。衡量流水线设计有两个指标：延迟和吞吐率。考虑图 8.1 所示的 4 级流水线电路设计，假设原始设计中 4 级电路的传播延迟分别为 T_1、T_2、T_3 和 T_4，用 T_{max} 表示 4 级组合逻辑电路的最长传播延迟，即

$$T_{max}=\max（T_1, T_2, T_3, T_4）$$

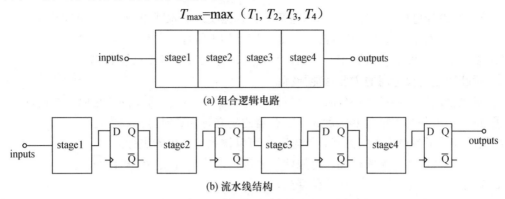

(a) 组合逻辑电路

(b) 流水线结构

图 8.1　流水线设计的电路结构

假设系统时钟满足传播延迟和由于加入寄存器而引入的额外时间消耗（寄存器建立时间 T_{su} 及时钟到输出延迟 T_{cq}），则系统的最小时钟周期为

$$T_c= T_{max}+T_{su}+T_{cq}$$

组合逻辑电路的传播延迟为

$$T_{comb}= T_1+T_2+T_3+T_4$$

对于流水线设计，处理一个数据需要 4 个时钟周期，传播延迟等于

$$T_{pipe}=4T_c=4（T_{max}+T_{su}+T_{cq}）$$

要比最初的原始设计差。

吞吐率是设计者需要考虑的另一个性能指标。如果不采用流水线设计，最大的吞吐率为 $1/T_{comb}$。流水线设计时，吞吐率通过计算电路连续完成 k 个数据处理的平均时间计算。数据处理开始后，前 3 个时钟周期流水线是空的，整个电路没有输出。最初 3 个时钟周期过后，电路在每个时钟周期都会产生有效输出。因此，处理 k 个数据需要 $3T_c+kT_c$ 个时钟周期，吞吐率为 $k/(3T_c+kT_c)$，如果 k 变得很大，流水线设计的吞吐率就会非常接近 $1/T_c$。

在理想情况下，每一级电路的传播延迟都相等（$T_{max}=T_{comb}/4$），且寄存器引入的额外时间消耗 $T_{su}+T_{cq}$ 相对于组合逻辑延迟都非常小，可以忽略不计。因此，T_{pipe} 简化为

$$T_{pipe}=4T_c\approx4T_{max}=T_{comb}$$

因此，流水线设计的吞吐率为

$$\frac{1}{T_c} \approx \frac{1}{T_{max}} = \frac{4}{T_{comb}}$$

表示流水线设计在基本不增加传播延迟的情况下吞吐率增加近 4 倍。

前面介绍的 4 级流水线设计过程容易推广到 N 级流水线设计。理想情况下，N 级流水线设计不改变传播延迟，但吞吐率增加 N 倍。如果 N 特别大，每一级电路的传播延迟会变得特别小，寄存器的 $T_{su}+T_{cq}$ 保持不变，因此，$T_{su}+T_{cq}$ 对延迟的影响会变得越来越显著，此时，在分析时序时，$T_{su}+T_{cq}$ 不能被忽略。在极端情况下，特别大的 N 将导致系统性能下降。

在讨论流水线设计的吞吐率时，设计者必须清楚获得高吞吐率的条件。其中一个非常重要的假设是外部输入必须以 $1/T_c$ 的速率输入系统，以保证系统的每一级流水线都是满的。如果外部输入数据不能满足以上条件，可能导致流水线内部出现空闲，就会使系统的吞吐率下降。如果外部输入数据不能连续输入，流水线设计反而可能降低系统的性能。

8.3 流水线乘法器设计

按照上述设计思想，对组合逻辑电路插入寄存器实现流水线设计，但是流水线设计不一定总能提高系统的性能，有效的流水线设计需要满足如下特征：

① 要保证有足够的输入数据，数据连续输入，保证每一级流水线非空；

② 吞吐率是需要考虑的主要性能指标；

③ 对组合逻辑电路进行划分时，尽量保证每一级流水线具有相同或相似的传播延迟；

④ 每一级电路的传播延迟应远大于寄存器的建立时间和时钟到输出延迟。

如果适合采用多级流水线方式设计电路，可以按照如下步骤进行：

① 依据组合逻辑电路的框图，将原始组合逻辑电路理解成多级电路级联；

② 确定系统的主要部件并估计传播延迟；

③ 将电路划分为传播延迟相似或相等的多级；

④ 确定需要跨级传播的信号；

⑤ 在每一级插入寄存器，实现流水线设计。

下面讨论基于加法器的简单组合逻辑乘法器的设计。两个 4 位二进制数的乘法操作如图 8.2 所示，具体算法如下：

（1）被乘数 $A(A=a_3a_2a_1a_0)$ 乘以乘数 $B(B=b_3b_2b_1b_0)$ 的每一位，得到 $b_3 \times A$、$b_2 \times A$、$b_1 \times A$ 和 $b_0 \times A$。因为 a_i 和 b_i 是 1 位二进制数，取值 0 或 1，因此 $b_i \times A$ 只能取值 0 或 A，等价于 b_i 和 A 之间的按位与操作，即

$$b_i \times A = (a_3 \cdot b_i, a_2 \cdot b_i, a_1 \cdot b_i, a_0 \cdot b_i)$$

（2）$b_i \times A (i = 0, 1, 2, 3)$ 左移 i 位；

（3）左移结果相加获得最终的乘积 Y。

图 8.2 两个 4 位二进制数的乘法操作

Listing8.1 给出简单组合逻辑乘法器的 Verilog HDL 描述。

Listing8.1 简单组合逻辑乘法器的 Verilog HDL 描述

```
module mult8(
    input [7:0]a,b,
    output reg [15:0]y
);
reg [7:0]bv0, bv1, bv2, bv3, bv4, bv5, bv6, bv7;
reg [8:0]pp0, pp1, pp2, pp3, pp4, pp5, pp6, pp7;
reg [15:0] prod;
always@(*) begin
    bv0 = {8{b[0]}};
    bv1 = {8{b[1]}};
    bv2 = {8{b[2]}};
```

```
        bv3 = {8{b[3]}};
        bv4 = {8{b[4]}};
        bv5 = {8{b[5]}};
        bv6 = {8{b[6]}};
        bv7= {8{b[7]}};
        pp0 = {1'b0, bv0 & a};
        pp1 = {1'b0, pp0[WIDTH:1]} + {1'b0,(bv1 & a)};
        pp2 = {1'b0, pp1[WIDTH:1]} + {1'b0,(bv2 & a)};
        pp3 = {1'b0, pp2[WIDTH:1]} + {1'b0,(bv3 & a)};
        pp4 = {1'b0, pp3[WIDTH:1]} + {1'b0,(bv4 & a)};
        pp5 = {1'b0, pp4[WIDTH:1]} + {1'b0,(bv5 & a)};
        pp6 = {1'b0, pp5[WIDTH:1]} + {1'b0,(bv6 & a)};
        pp7 = {1'b0, pp6[WIDTH:1]} + {1'b0,(bv7 & a)};
        prod={pp7, pp6[0], pp5[0], pp4[0], pp3[0], pp3[0], pp2[0], pp1[0], pp0[0]};
        y=prod;
    end
endmodule
```

乘法器数据通道的两个主要部件是加法器和位乘法器($1 \times N$ 乘法器)。计算过程顺序执行，如图 8.3（a）所示，其中模块 BP 表示位乘法器。位乘法器只涉及按位与和补 0 操作，传播延迟很小。合并位乘法器和加法器形成一级流水线，每级流水线的边界使用虚线进行了分割，在每一级分割位置加入寄存器，整个电路的划分如图 8.3（b）所示。为了方便代码设计，每一级电路的每个信号都被赋予唯一的标识。例如，在第 0，1，…，7 级电路，信号 a 分别被命名为 a0，a1，…，a7。在第一部分求和（pp0）的过程中，不需要执行任何操作，第 0 级和第 1 级电路可以合并为一级。传递到下一级的信号需要使用寄存器保存。寄存器有两种类型，第 1 种类型用于保存中间的计算结果，如 pp1，pp2，pp3，…，pp7；第 2 种类型用于保存每一级都使用的信号，如 a1，a2，…，a7 和 b1，b2，…，b7。每一级流水线的部分和（位乘法器的输出）均来自上一级电路。此外，信号 a 和 b 必须输入每一级流水线电路。在流水线实现中，4 个位乘法器并行工作，每个位乘法器使用属于自己的输入信号。信号 a 和 b 的值随部分和的计算过程在流水线中逐级传递。第 2 种类型的寄存器保存信号 a 和 b 的原始值并依次在各级电路中传递，确保为每一级计算提供正确的输入信号。

Listing8.2 按照流水线设计给出组合逻辑乘法器的 Verilog HDL 描述。

Listing8.2　组合逻辑乘法器的 Verilog HDL 描述（流水线）

```
module mult8x8 #(
    parameter N = 8
)(
    input [N 1:0]a, b,
    output [2*N 1:0] y
);
    reg [N 1:0]a0, a1, a2, a3, a4, a5, a6, a7;
    reg [N 1:0]b0, b1, b2, b3, b4, b5, b6, b7;
    reg [N 1:0]bv0, bv1, bv2, bv3, bv4, bv5, bv6, bv7;
    reg [2*N 1:0]bp0,bp1, bp2, bp3, bp4, bp5, bp6, bp7;
    reg [2*N 1:0]pp0, pp1, pp2, pp3, pp4, pp5, pp6, pp7;
    always@(*) begin
        // 1st stage
        bv0 = {8{b[0]}};
```

```verilog
            bp0 = {8'b0000_0000,(bv0&a)};
            pp0 = bp0;
            a0 = a;
            b0 = b;
            // 2nd stage
            bv1 = {8{b0[1]}};
            bp1 = {7'b000_0000,(bv1&a0),1'b0};
            pp1 = p p0 + bp1;
            a1 = a0;
            b1 = b0;
            //3rd stage
            bv2 = {8{b1[2]}};
            bp2 = {6'b00_0000,(bv2&a1),2'b00};
            pp2 = pp1 + bp2;
            a2 = a1;
            b2 = b1;
            //4th stage
            bv3 = {8{b2[3]}};
            bp3 = {5'b0_0000,(bv3&a2),3'b000};
            pp3 = pp2 + bp3;
            a3 = a2;
            b3 = b2;
            //5th stage
            bv4 = {8{b3[4]}};
            bp4 = {4'b0000,(bv4&a3),4'b0000};
            pp4 = pp3 + bp4;
            a4 = a3;a4 = a3;
            b4 = b3;b4 = b3;
            // 6th stage
            bv5 = {8{b4[5]}};bv5 = {8{b4[5]}};
            bp5 = {3'b000,(bv5&a4),5'b0_0000};bp5 = {3'b000,(bv5&a4),5'b0_0000};
            pp5 = pp4 + bp5;pp5 = pp4 + bp5;
            a5 = a4;a5 = a4;
            b5 = b4;b5 = b4;
            // 7th stage
            bv6 = {8{b5[6]}};bv6 = {8{b5[6]}};
            bp6 = {2'b00,(bv6&a5),6'b00_0000};bp6 = {2'b00,(bv6&a5),6'b00_0000};
            pp6 = pp5 + bp6;pp6 = pp5 + bp6;
            a6 = a5;a6 = a5;
            b6 = b5;b6 = b5;
            // 8th stage
            bv7 = {8{b6[7]}};bv7 = {8{b6[7]}};
            bp7 = {1'b0,(bv7&a6),7'b000_0000};bp7 = {1'b0,(bv7&a6),7'b000_0000};
            pp7 = pp6 + bp7;pp7 = pp6 + bp7;
            //a7 = a6;
            //b7 = b6;
    end
    assign y = pp7;
endmodule
```

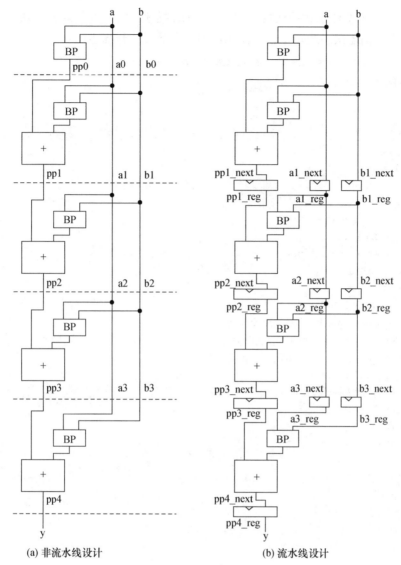

(a) 非流水线设计　　　　　　(b) 流水线设计

图 8.3　流水线乘法器

Listing8.2 描述转换为流水线设计时，需要加入寄存器并连接每一级电路的输入、输出到相应的寄存器。在流水线设计中，每一级都不能使用前一级电路的输出直接作为下一级电路的输入，而是使用寄存器输出作为本级电路的输入。类似地，每一级输出也不会直接连接到下一级电路，而是被连接到寄存器。例如，在非流水线设计中，pp2 信号由第 2 级电路产生，之后被直接传递到第 3 级使用。

```
// 第 2 级电路
pp2 = pp1 + bp2;
//第 3 级电路
pp3 = pp2 + bp3;
```

在流水线设计中，信号会保存到寄存器，代码如下：

```
//第 2 级电路的次态逻辑
pp2_next = pp1_reg + bp2;
//第 3 级电路的次态逻辑
pp3_next = pp2_reg + bp3;
```

Listing8.3 给出 4 级流水线乘法器的 Verilog HDL 描述，采用两个 always 块，一个用于描述寄存器，一个用于描述次态逻辑，将存储元件和组合逻辑分开描述。

Listing8.3　4 级流水线乘法器的 Verilog HDL 描述

```verilog
module mult8x8pipe4#(
    parameter N=8
)(
    input clk, reset,
    input [N 1:0]a, b,
    output [2*N 1:0]y
);
    reg [N 1:0]a1_reg, a3_reg, a5_reg;
    reg [N 1:0]a1_next, a3_next, a5_next;
    reg [N 1:0]b1_reg, b3_reg, b5_reg;
    reg [N 1:0]b1_next, b3_next, b5_next;
    reg [N 1:0]a0, a2, a4, a6;
    reg [N 1:0]b0, b2, b4, b6;
    reg [N 1:0]bv0, bv1, bv2, bv3, bv4, bv5, bv6, bv7;
    reg [2*N 1:0]bp0, bp1, bp2, bp3, bp4, bp5, bp6, bp7;
    reg [2*N 1:0]pp1_reg, pp3_reg, pp5_reg, pp7_reg;
    reg [2*N 1:0]pp1_next, pp3_next, pp5_next, pp7_next;
    reg [2*N 1:0]pp0, pp2, pp4, pp6;
    always@(posedge clk, posedge reset)
        if(reset) begin
            pp1_reg <=0;
            pp3_reg <=0;
            pp5_reg <=0;
            pp7_reg <=0;
            a1_reg <= 0;
            a3_reg <= 0;
            a5_reg <= 0;
            b1_reg <= 0;
            b3_reg <= 0;
            b5_reg <= 0;
        end
        else begin
            pp1_reg <= pp1_next;
            pp3_reg <= p p3_next;
            pp5_reg <= pp5_next;
            pp7_reg <= pp7_next;
            a1_reg <= a1_next;
            a3_reg <= a3_next;
            a5_reg <= a5_next;
            b1_reg <= b1_next;
            b3_reg <= b3_next;
            b5_reg <= b5_next;
        end
        // next state logic
        always@(*) begin
```

```verilog
        //1st state
        bv0 = {8{b[0]}};
        bp0 = {8'b0000_0000,(bv0&a)};
        pp0 = bp0;
        a0 = a;
        b0 = b;
        // 2nd stage
        bv1 = {8{b0[1]}};
        bp1 = {7'b000_0000,(bv1&a0),1'b0};
        pp1_next = pp0 + bp1;
        a1_next = a0;
        b1_next = b0;
        // 3rd stage
        bv2 = {8{b1_reg[2]}};
        bp2 = {6'b00_0000,(bv2&a1_reg_reg),2'b00};
        pp2 = pp1_reg + bp2;
        a2 = a1_reg;
        b2 = b1_reg;
        // 4th stage
        bv3 = {8{b2[3]}};
        bp3 = {5'b0_0000,(bv3&a2),3'b000};
        pp3_next = pp2 + bp3;
        a3_next = a2;
        b3_next = b2;
        // 5th stage
        bv4 = {8{b3_reg[4]}};
        bp4 = {4'b0000,(bv4&a3_reg_reg),4'b0000};
        pp4 = pp3_reg + bp4;
        a4 = a3_reg;
        b4 = b3_reg;
        // 6th stage
        bv5 = {8{b4[5]}};
        bp5 = {3'b000,(bv5&a4),5'b0_0000};
        pp5_next = pp4 + bp5;
        a5_next = a4;
        b5_next = b4;
        // 7th stage
        bv6 = {8{b5_reg[6]}};
        bp6 = {2'b00,(bv6&a5_reg_reg),6'b00_0000};
        pp6 = pp5_reg + bp6;
        a6 = a5_reg;
        b6 = b5_reg;
        // 8th stage
        bv7 = {8{b6[7]}};
        bp7 = {1'b0,(bv7&a6),7'b000_0000};
        pp7_next = pp6 + bp7;
        //a7 = a6;
        //b7 = b6;
end
```

```
assign y = pp7_reg;
endmodule
```

8.4　思　考　题

1．试述流水线设计如何影响电路的延迟和吞吐率。

2．试述什么是流水线设计。

8.5　实　践　练　习

1．流水线结构的乘幂运算电路。

（1）给出组合逻辑 3 次幂运算电路的结构及其 Verilog HDL 描述。

（2）给出 3 级流水线 3 次幂运算电路的结构及其 Verilog HDL 描述。要求：数据位宽采用参数化设计。

（3）编写 Testbench 模块，给出仿真结果。

（4）设计实验方案，在 DE2-115 开发板上验证电路的正确性。要求：输入为 4 位无符号数，通过按键选择在数码管上显示输入或输出。

2．平方和运算电路。

（1）直接实现：给出组合逻辑平方和运算电路的结构及其 Verilog HDL 描述。

（2）给出 2 级流水线平方和运算电路的结构及其 Verilog HDL 描述。要求：数据位宽采用参数化设计。

（3）编写 Testbench 模块，给出仿真结果。

（4）设计实验方案，在 DE2-115 开发板上验证电路的正确性。要求：输入为 3 位无符号数，通过按键选择在数码管上显示输入或输出。

第9章　设计实践：混合方程

本章通过混合方程的设计过程介绍数据通道设计的方法与概念,包括直接实现、资源共享、初始化及握手等数据通道设计常用形式。

9.1　混　合　方　程

在图像处理领域,方程

$$cnew = ca \times f + cb \times (1-f) \tag{9.1}$$

称为混合方程（Blending Equation）。式中,cnew、ca 和 cb 表示颜色值,f 称为混合因子。ca 和 cb 在混合因子 f 的作用下混合颜色值 cnew。颜色值 cnew、ca 和 cb 采用 Q0.8 格式的定点数[①]表示,范围为 0~1.0;混合因子 f 采用 9 位二进制数表示,范围为 0~1。混合因子 f 的取值包括 1,f 等于 1 时,cnew 等于 ca;f 等于 0 时,cnew 等于 cb。

采用编码 9'b100000000 表示混合因子 f 等于 1,当 f 不等于 1 时,编码为 9b'0dddddddd,其中 dddddddd 是与 f 相等的 Q0.8 格式的定点数。出于计算速度的考虑,当 f 不等于 1 或 0 时,$1-f$ 采用 f 低 8 位的 1 补码（1 补码也称反码）计算。采用 1 补码运算,$1-f$ 会产生一定误差（一个最低有效位）,很小的误差在像素混合操作中是可以接受的。在像素混合操作中速度是关键因素。$1-f$ 电路实现如图 9.1 所示,零值检测电路和数据选择器 MUXA 用于处理 $f=0$ 时的情形,如果 $f=0$,零值检测电路输出 1,数据选择器 MUXA 输出 9'b100000000。数据选择器 MUXB 检测 f 的最高有效位,处理 $f=1$ 的情形。如果 f 不等于 0 或 1,电路的输出为 f 的低 8 位 1 补码,f 最高有效位不包含在 1 补码操作中,保证输出值可以等于 1。

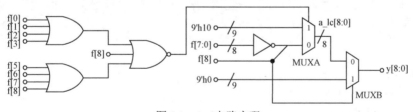

图 9.1　$1-f$ 电路实现

$1-f$ 电路的 Verilog HDL 描述参考 Listing9.1。

Listing9.1　$1-f$ 电路的 Verilog HDL 描述

```
module oneminus#(
    parameter N = 8
)(
    input [N:0]f,
    output [N:0]y
);
    reg [N:0]a_lc;
```

[①] 定点数格式见第 13 章。

```
        always@(*) begin
            if(f==0)
                a_lc = {1'b1,{8{1'b0}}};
            else begin
                a_lc[N] = f[N];
                a_lc[N-1:0] = ~f[N-1:0];
            end
        end
        assign y = (f[N])?({(N+1){1'b0}}):(a_lc);
    endmodule
```

混合方程乘法操作的一个操作数是 8 位颜色值 ca 或 cb，另一个操作数是 9 位的混合因子 *f* 或 1–*f*。如果混合因子 *f* 不等于 1，乘积结果等于 9 位操作数的低 8 位和 8 位颜色值的乘积；如果 *f* 等于 1，乘积结果等于 8 位颜色值。混合方程乘法器采用 1 个乘法器和 1 个数据选择器实现，通过检测混合因子 *f* 最高有效位的数值选择合适的输出，具体实现如图 9.2 所示。

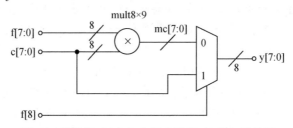

图 9.2 颜色值（8 位）和混合因子（9 位）乘法器

颜色值（8 位）和混合因子（9 位）乘法器的 Verilog HDL 描述参考 Listing9.2。

Listing9.2 颜色值（8 位）和混合因子（9 位）乘法器的 Verilog HDL 描述

```
module bmult#(
    parameter N = 8
)(
    input [N-1:0]c,
    input [N:0]f,
    output [N-1:0]y
);
    wire [N-1:0]mc;
    mult8x8 u1(.a(c),.b(f[N-1:0]),.y(mc));
    assign y = (f[N])?(c):(mc);
endmodule
// multiplier implementing by operator * directly;
// or referring to Example 9-6
module mult8x8#(
    parameter N=8
)(
    input [N-1:0]a,b,
    output [N-1:0]y
);
    wire [2*N-1:0]product_result;
    assign product_result=a*b;
    assign y = product_result[N-1:0];
endmodule
```

9.2 混合方程直接实现

图 9.3 给出混合方程的数据流图（Dataflow Graph，DFG）。在数据流图中，圆表示执行单元，箭头表示数据的流向。为了引用方便，数据流图中的不同操作（数据流图中的圆）标记为 n1，n2，…，nk。注意：执行单元也称为功能单元。

数据流图的执行单元一对一映射为数据通道的执行单元，得到混合方程的直接实现，如图 9.4 所示。通常，直接实现并不是最佳的实现方式，数据通道中存在执行单元的级联，导致较长的关键路径，从而使电路时钟周期较大。假设图 9.4 中各模块的延迟为：

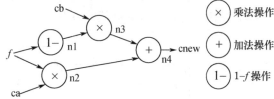

图 9.3 混合方程的数据流图

bmult=2.0，satadd=1.0 及 oneminus=0.4（单位未指定，下同），数据通道的最长延迟为 0.4+2.0+1.0=3.4。如果考虑输入和输出寄存器，数据通道的最小时钟周期为：T_{cq}+3.4+T_{su}，其中 T_{cq} 表示寄存器时钟到输出延迟，T_{su} 表示寄存器建立时间。假设 T_{cq} 和 T_{su} 等于 0.1，则系统的最小时钟周期为 3.6。关于数字电路最高工作频率及路径延迟的计算可参考文献[1]。

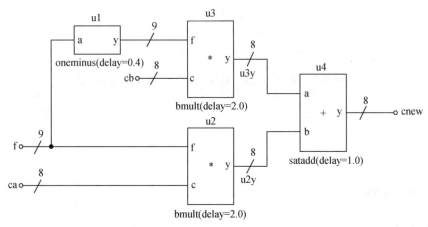

图 9.4 混合方程的直接实现

混合方程直接实现的 Verilog HDL 描述参考 Listing9.3。

Listing9.3 混合方程直接实现的 Verilog HDL 描述

```verilog
module blendlclk#(
    parameter N=8
)(
    input [N 1:0]ca, cb,
    input [N:0]
    output [N 1:0] cnew
);
    wire [N 1:0]u2y, u3y;
    wire [N:0]u1y;
    oneminus u1(.f (f), .y(
    bmult u2 (.c(ca), .f(f), .y(u2y));
    bmult u3 (.c(cb), .f(u1y), .y(u3y));
    satadd u4 (.a(u3y), .b(u2y), .y(cnew));
endmodule
```

• 171 •

混合方程的直接实现直观、方便，但数据通道存在执行单元的级联。流水线设计打断了级联的组合逻辑，加入存储元件，目标是提高吞吐率和电路的工作频率。

图 9.5 对混合方程的直接实现进行了改进，打断组合路径，在乘法器和加法器之后加入触发器。关键路径从 1−f 电路→乘法器→加法器级联，变成 1−f 电路（oneminus 模块）与乘法器（bmult 模块）级联。图 9.5 所示电路的最小时钟周期为 2.6（=0.1+0.4+2.0+0.1），与直接实现（见图 9.4）相比，电路具有更高的时钟频率。

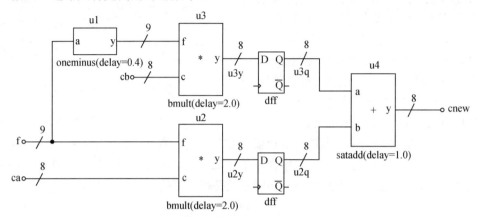

图 9.5　改进的混合方程直接实现（Latency=2）

图 9.5 所示电路的 Verilog HDL 描述参考 Listing9.4。

Listing9.4　改进的混合方程直接实现的 Verilog HDL 描述

```
module blend2clk#(
    parameter N=8
)(
    input clk, reset,
    input [N 1:0]ca, cb,
    input [N:0]f,
    output reg [N 1:0]cnew
);
    wire [N-1:0]u2y, u3y, u4y;
    wire [N:0]u1y;
    reg [N-1:0]u3q, u2q;
    //
    bmult u2(.c(ca), .f(f), .y(u2y));
    oneminus u1(.f(f), .y(u1y));
    bmult u3(.c(cb), .f(u1y), .y(u3y));
    satadd u4(.a(u3q), .b(u2q), .y(u4y));
    always@(posedge clk, posedge reset) begin
    if(reset) begin
        cnew <= {N{1'b0}};;
        u3q   <= {N{1'b0}};;
        u2q   <= {N{1'b0}};;
    end
    else begin
        cnew <= u4y;
        u3q   <= u3y;
        u2q   <= u2y;
    end
endmodule
```

图 9.5 所示电路的时序如图 9.6 所示。输入数据每两个时钟周期加入数据通道一次，电路的启动间隔周期（Initiation Period）等于 2 个时钟周期。数据通道中每条路径都级联两个触发器（考虑输出寄存器），数据通道的延迟（Latency）等于 2 个时钟周期，也就是说，需要 $2.6 \times 2 = 5.2$ 才能为输入数据集计算出有效输出，直接实现（见图 9.4）需要 3.6 得到输出。原因有二：一是加入寄存器后将组合路径打断，在最小时钟周期计算过程中引入寄存器的建立时间和时钟到输出延迟；二是寄存器的加入没有将组合路径平均划分。加法器的寄存器到寄存器延迟为 $T_{cq} + T_{pd(u4)} + T_{su} = 0.1 + 1.0 + 0.1 = 1.2$，最长延迟路径为 2.6。组合路径的划分策略并非最优，最优的划分策略是平均划分组合路径。

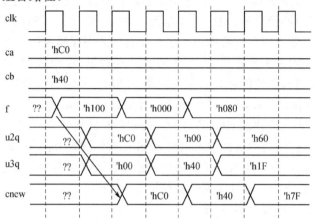

图 9.6　改进的混合方程时序图（Latency=2，Initiation Period=2）

分析图 9.5 和图 9.6 不难发现，如果每个时钟周期都加入新输入 ca、cb 和 f，数据通道也能正常工作，数据通道的启动间隔周期由 2 变为 1。启动间隔周期等于 1 个时钟周期，延迟等于 2 个时钟周期，意味着当前输入对应的输出完成处理之前，下一个输入数据被加入数据通道，数据通道同时对两个数据集进行处理，每个输入数据集处于不同的处理阶段，可实现流水线设计。

图 9.5 所示数据通道的每个执行单元都有 50%的时间处于空闲状态，因此，在不额外增加逻辑资源的情况下，可以实现启动间隔周期等于 1 个时钟周期的数据通道。启动间隔周期降低为 1 个时钟周期，数据通道的吞吐率加倍，数据通道每个时钟周期都有输出产生，不像原来那样，两个时钟周期才有结果输出，电路的工作时序如图 9.7 所示。需要注意的是，降低启动间隔周期并未影响数据通道的延迟，数据通道的延迟依然为 2 个时钟周期。

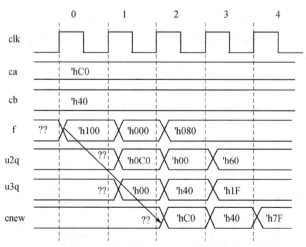

图 9.7　混合方程时序图（Latency=2，Initiation Period=1）

9.3　资源共享混合方程

设计数据通道时，通常限制逻辑资源的使用（面积约束）。此时，数据流图中的多个节点映射为同一个执行单元，即采用一个执行单元完成多个节点的计算（逻辑资源共享）。多个节点共享同一个执行单元，给数据通道设计带来一系列新问题。首先，乘法器的两个输入信号必须按照时钟周期改变。时钟周期 0，乘法器的操作数为 ca 和 f；时钟周期 1，操作数为 cb 和 1-f，意味着乘法器每个输入端都需要一个二选一数据选择器，在两组操作数之间选择合适的操作数。其次，需要一个寄存器在时钟周期 1 保存乘法器的计算结果。资源共享数据通道的实现如图 9.8 所示。插入寄存器将组合路径打断，采用寄存器保存中间计算结果。寄存器同步使能端 ld 置位，在时钟信号有效沿寄存器才能保存数据，不包含使能端的寄存器在每个时钟信号有效沿都接收新数据。数据通道中使用 3 个寄存器 rA、rB 和 rC。寄存器 rA 和 rB 的数据输入端连接乘法器 bmult 的输出端，寄存器同步使能端分别由控制器（FSM）的输出信号 ld_n2 和 ld_n3 控制。信号 ld_n2 在时钟周期 0 置位，将 u3 的计算结果保存到寄存器 rA，信号 ld_n3 在时钟周期 1 时置位，保存 u3 的计算结果到寄存器 rB。信号 ld_cnew 在时钟周期 2 时置位，将 satadd 计算结果保存到输出寄存器 rC。控制器的选择输入信号 msel 在时钟周期 0 清零，ca 和 f 传递给乘法器；在时钟周期 1 信号 msel 置位，cb 和 1-f 传递给乘法器。数据通道中寄存器 rB 使用 D 触发器实现，因为 rB 的值总是在下一个时钟周期会被使用。在数据通道计算过程中，cnew(i-1)（前一次的输出结果）值一直保存在寄存器 rC 中。

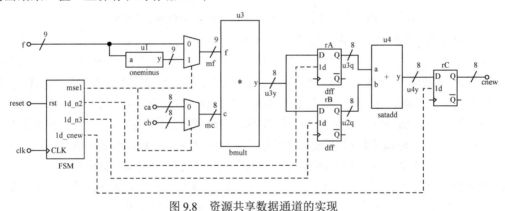

图 9.8　资源共享数据通道的实现

资源共享混合方程的 Verilog HDL 描述参考 Listing9.5。

Listing9.5　资源共享混合方程的 Verilog HDL 描述

```
module blend1mult#(
    parameter N=8
)(
    input clk, reset,
    input [N-1:0]ca, cb,
    input [N:0]f,
    output reg [N-1:0]cnew
);
    wire [N-1:0]:0] u2y, u4y, ma;
    wire [N:0] mf, u1y;
    regreg [N-1:0] u3q, u2q;
    wire msel, ld_n2, ld_n3, ld_cnew;
```

```verilog
    assign mf = (msel)?(u1y):(f);
    assign ma = (msel)?(cb):(ca);

    bmult u2(.c(ma),.f(mf),.y(u2y));
    oneminus u1(.a(f),.y(u1y));
    satadd u4(.a(u3q),.b(u2q),.y(u4y));
    fsm u3(.clk(clk),.reset(reset),.msel(msel),.ld_n2(ld_n2),.ld_n3(ld_n3),.ld_cnew(ld_cnew));
    // Register Register
    always@(posedgeclk, posedge reset)
    if(reset)
        u2q<=0;
    else if(ld_n2)
        u2q <= u2y;
    //
    always(@(posedge clk, posedge reset)
        if(reset)
            u3q <= 8'b0000_0000;
        else if(ld_n3)
            u3q <= u2y;
    //
    always@(posedge clk, posedge reset)
        if(reset)
            cnew <= 8'b0000_0000;
        else if(ld_cnew)
            cnew <= u4y;
endmodule
// Controller: FSM
module fsm(
    input wire clk, reset,
    output reg msel, ld_n2, ld_n3, ld_cnew
);

    localparam  S0=2'b00,
                S0=2'b00,
                S1=2'b01,
                S2=2'b11;

    reg [1:0]state_reg, state_next;
    // state register
    always@(posedge clk, posedge reset) begin
        if(reset)
            state_reg <= S0;
        else
            state_reg <= state_next;
    end
    // next-state logic
    always@(state_reg) begin
        state_next = state_reg;
```

```
            msel = 1'b0;
            ld_n2 = 1'b0;
            ld_n3 = 1'b0;
            ld_cnew = 1'b0;
            case(state_reg)
                S0:begin
                    ld_n2 = 1'b1;
                    state_next = S1;
                end
                S1:begin
                    msel = 1'b1;
                    ld_n3 = 1'b1;l
                    state_next = S2;
                end
                S2:begin
                    ld_cnew = 1'b1;
                    state_next = S0;
                end
                default: state_next = S0;
            endcase
    end
endmodule
```

控制器在每个时钟周期产生合适的控制信号 msel、ld_n2、ld_n3 及 ld_cnew。图 9.8 中控制信号采用虚线表示，区别于由执行单元产生的数据信号。图 9.9 给出了控制器的算法状态机图。

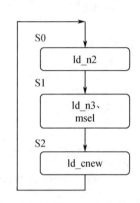

图 9.9　控制器的算法状态机图

9.4　握手信号数据通道

在很多情况下，输入信号并非连续的数据流，设计必须具备某种机制，在确认外部输入信号有效后，才能开始处理。更一般的情况，设计需要提供某些状态信息，指示数据通道的工作状态，比如当前输出是否有效等。通常，使用握手信号实现上述目的。本节对 9.3 节设计的控制器进行改进，设计带有握手信号的数据通道。Listing9.6 在 Listing9.5 基础上增加了两个握手信号 irdy 和 ordy，图 9.10 给出设计的算法状态机图。

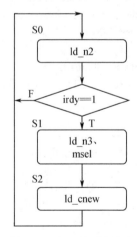

图 9.10　带握手信号控制器的算法状态机图

Listing9.6　带握手信号控制器的 Verilog HDL 描述

```
module fsm(
    input clk, reset,
    input irdy,
    output reg msel, ld_n2, ld_n3, ld_cnew, ordy
);
    localparam [1:0]  S0 = 2'b00,
```

```
                    S1 = 2'b01,
                    S2 = 2'b11;
    reg [1:0]state_reg, state_next
    always@(posedge clk, posedge reset) begin
        if(reset) begin
            state_reg <= S0;
            ordy <= 1'b0;
        end
        else begin
            state_reg <= state_next;
            ordy <= ld_cnew;
        end
    end
    always@(state_reg) begin
        state_next = state_reg;
        msel = 1'b0;
        ld_n2 = 1'b0;
        ld_n3 = 1'b0;
        ld_cnew = 1'b0;
        case (state_reg)
            S0: begin
                ld_n2 = 1'b1;
                if(irdy)
                    state_next = S1;
            end
            S1: begin
                msel = 1'b1;
                ld_n3 = 1'b1;
                state_next = S2;
            end
            S2: begin
                ld_cnew = 1'b1;
                state_next = S0;
            end
        endcase
    end
endmodule
```

图 9.10 给出的带握手信号控制器，复位后控制器进入状态 S0，直到信号 irdy 置位。irdy 信号置位表示输入数据有效并启动计算过程，一旦检测到 irdy 置位，控制器进入状态 S1。控制器在 S1 状态维持一个时钟周期，置位信号 ld_n3、msel，在下一个时钟周期切换至 S2 状态。当 cnew 输出数据有效后，ordy 信号会置位一个时钟周期，设计中通过信号 ld_cnew 延迟一个时钟周期实现，ld_cnew 信号在状态 S2 置位。图 9.11 给出改进后数据通道完成一个计算过程的时序。当输出 cnew 包含有效的计算结果时，ordy 信号置位。数据通道（模块 blend1mult）也需要做出相应的改进，出于完整性的考虑，Listing9.7 给出了完整的 blend1mult 模块代码。

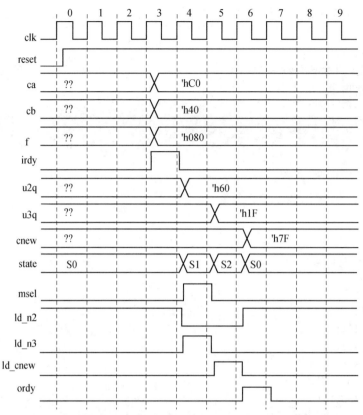

图 9.11　带握手信号的数据通道的时序图（Latency=3，Initiation Period =3）

Listing9.7　完整的 blend1mult 模块代码

```
module blend1mult (
    input clk, reset, irdy,
    input [7:0]ca,
    input [8:0]
    output reg [7:0]cnew,
    output wire ordy
);
    wire [7:0]u2y, u4y, ma;
    wire [8:0]mf, u1y;
    reg [7:0]u3q, u2q;
    wire msel, ld_n2, ld_n3, ld_cnew;

    assign mf = (msel==1'b1)?(u1y):(f);
    assign ma = (msel==1'b1)?(cb):(ca);

    bmult u2(.c(ma), .f(mf), .y(u2y));
    oneminus u1(.f (f), .y(u1y));
    satadd u4(.a(u3q), .b(u2q), .y(u4y));
    fsm u3(.clk(clk),.reset(reset),.msel(msel),
        .ld_n2(ld_n2),.ld_n3(ld_n3),.ld_cnew(ld_cnew),
        .irdy(irdy),.ordy(ordy));
    always@(posedge clk, posedge reset)
        if(reset)
```

```
            u2q <= 8' b0000_0000;
        else if (ld_
            u2q <= u2y;
    always@(posedge clk, posedge reset) begin
        if(reset)
            u3q <= 8'b0000_0000;
        else if (ld_n2)
            u3q <= u2y;
        end
    always@(posedge clk, posedge reset) begin
        if (reset)
            cnew <= 8'b0000_0000;
        else if (ld_n3)
            cnew <= u4y;
    end
endmodule
```

9.5 输入总线数据通道

前面 9.2 节至 9.4 节介绍的混合方程数据通道的各种实现方式中，每个输入信号 ca、cb 和 f 都使用独立的输入总线。输入总线与执行单元都是宝贵的逻辑资源，设计通常不会为每个输入信号使用独立的总线，而是需要多个输入信号共享同一条总线。

图 9.12 给出输入总线共享的混合方程数据通道实现。数据总线 din 用于向数据通道输入 ca、cb 和 f。乘法器 bmult 输入端不再需要数据选择器，因为 ca 和 cb 以分时复用的方式送到数据总线 din。

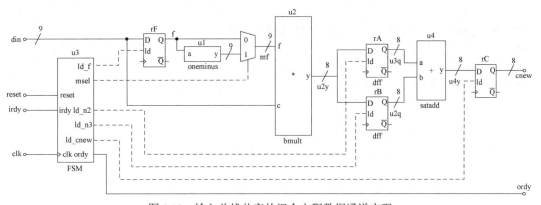

图 9.12　输入总线共享的混合方程数据通道实现

输入总线共享的控制器（FSM）的算法状态机图如图 9.13 所示，与图 9.10 所示控制器一样，以同样的方式使用了握手信号。Listing9.8 给出图 9.13 所示控制器的 Verilog HDL 描述。

Listing9.8　输入总线共享的控制器的 Verilog HDL 描述

```
module dflipflop#(
    parameter N=8
)(
    input clk, reset,
    input ld,
```

```verilog
    input [N 1:0]d,
    output [N 1:0]q
);
    reg [N-1:0]state_reg, state_next;
    always@(posedge clk, posedge reset) begin
        if(reset)
            state_reg <= {N{1'b0}};
        else
            state_reg <= state_next;
    end
    always@(state_reg,ld,d) begin
        if(ld)
            state_next = d;
        else
            state_next = state_reg;
    end
    assign q = s tate_reg;
endmodule
// Datapath
module datapath(
    input wire clk, reset,
    input wire [8:0]din,
    input wire ld_f, msel, ld_n2, ld_n3, ld_cnew,
    output wire [7:0]cnew
);
    wire [8:0]f, u1y, mf;
    wire [7:0]u2y, u2q, u3q, u4y;

    dflipflop #(.N(9)) rF(.clk(clk), .reset(reset), .ld(ld_f), .d(din), .q(f));
    oneminus u1(.a(f),.y(u1y));
    mux2to1 uu0(.a(u1y),.b(f),.s(msel),.mm(mf));
    bmult u2(.c(din[7:0]),.f(mf),.y(u2y));
    dflipflop #(.N(8)) rA(.clk(clk),.reset(reset),.ld(ld_n2),.d(u2y),.q(u2q));
    dflipflop #(.N(8)) rB(.clk(clk),.reset(reset),.ld(ld_n3),.d(u2y),.q(u3q));
    satadd u4(.a(u2q),.b(u3q),.y(u4y));
    dflipflop #(.N(8)) rC(.clk(clk),.reset(reset),.ld(ld_cnew),.d(u4y),.q(cnew));
endmodule

// Controller: FSM
module fsm(
    input clk,reset,
    input irdy,
    output ordy,
    output reg msel, ld_f, ld_n2, ld_n3, ld_cnew
);
    localparam    S0 = 2'b00,
                  S1 = 2'b01,
                  S2 = 2'b10,
                  S3 = 2'b11;
```

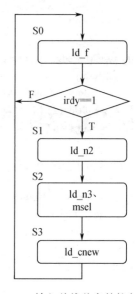

图 9.13　输入总线共享的控制器
的算法状态机图

```verilog
    reg [1:0]state_reg, state_next;
    reg ordy_reg;
    wire ordy_next;
    always@(posedge clk, posedge reset) begin
        if(reset)
            state_reg <= S0;
        else
            state_reg <= state_next;
    end
    always@(state_reg,irdy) begin
        ld_n2 = 1'b0;
        ld_n3 = 1'b0;
        ld_cnew = 1'b0;
        msel = 1'b0;
        ld_f = 1'b0;
        state_next = state_reg;
        case(state_reg)
            S0: begin
                ld_f = 1'b1;
                if(irdy)
                    state_next = S1;
                else
                    state_next = S0;
            end
            S1: begin
                state_next = S2;
                ld_n2 = 1'b1;
            end
            S2: begin
                state_next = S3;
                ld_n3 = 1'b1;
                msel = 1'b1;
            end
            S3: begin
                state_next = S0;
                ld_cnew = 1'b1;
            end
        endcase
    end
    always@(posedge clk, posedge reset) begin
        if(reset)
            ordy_reg <= 1'b0;
        else
            ordy_reg <= ordy_next;
    end
    assign ordy_next = ld_cnew;
    assign ordy = ordy_reg;
endmodule
/* Top level entity */
```

```
module blend1mult(
    input clk, reset,
    input irdy,
    input [8:0]din,
    output [7:0]cnew,
    output ordy
);
    wire ld_f, msel, ld_n2, ld_n3, ld_cnew;
    datapath datapath_u1( .clk(clk),.reset(reset),
                          .din(din),.ld_f(ld_f),.msel(msel),.ld_n2(ld_n2),
                          .ld_n3(ld_n3),.ld_cnew(ld_cnew),.cnew(cnew));
    fsm control_u2( .clk(clk),.reset(reset),.irdy(irdy),
                    .ordy(ordy),.msel(msel),.ld_f(ld_f),
                    .ld_n2(ld_n2),.ld_n3(ld_n3),.ld_cnew(ld_cnew));
endmodule
```

9.6 思 考 题

1. 试述资源共享数据通道设计的优势及实现方式。
2. 试述流水线设计提高数字系统吞吐率的原理。
3. 总结 FSMD 电路结构和每个组成部分的作用。
4. 总结握手信号在数字逻辑电路设计中的作用。
5. 总结输入/输出总线的作用及如何影响电路结构。

9.7 实 践 练 习

1. 基于 Listing8.3 设计流水线乘法器。
（1）给出流水线乘法器设计的电路结构，要求：使用输入总线，增加合适的握手信号；只能使用 1 个加法器，考虑资源共享。
（2）编写流水线乘法器的 Verilog HDL 代码。
（3）编写 Testbench 模块，给出仿真结果。
（4）设计实验方案，在 DE2-115 开发板上验证电路的正确性。
2. 基于 IP 核设计 2 级流水流线乘法器。
（1）采用 Quartus Prime 提供的 IP 核，设计 2 级流水流线乘法器。
（2）给出设计完整的 Verilog HDL 描述。
（3）编写 Testbench 模块，给出仿真结果，并与上题的仿真结果进行比较。
（4）与上题比较设计的综合结果。

第 10 章　时序分析基础

时序分析的作用是确定电路是否存在时序违规。Quartus Prime 软件中的 Timing Analyzer 使用工业标准的时序约束和时序分析技术，检查所有寄存器到寄存器、I/O 单元及异步复位路径的数据需要时间（Data Required Time）、数据到达时间（Data Arrival Time）及时钟到达时间（Clock Arrival Time）。

本章介绍时序分析的基本概念，目的在于帮助读者了解时序分析的基本原理。

10.1　时序分析术语

本节介绍时序分析常用的名词术语（见表 10.1），以方便后续讨论。必须指出，有些术语在本章中的含义可能区别于一般含义。

表 10.1　时序分析常用术语

术语	定义
数据到达时间	数据到达寄存器数据输入引脚的时间
数据需要时间	时钟信号到达寄存器时钟引脚的时间
单元（Cell）	查找表、寄存器、数字信号处理模块、存储器模块、输入/输出单元等
时钟	设计内部或外部时钟信号，代表一个时钟域
时钟数据分析	复杂路径分析，包括与时钟路径的锁相环 PLL 相关的任何相移及数据路径的相移
时钟保持时间	时钟有效沿后，寄存器数据输入引脚必须保持稳定的最短时间
数据发送时钟沿	寄存器发送数据的时钟沿
数据锁存时钟沿	寄存器接收数据的时钟沿
时钟消极因素（Clock Pessimism）	静态时序分析过程中时钟信号与公共时钟信号的最大延迟变化
时钟建立时间	时钟有效沿之前寄存器数据端口必须保持稳定的最短时间
引脚（Pin）	单元的输入和输出端口
线网（Net）	引脚之间的连接
端口（Port）	顶层模块的输入或输出，对应已经分配的器件引脚
节点（Node）	寄存器、引脚

10.2　时序路径和时序分析

Timing Analyzer 获取描述设计的时序网表、节点及连接，根据时序网表确定设计中所有路径的时序性能，方法是检查设计中所有寄存器到寄存器路径的建立时间、保持时间以及数据发送时钟沿和数据锁存时钟沿之间的关系。

10.2.1　时序网表

Timing Analyzer 使用时序网表确定所有路径的数据到达时间和数据需要时间之间的关系。

完成适配或完整编译后，使用 Timing Analyzer 随时产生时序网表。

图 10.1 给出一个简单的电路实例，用来说明电路原理图与时序网表的对应关系以及时序网表包含的基本元件。电路包含 3 个触发器、1 个与门以及输入和输出信号，等价的时序网表如图 10.2 所示。

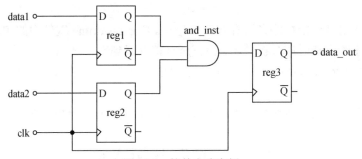

图 10.1　简单电路实例

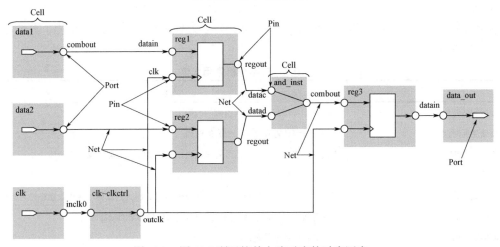

图 10.2　图 10.1 所示简单电路对应的时序网表

10.2.2　时序路径

时序路径连接两个设计节点，比如某个寄存器的输出到另一个寄存器的输入构成一个时序路径。理解时序路径的类型对于时序收敛和时序优化至关重要。Timing Analyzer 识别分析的时序路径包括以下几种类型。

① 边沿路径（Edge Path）：端口到引脚（Port-to-Pin）、引脚到引脚（Pin-to-Pin）及引脚到端口（Pin-to-Port）的连接。

② 时钟路径（Clock Path）：从器件时钟输入或内部导出时钟引脚到寄存器时钟引脚的路径。

③ 数据路径（Data Path）：从端口或存储元件的数据输出端口到端口或另一个存储元件的数据输入端口的连接路径。

④ 异步路径（Asynchronous Path）：端口或其他存储元件与异步引脚的连接路径。

图 10.3 给出 Timing Analyzer 分析的时钟路径、数据路径和异步路径。关于时序路径的更多详情，请参考文献[3]。

除了分析不同类型的时序路径，Timing Analyzer 还分析时钟信号特征，即计算寄存器到寄存器路径时分析两个寄存器的时钟信号特征。注意：为了分析设计中时钟信号的特征，需要为时钟信号添加约束。

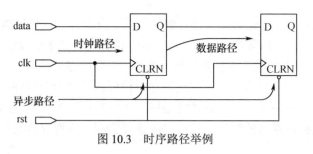

图 10.3　时序路径举例

10.2.3　数据到达时间和数据需要时间

Timing Analyzer 报告数据到达时间（Data Arrival Time）和数据需要时间（Data Required Time）。 数据需要时间指时钟信号到达寄存器时钟引脚的时间，数据到达时间指数据到达寄存器数据输入引脚的时间，具体的计算方法和路径如图 10.4 所示。

数据到达时间（t_{DA}）等于数据发送时钟沿（Launch Edge）的时间（t_{Launch}）+时钟源到源寄存器时钟引脚的延迟（T_{SC}）+源寄存器的时钟到输出延迟（T_{cq}）+ 源寄存器数据输出端（Q）到目标寄存器数据输入端（D）的延迟（T_{R2R}），具体计算公式为

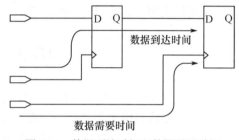

图 10.4　数据到达时间和数据需要时间

$$t_{DA}=t_{Launch}+T_{SC}+T_{cq}+T_{R2R} \tag{10.1}$$

数据需要时间（t_{DR}）等于数据锁存时钟沿（Latch Edge）的时间 t_{Latch}+时钟源到目标寄存器时钟引脚的延迟（T_{DC}）（包括所有的时钟端口的缓冲延迟）-目标寄存器建立时间（T_{su}）。寄存器建立时间是寄存器的固有特征，由寄存器的工艺参数决定。具体的计算公式为

$$t_{DR}=t_{Latch}+T_{DC}-T_{su} \tag{10.2}$$

10.2.4　数据发送时钟沿和数据锁存时钟沿

时序分析要求设计中存在一个或多个时钟信号，Timing Analyzer 分析数据发送时钟沿和数据锁存时钟沿的建立时间与保持时间关系。数据发送时钟沿指源寄存器（或其他存储元件）发送数据对应的有效时钟沿，数据锁存时钟沿指目标寄存器（或其他存储元件）接收数据对应的有效时钟沿。

数据发送时钟沿和数据锁存时钟沿分别对应源寄存器时钟信号和目标寄存器时钟信号的有效沿，二者有可能不是同一个时钟信号，也有可能是同一个时钟信号。图 10.5 演示数据发送时钟沿和数据锁存时钟沿之间的关系。数据发送时钟沿是源寄存器时钟信号的某个有效沿，该时刻源寄存器或由该时钟驱动的其他存储元件在输出端口输出数据，寄存器传输操作中输出数据的寄存器成为源寄存器。

数据锁存时钟沿是目标寄存器时钟信号的某个有效沿，该时刻目标寄存器或该时钟驱动的其他存储元件在输入端口捕获数据，数据传输过程中接收数据的寄存器称为目标寄存器。如图 10.5 所示，数据发送时钟信号时刻 0ns 是数据发送时钟沿，该时刻源寄

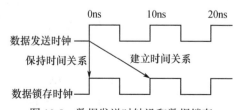

图 10.5　数据发送时钟沿和数据锁存时钟沿之间的关系

存器发送数据。因此，时刻 0ns 数据发送时钟信号的上升沿称为数据发送时钟沿。时刻 10ns，数据锁存时钟的下降沿，目标寄存器捕获数据。数据锁存时钟在 10ns 时刻的下降沿成为数据锁存时钟沿。在数据锁存时钟沿到来之前，数据必须到达目标寄存器。

需要强调的是：①数据发送时钟和数据锁存时钟可以是同一个时钟信号，也可以不是同一个时钟信号，同步逻辑电路设计中两者通常是同一个信号；②数据发送时钟和数据锁存时钟分别表示源寄存器和目标寄存器的时钟信号；③源寄存器和目标寄存器也称为前级寄存器和后级寄存器。

设计者采用 Timing Analyzer 或其他工具为时钟信号及其他节点创建时序约束，时序约束指导综合软件实现不同的电路结构。无论是单一时钟域还是跨时钟域，最基本的时钟信号关系都是建立时间和保持时间关系。

如果设计未对时钟信号进行约束，Timing Analyzer 采用 1GHz 时钟信号约束对设计进行编译，完成后续布局、布线及适配工作。

10.3　建立时间检查

10.2.2 节概括给出时序分析的时序路径可以分为 4 种类型，Timing Analyzer 在具体执行时序分析时需要检查的时序路径类型有：寄存器到寄存器路径、I/O 路径、I/O 和寄存器之间的路径、异步复位和寄存器之间的路径。Timing Analyzer 根据数据到达时间和数据需要时间计算出路径的时序余量（Slack），如果余量为负值，表示发生时序违规。时序分析针对时钟信号驱动的电路，对象必须是寄存器到寄存器路径。如果设计存在 I/O 时序关系，Timing Analyzer 在外部虚拟一个寄存器，从而形成寄存器到寄存器路径。

数据从数据发送时钟沿开始，经过一系列传输路径，到达目标寄存器的数据输入引脚，数据传输不能太慢（延迟过大），否则会侵占目标寄存器数据输入引脚相对于数据锁存时钟沿的建立时间。恰好满足目标寄存器建立时间的数据到达时间等于数据需要时间。数据需要时间相对于目标寄存器的数据锁存时钟沿计算，数据到达时间相对于源寄存器时钟信号的数据发送时钟沿计算。建立时间检查时，要求数据到达时间小于数据需要时间，否则违反建立时间关系。

Timing Analyzer 分析每一条寄存器到寄存器路径的数据发送时钟沿和数据锁存时钟沿，确定建立时间关系是否满足。对于目标寄存器的每一个数据锁存时钟沿，Timing Analyzer 使用与之最近源寄存器时钟有效沿作为数据发送时钟沿。图 10.6 给出了两个建立时间关系：Setup A 和 Setup B。距离时刻 10ns 数据锁存时钟沿，最近的可以作为数据发送时钟沿的源寄存器时钟有效沿位于时刻 3ns，标记为 Setup A。距离时刻 20ns 数据锁存时钟沿，最近的可以作为数据发送时钟沿的源寄存器时钟有效沿位于时刻 19ns，标记为 Setup B。Timing Analyzer 以最严格的方式检查建立时间关系，如果 Setup B 满足建立时间约束，那么 Setup A 自然满足。

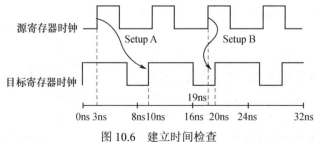

图 10.6　建立时间检查

Timing Analyzer 计算路径的时序余量作为建立时间检查的结果。如果余量为正值，表示满足约束；余量为负，表示时序约束不满足（存在时序违规）。

式（10.3）至式（10.5）示出内部寄存器到寄存器路径建立时间检查时序余量的计算方法：

$$t_{SuSlack} = t_{DR} - t_{DA} \tag{10.3}$$

$$t_{DA} = t_{Launch} + T_{SC} + T_{cq} + T_{R2R} \tag{10.4}$$

$$t_{DR} = t_{Latch} + T_{DC} - T_{su} - T_{SuUncertainty} \tag{10.5}$$

其中，$t_{SuSlack}$ 表示建立时间余量，t_{DR} 表示数据需要时间，t_{DA} 表示数据到达时间，T_{SC} 表示时钟源到源寄存器时钟端口的延迟，t_{Launch} 表示源寄存器时钟数据发送时钟沿，T_{cq} 表示源寄存器时钟到输出的延迟，T_{R2R} 表示寄存器到寄存器路径组合电路延迟时间，t_{Latch} 表示目标寄存器时钟数据锁存时钟沿，T_{DC} 表示时钟源到目标寄存器时钟端口的延迟，T_{su} 表示目标寄存器建立时间，$T_{SuUncertainty}$ 表示建立时间不确定性延迟。

Timing Analyzer 对设计的全部路径执行建立时间检查，每条路径的延迟值都是不同的，计算数据到达时间时使用最大延迟值，计算数据需要时间时使用最小延迟值。

如果路径涉及 I/O 端口，Timing Analyzer 虚拟外部寄存器，将路径转换成寄存器到寄存器路径进行分析。式（10.6）至式（10.8）给出系统输入端口到寄存器路径建立时间检查时序余量的计算方法：

$$t_{SuSlack} = t_{DR} - t_{DA} \tag{10.6}$$

$$t_{DA} = t_{Launch} + T_{SC} + T_{InMax} + T_{P2R} \tag{10.7}$$

$$t_{DR} = t_{Latch} + T_{DC} - T_{su} - T_{SuUncertainty} \tag{10.8}$$

其中，T_{InMax} 表示输入信号的最大延迟，T_{P2R} 表示输入端口到寄存器的延迟，其他参数的含义同式（10.3）至式（10.5）。

式（10.9）至式（10.11）给出寄存器到输出端口路径建立时间检查时序余量的计算方法：

$$t_{SuSlack} = t_{DR} - t_{DA} \tag{10.9}$$

$$t_{DR} = t_{Latch} + T_{CO} - T_{OutputMaxDelay} \tag{10.10}$$

$$t_{DA} = t_{Launch} + T_{SC} + T_{cq} + T_{R2P} \tag{10.11}$$

其中，T_{CO} 表示时钟源到输出端口的延迟，$T_{OutputMaxDelay}$ 表示输出信号的最大延迟，T_{R2P} 表示寄存器到输出端口的延迟，其他参数的含义同式（10.3）至式（10.5）。

10.4 保持时间检查

信号从数据发送时钟沿开始，经过传输路径，到达目标寄存器的数据输入端口的时间不能太早，否则会侵占目标寄存器数据输入引脚相对于上一个数据锁存时钟沿的保持时间。如果数据到达时间恰好等于数据需要时间，满足保持时间要求。在保持时间检查中，要求数据达到时间要大于数据需要时间，否则会造成保持时间时序违规，数据需要时间是数据达到时间的最小值。二者之差就是保持时间的时序余量。

为了执行保持时间检查，Timing Analyzer 根据所有寄存器到寄存器路径建立时间关系，确定需要检查的保持时间关系。

针对每一个建立时间关系，Timing Analyzer 执行两个保持时间检查：①当前数据发送时钟沿发送数据不会在前一个数据锁存时钟沿被捕获；②当前数据发送时钟沿的下一个数据发送时钟沿发送的数据不会在当前数据锁存时钟沿被捕获。从当前可能的保持时间关系中，Timing Analyzer 选择最严格的一个保持时间关系进行检查。数据锁存时钟沿和数据发送时钟沿之间相差时间最小（两个边沿在时间上最接近）的保持时间关系就是最严保持时间关系。最严保持时间关系决定了寄存器到寄存器路径所能允许的最小延迟。图 10.7 给出两个建立时间关系：Setup A 和 Setup B，建立时间关系 Setup A 对应的两个保持时间关系分别为 Hold Check A1 和 Hold Check A2，建立时间关系 Setup B 对应的两个保持时间关系分别为 Hold Check B1 和 Hold Check B2。图 10.7 中，Timing Analyzer 选择 Hold Check A2 作为最严保持时间关系。

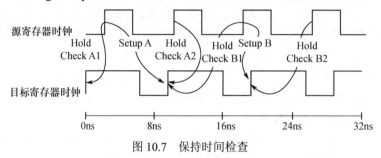

图 10.7　保持时间检查

式（10.12）至式（10.14）给出寄存器到寄存器路径保持时间余量的计算方法。

$$t_{\text{HdSlack}}=t_{\text{DA}}-t_{\text{DR}} \tag{10.12}$$

$$t_{\text{DA}}=t_{\text{Launch}}+T_{\text{SC}}+T_{\text{cq}}+T_{\text{R2R}} \tag{10.13}$$

$$t_{\text{DR}}=t_{\text{Latch}}+T_{\text{DC}}+T_{\text{hd}}+T_{\text{HdUncertainty}} \tag{10.14}$$

其中，t_{HdSlack} 表示保持时间检查时序余量，T_{hd} 表示目标寄存器保持时间，$T_{\text{HdUncertainty}}$ 表示保持时间不确定性延迟，其他参数的含义同式（10.3）至式（10.5）。

注意：Timing Analyzer 执行保持时间检查时，计算数据达到时间时使用最小延迟值，计算数据需要时间时使用最大延迟值。

式（10.15）至式（10.17）给出输入端口到寄存器路径保持时间检查余量的计算方法：

$$t_{\text{HdSlack}}=t_{\text{DA}}-t_{\text{DR}} \tag{10.15}$$

$$t_{\text{DA}}=t_{\text{Launch}}+T_{\text{SC}}+T_{\text{InMin}}+T_{\text{P2R}} \tag{10.16}$$

$$t_{\text{DR}}=t_{\text{Latch}}+T_{\text{DC}}+T_{\text{hd}}+T_{\text{HdUncertainty}} \tag{10.17}$$

其中，T_{InMin} 表示输入信号的最小延迟；T_{P2R} 表示输入端口到寄存器的延迟，其他参数的含义同式（10.12）至式（10.14）。

式（10.18）至式（10.20）给出寄存器到输出端口路径保持时间余量的计算方法：

$$t_{\text{HdSlack}}=t_{\text{DA}}-t_{\text{DR}} \tag{10.18}$$

$$t_{\text{DA}}=t_{\text{Launch}}+T_{\text{SC}}+T_{\text{cq}}+T_{\text{R2P}} \tag{10.19}$$

$$t_{\text{DR}}=t_{\text{Latch}}+T_{\text{DC}}-T_{\text{OutMin}} \tag{10.20}$$

其中，T_{R2P} 表示寄存器到输出端口的延迟，T_{OutMin} 表示输出信号的最小延迟，其他参数的含义同式（10.12）至式（10.14）。

10.5　恢复时间检查

异步信号变化的时刻不能介于寄存器数据锁存时钟沿和建立时间窗口之间，否则会导致寄存器的建立时间违规，使寄存器进入亚稳态。从源寄存器的数据发送时钟沿开始，经过一系列传播路径，源寄存器数据输出到达目标寄存器异步引脚的时间也不能太晚，否则会破坏目标寄存器数据锁存时钟沿的建立时间关系。恢复时间检查（Recovery Time Check）用于检查异步信号由有效电平向无效电平转换的时刻，该时刻应在时钟有效沿之前，如果破坏建立时间，会导致寄存器进入亚稳态。在异步信号由无效电平向有效电平转换的时刻，破坏数据的建立时间不会造成亚稳态。

恢复时间指异步信号在时钟有效沿之前保持稳定（不能从有效变成无效）的最短时间间隔，例如，异步清零信号 clear 或异步置位信号 preset 在下一个时钟有效沿之前的一个小的时间间隔内必须保持稳定，不能由有效状态变成无效状态。恢复时间余量的计算类似于建立时间余量的计算，计算对象是异步信号。

如果异步信号经过寄存器同步，则恢复时间余量的计算与寄存器到寄存器路径建立时间余量的计算类似。

式（10.21）至式（10.23）给出异步信号经过寄存器同步情况下恢复时间余量的计算方法：

$$t_{\text{ReSlack}} = t_{\text{DR}} - t_{\text{DA}} \tag{10.21}$$

$$t_{\text{DR}} = t_{\text{Latch}} + T_{\text{DC}} - T_{\text{su}} \tag{10.22}$$

$$t_{\text{DA}} = t_{\text{Launch}} + T_{\text{SC}} + T_{\text{cq}} + T_{\text{R2R}} \tag{10.23}$$

其中，t_{ReSlack} 表示恢复时间余量，t_{DA} 表示数据到达时间，t_{DR} 表示数据需要时间，t_{Latch} 表示目标寄存器数据锁存时钟沿，T_{DC} 表示系统时钟源到目标寄存器时钟端口的延迟，T_{su} 表示源寄存器建立时间，t_{Launch} 表示源时钟数据发送时钟沿，T_{SC} 表示系统时钟源到源寄存器时钟端口的延迟，T_{cq} 表示源寄存器时钟到输出的延迟，T_{R2R} 表示寄存器到寄存器的传播延迟。

如果异步信号没有经过寄存器同步，恢复时间余量计算方法参照式（10.24）至式（10.26）。

$$t_{\text{ReSlack}} = t_{\text{DR}} - t_{\text{DA}} \tag{10.24}$$

$$t_{\text{DR}} = t_{\text{Latch}} + T_{\text{DC}} - T_{\text{su}} \tag{10.25}$$

$$t_{\text{DA}} = t_{\text{Launch}} + T_{\text{SC}} + T_{\text{InMax}} + T_{\text{R2R}} \tag{10.26}$$

其中，T_{InMax} 表示输入信号的最大延迟，其他参数的含义同式（10.21）至式（10.23）。

如果异步复位信号来自器件的输入/输出端口，必须为异步复位信号创建时序约束，Timing Analyzer 才能对相应路径执行正确的恢复时间分析。

10.6　移除时间检查

异步信号变化的时刻不能介于寄存器数据锁存时钟沿和保持时间窗口之间，否则可能导致寄存器的保持时间违规，使寄存器进入亚稳态。从源寄存器的数据发送时钟沿开始，经过一系列传播路径，源寄存器数据输出到达目标寄存器异步引脚的时间不能太早，否则会破坏目标寄存器在上一个数据锁存时钟沿的保持时间关系。移除时间检查用于检查异步信号由有效电平向无效电平转换的时刻，该时刻应在时钟有效沿之后，如果在该时刻违反寄存器保持时间，会导致寄存器进入亚稳态。

移除时间是异步信号在时钟有效沿之后必须保持稳定（不能由有效变成无效）的最短时间间隔。移除时间余量的计算方法与保持时间余量的计算方法类似。

如果异步信号经过寄存器同步，移除时间余量按照式（10.27）至式（10.29）计算。

$$t_{\text{RemovalSlack}} = t_{\text{DA}} - t_{\text{DR}} \tag{10.27}$$

$$t_{\text{DA}} = t_{\text{Launch}} + T_{\text{SC}} + T_{\text{cq}} + T_{\text{R2R}} \tag{10.28}$$

$$t_{\text{DR}} = t_{\text{Latch}} + T_{\text{DC}} + T_{\text{hd}} \tag{10.29}$$

其中，$T_{\text{RemovalSlack}}$ 表示移除时间余量，t_{DA} 表示数据到达时间，t_{DR} 表示数据需要时间，t_{Launch} 表示源寄存器数据发送时钟沿，T_{SC} 表示系统时钟源到源寄存器时钟端口的延迟，T_{cq} 表示源寄存器时钟到输出的延迟，T_{R2R} 表示寄存器到寄存器的传播延迟，t_{Latch} 表示目标寄存器数据锁存时钟沿，T_{DC} 表示系统时钟源到目标寄存器时钟端口的延迟，T_{hd} 表示源寄存器保持时间。

如果异步信号没有经过寄存器同步，移除时间余量按式（10.30）至式（10.32）计算。

$$t_{RemovalSlack}=t_{DA}-t_{DR} \tag{10.30}$$

$$t_{DA}=t_{Launch}+T_{SC}+T_{InMin}+T_{P2R} \tag{10.31}$$

$$t_{DR}=t_{Latch}+T_{DC}+T_{hd} \tag{10.32}$$

其中，T_{InMin} 表示输入信号的最小延迟，T_{P2R} 表示输入端口到寄存器的传播延迟，其他参数的含义同式（10.27）至式（10.29）。

如果异步复位信号来自器件的输入/输出端口，需要指定 Input Minimum Delay 时序约束，Timing Analyzer 才能正确计算路径的移除时间余量。

10.7   多周期路径分析

Timing Analyzer 默认的建立时间和保持时间检查都假设数据从数据发送时钟沿开始发送，在数据锁存时钟沿被捕获。数据发送时钟沿和数据锁存时钟沿是相邻最近的一对时钟沿。多周期路径检查（Multicycle Path Check）仍然采用数据发送时钟沿和数据锁存时钟沿的概念。但是数据发送时钟沿和数据锁存时钟沿不再是相邻的一对时钟沿，而是间隔一定时钟周期的一对时钟沿，间隔的时钟周期数由用户设定。

同步逻辑电路设计一般按照单周期关系考虑数据路径，也可能存在例外情况。例如，有些数据不需要在下一个时钟周期就稳定下来，可能在数据发送的数个时钟周期后才起作用。一些数据传输路径可能非常复杂，导致信号不可能在下一个时钟周期稳定下来，必须要在数据发送数个时钟周期后才被锁存。时序分析工具无法推测这种非常规的设计意图，需要设计人员在时序约束中明确指定。

多周期路径检查用于非默认形式的建立时间或保持时间检查。例如，某寄存器每隔 2 个或 3 个时钟周期才捕获一次数据。图 10.8 给出一个多周期路径检查实例，乘法器的输入寄存器和输出寄存器之间是一条多周期路径，目标寄存器每隔一个时钟周期（也就是每两个时钟周期）捕获数据。

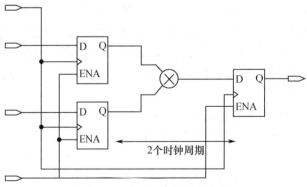

图 10.8   多周期路径检查实例

Timing Analyzer 分析的建立时间和保持时间关系默认方式如图 10.9 所示。源寄存器和目标寄存器的时钟信号分别为 src_clk 和 dst_clk，周期分别为 10ns 和 5ns，建立时间关系分析 dst_clk 时钟 5ns 时刻的有效沿，保持时间关系分析 dst_clk 时钟 0ns 时刻的有效沿。通过指定寄存器到寄存器路径的多周期时序约束，修改默认的建立时间和保持时间关系。

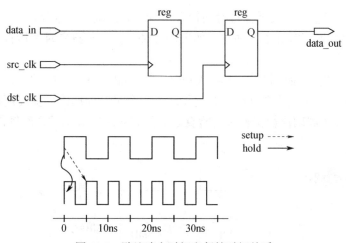

图 10.9　默认建立时间和保持时间关系

图 10.10 所示为多周期路径检查的原理及时序图，由于组合逻辑延迟时间较长，延迟不止一个时钟周期，将该路径指定为多周期路径，否则默认情况下都作为单周期路径处理。为了能够在第二个数据锁存时钟沿捕获数据，设置多周期路径为 2 个时钟周期，数据锁存时钟沿在 10ns，而非默认的 5ns，如图 10.11 所示。数据发送时钟沿和数据锁存时钟沿间隔的时钟周期数决定多周期路径的建立时间关系。

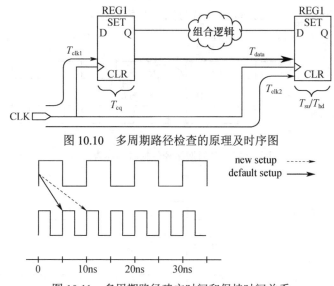

图 10.10　多周期路径检查的原理及时序图

图 10.11　多周期路径建立时间和保持时间关系

默认情况下，Timing Analyzer 执行单周期路径分析，建立时间关系和保持时间关系都是一个时钟周期（数据发送时钟沿和数据锁存时钟沿）。分析时序路径时，Timing Analyzer 执行两个保持时间检查：第一个检查当前数据发送时钟沿发送的数据不会被前一个数据锁存时钟沿捕获；第二个检查下一个数据发送时钟沿发送的数据不会被当前数据锁存时钟沿捕获。Timing Analyzer 报告最严保持时间检查结果。

Timing Analyzer 执行如下两个计算实现保持时间检查：

$$T_{\text{hd\_slack1}} = t_{\text{Launch\_cur}} - t_{\text{Latch\_pre}} \tag{10.33}$$

$$T_{\text{hd\_slack2}} = t_{\text{Launch\_next}} - t_{\text{Latch\_cur}} \tag{10.34}$$

其中，$T_{\text{hd\_slack1}}$ 表示保持时间检查 1 余量，$t_{\text{Launch\_cur}}$ 表示当前数据发送时钟沿，$t_{\text{Latch\_pre}}$ 表示前一

个数据锁存时钟沿，T_{hd_slack2} 表示保持时间检查 2 余量，t_{Launch_next} 表示下一个数据发送时钟沿，t_{Latch_cur} 表示当前数据锁存时钟沿。注意：如果保持时间检查与建立时间检查重叠，保持时间检查被忽略。

多周期路径保持时间检查起点（Start Multicycle Hold，SMH）的设置方法：以当前数据发送时钟沿为参考点，将数据发送时钟向右侧移动若干个时钟周期作为多周期路径保持时间检查起点。图 10.12 给出多周期路径保持时间检查起点及其对应的数据发送时钟沿。

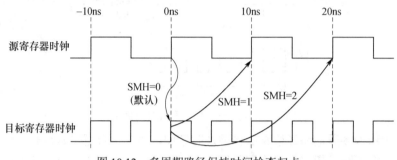

图 10.12　多周期路径保持时间检查起点

多周期路径保持时间终点（End Multicycle Hold，EMH）以目标寄存器时钟信号当前数据锁存时钟沿为参考，将数据锁存时钟沿向左移动若干个周期。图 10.13 给出默认情况（EMH=0）下保持时间检查终点及 EMH=1，EMH=2 情况下的保持时间检查终点。图 10.14 给出多周期路径保持时间关系，Timing Analyzer 报告保持时间关系为负值。

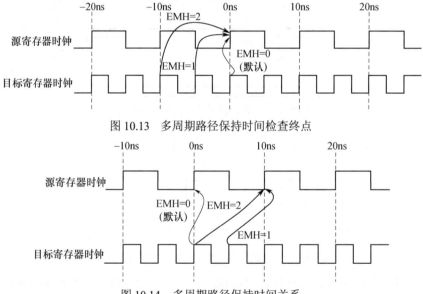

图 10.13　多周期路径保持时间检查终点

图 10.14　多周期路径保持时间关系

建立时间关系定义为数据锁存时钟沿和数据发送时钟沿之间的时钟周期数。默认情况下，Timing Analyzer 执行单周期路径分析。多周期建立时间检查设置时，调整建立时间关系，方法是重新设置多周期建立时间间隔值，调整数值可能是负值。

设定多周期建立时间关系终点（End Multicycle Setup，EMS）需要调整数据锁存时钟沿，以默认的数据锁存时钟沿为参考点，向右移动指定数目的时钟周期。设置不同的 EMS，将导致不同的数据锁存时钟沿。图 10.15 示出不同 EMS 情况下多周期建立时间关系终点及其对应的数据锁存时钟沿。设定多周期路径建立时间关系起点（Start Multicycle Setup，SMS）需要调整源寄存器时钟的数据发送时钟沿，以默认的数据发送时钟沿为参考点，向左右移动指定数目的时钟周期。不同的 SMS 将导致不同的数据发送时钟沿。图 10.16 示出不同 SMS 情况下多周期建立时间关系起点及其对应的数据发送时钟沿。图 10.17 给出 Timing Analyzer 识别的多周期建立时间关系。关于时序分析的详细内容，读者请参考文献[3]。

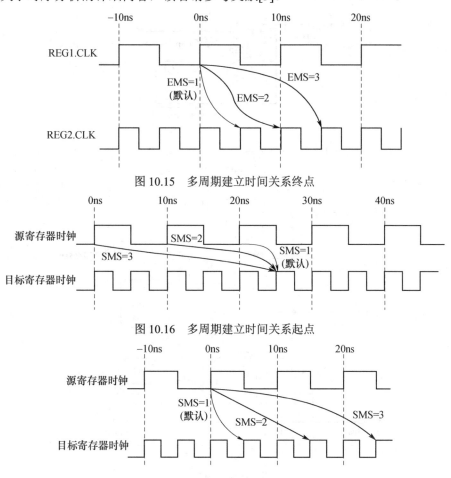

图 10.15　多周期建立时间关系终点

图 10.16　多周期建立时间关系起点

图 10.17　Timing Analyzer 识别的多周期建立时间关系

10.8　思　考　题

1．试述多周期路径分析的作用及方法。
2．总结 Timing Analyzer 支持的时序检查类型。
3．总结时序分析的作用。
4．总结时序分析的路径类型及延迟计算方法。

10.9　实　践　练　习

1．考虑简单设计实例图 10.1。
（1）给出电路的 Verilog HDL 描述，建立工程并编译，查看时序分析报告。
（2）设置时钟信号约束的周期为 10ns，重新编译工程并查看时序分析报告。

2. 电路如图 10.18 所示。

（1）识别电路的各种类型路径，计算路径延迟，确定电路的最高工作频率。

（2）加入输入寄存器，计算各种类型路径的延迟，确定电路的最高工作频率。

（3）加入输出寄存器，识别各种类型路径的延迟并计算，确定电路的最高工作频率。

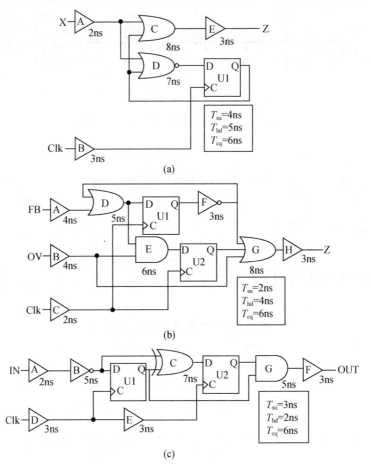

图 10.18　题 2 图

第 11 章　DDS 信号发生器

本章介绍直接数字合成器（Direct Digital Synthesizer，DDS）的基本工作原理，采用片上 ROM 实现正弦数据表并采用查表法设计一个 DDS 正弦信号发生器，目的在于帮助读者掌握 DDS 工作原理，了解波形产生电路的工作原理及应用，并且能够基于查表法设计波形产生电路。

11.1　呼吸灯设计

呼吸灯采用脉宽调制技术（Pulse Width Modulation，PWM），通过调整输出信号占空比的方式控制 LED 亮度的变化。PWM 是一种非常有效的对模拟电路进行控制的数字技术，广泛应用于测量、通信、功率控制等领域。采用固定周期的计数器产生 PWM 信号，如果占空比为 0，则 LED 不亮；如果占空比为 100%，则 LED 最亮。将占空比从 0 到 100%，再从 100% 到 0 不断变化，可以实现 LED 的"呼吸"效果。

11.1.1　设计思路

本设计要求产生一路占空比连续变化的 PWM 信号驱动 LED，实现对 LED 亮度的连续调整，呼吸灯的时序如图 11.1 所示。clk 表示系统输入时钟源信号，clkout 为输出 PWM 信号，clkout 信号周期称为 PWM 周期，图 11.1 中 PWM 周期等于 4 个系统时钟源信号周期。第 1 个 PWM 周期输出信号输出 0 个 clk 周期高电平、4 个 clk 周期低电平，占空比为 0/4；第 2 个 PWM 周期输出信号输出 1 个 clk 周期高电平、3 个 clk 周期低电平，占空比为 1/4；第 3 个 PWM 周期输出信号输出 2 个 clk 周期高电平、2 个 clk 周期低电平，占空比为 2/4；第 4 个 PWM 周期输出信号输出 3 个 clk 周期高电平、1 个 clk 周期低电平，占空比为 3/4；第 5 个 PWM 周期输出信号输出 4 个 clk 周期高电平、0 个 clk 周期低电平，占空比为 4/4。

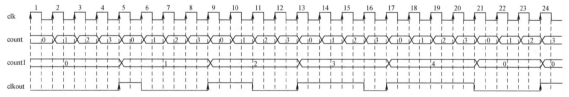

图 11.1　呼吸灯的时序

为实现输出信号占空比的连续可调，需要两个计数器 count 和 count1，两个计数器都采用 clk 为时钟信号进行计数，计数器 count1 按照 PWM 周期计数。当计数器 count1 的计数值大于计数器 count 的计数值时，clkout 输出高电平，否则输出低电平。注意：为了将高频率时钟信号降低到较低频率，可能需要 1 个计数器实现分频。

两个计数器的计数上限取得越大，占空比调整增量越小，越接近连续可调。根据输入时钟信号的频率，合理设置计数器的计数上限，输出信号能够调整 LED 的亮度。

11.1.2 设计实现

采用 DE2-115 开发板实现呼吸灯电路时，考虑板载时钟源为 50MHz，需要额外增加 1 个计数器实现时钟信号分频。呼吸灯电路实现框图如图 11.2 所示。设计使用 3 个计数器，计数器 count0_reg 用来实现分频，系统提供 50MHz 时钟，计数器计数 50 次，产生一个 1MHz 的使能信号（en1），作为计数器 count1_reg 的使能信号。计数器 count1_reg 是一个模 1000 计数器，周期为 T，计数模式从 0 开始加法计数，增加到 1000，然后从 1000 减法计数，减少到 0，计数器 count1_reg 的计数值与计数器 count2_reg 的计数值进行比较，实现调制占空比的目的，从上述设计过程可以看出，该计数器可以采用一个双向计数器，计数周期为 1000，成为 PWM 周期。计数器 count2_reg 也是一个模 1000 的计数器，其使能信号由计数器 count1_reg 产生。呼吸灯的 Verilog HDL 描述如 Listing11.1。

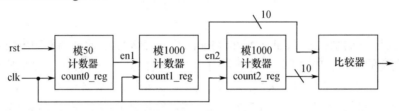

图 11.2　呼吸灯电路实现框图

Listing11.1　呼吸灯的 Verilog HDL 描述

```
module led#(parameter W = 10)(
    input wire clk,
    input wire reset_n,
    output wire [17:0]led
);
    localparam N = 50;
    localparam TOP = 1024;

    reg  [5:0] count0_reg;
    wire [5:0] count0_next;
    reg  [W-1:0] count1_reg, count1_next;
    reg  [W-1:0] count2_reg, count2_next;
    wire en1, en2;
    reg flag_reg, flag_next;

    always@(posedge clk, negedge reset_n) begin
        if(~reset_n) begin
            count0_reg <= 0;
            count1_reg <= 0;
            count2_reg <= 0;
            flag_reg   <= 0;
        end
        else begin
            count0_reg <= count0_next;
            count1_reg <= count1_next;
            count2_reg <= count2_next;
            flag_reg   <= flag_next;
```

```verilog
                end
        end

assign count0_next = (count0_reg > N) ? 0 : count0_reg + 1'b1;
assign en1 = (count0_reg==(N-1));

always@(*)begin
        count1_next = count1_reg;
        if(en1) begin
                if(count1_reg==TOP-1) begin
                        count1_next = 0;
                end
                else begin
                        count1_next = count1_reg + 1'b1;
                end
        end
end
/* enable signal */
assign en2 = (count1_reg == TOP-1)&&en1;
always@(*) begin
        flag_next = flag_reg;
        if(en2) begin
                if((count2_reg==TOP-1)&&(~flag_reg)) begin
                        flag_next = 1'b1;
                end
                else if((count2_reg==1'b1)&&(flag_reg)) begin
                        flag_next = 1'b0;
                end
        end
end

always@(*) begin
        count2_next = count2_reg;
        if(en2) begin
                if(~flag_reg) begin
                        if(count2_reg==TOP-1) begin
                                count2_next = count2_reg -1'b1;
                        end
                        else begin
                                count2_next = count2_reg + 1'b1;
                        end
                end
                else begin
                        if(count2_reg==0) begin
                                count2_next = count2_reg + 1'b1;
                        end
                        else begin
                                count2_next = count2_reg -1'b1;
                        end
```

```
                end
            end
        end
        /* output */
        assign led = (count1_reg>count2_reg) ? 18'h0 : 18'h3ffff;
endmodule
```

11.2 ROM 表正弦信号发生电路

如果希望按照正弦信号变化规律调整输出信号的占空比并输出正弦信号，可考虑采用片上 ROM（On-chip ROM）存储正弦信号数据（数字化正弦信号值依次存储于 ROM 中），每个 PWM 周期从 ROM 读出信号值。计数器的计数值与读出值进行比较，可获得按照正弦规律变化的信号。计数器采用双向计数器，以得到对称结构的 PWM 信号。双向计数器输出使能信号，用于更新 ROM 地址，读出下一个正弦信号值。

ROM 表正弦信号发生电路的 Verilog HDL 描述参考 Listing11.2。

Listing11.2　ROM 表正弦信号发生电路的 Verilog HDL 描述

```
/* DutySin.v */
define DEADTIME 10
module DutySin#(
    parameter N=8
)(
    input wire clk, rst,
    output wire cma, cmb
);

    reg   [N-1:0] addr_reg, addr_next;
    wire  [N-1:0] DutyCycle;
    wire  [N-1:0]counter;

    reg cma_next, cma_reg;
    reg cmb_next, cmb_reg;
    wire en;
    reg duty_reg;
    always@(posedge clk, posedge rst)begin
        if(rst)begin
            cma_reg    <= 1'b0;
            cmb_reg    <= 1'b1;
            duty_reg   <= 10;
        end
        else begin
            cma_reg <= cma_next;
            cmb_reg <= cmb_next;
            duty_reg <= DutyCycle;
        end
    end
    always@(*) begin
        if(counter>=DutyCycle)
            cma_next = 1'b1;
```

```verilog
                else
                        cma_next = 1'b0;
        end
        always@(*) begin
                if(counter>=(duty_reg+DEADTIME))
                        cmb_next = 1'b0;
                else
                        cmb_next = 1'b1;
        end
        /* Address Register */
        always@(posedge clk, posedge rst) begin
                if(rst) begin
                        addr_reg <= 0;
                end
                else begin
                        addr_reg <= addr_next;
                end
        end
        /* Next-state logic for Address Register */
        always@(*) begin
                if(en) begin
                        if(addr_reg==2*N-1)
                                addr_next = 0;
                        else
                                addr_next = addr_reg + 1'b1;
                end
                else begin
                        addr_next = addr_reg;
                end
        end
        /* On-chip ROM */
        usin usin_inst (
                .address (addr_reg),
                .clock (clk),
                .q (DutyCycle));
        /* inst of the bidircounter */
        counter_bidir (.N(8)) U0(
                        .clk(clk),
                        .rst(rst),
                        .en(1'b1),
                        .flag(),
                        .counter(counter),
                        .MaxTick(),
                        .MinTick(en));

        /* output signals */
        assign cma = cma_reg;
        assign cmb = cmb_reg;
endmodule
```

```verilog
/* bi-direction counter */
module BiDirCounter #(
    parameter N = 8
)(
    input   wire iClk,
    input   wire iRst_n,
    input   wire iEn,

    output wire            oDirFlag,
    output wire [N-1:0]    oCount,
    output wire            oMaxTick,
    output wire            oMinTick,
    output wire            oValid
);
    reg    [N-1:0]    CounterReg, CounterNext;
    reg               DirFlagReg, DirFlagNext;
    reg               ValidReg, ValidNext;

    always@(posedge iClk, negedge iRst_n) begin
        if(~iRst_n) begin
            CounterReg <= 0;
            DirFlagReg <= 0;
            ValidReg   <= 0;

        end
        else begin
            CounterReg <= CounterNext;
            DirFlagReg <= DirFlagNext;
            ValidReg   <= ValidNext;
        end
    end
    /* Next state logic of DirFlagReg */
    always@(*) begin
        if(iEn) begin
            if((CounterReg==2**N-2)&&(~DirFlagReg)) begin
                DirFlagNext = 1'b1;
            end
            else if((CounterReg==1'b1)&&(DirFlagReg)) begin
                DirFlagNext = 1'b0;
            end
            else begin
                DirFlagNext = DirFlagReg;
            end
        end
        else begin
            DirFlagNext = 0;
        end
    end
    /* Next state of CounterReg */
```

```verilog
always@(*) begin
    if(iEn) begin
        if(~DirFlagReg) begin
            if(CounterReg==2**N-1) begin
                CounterNext = CounterReg - 1'b1;
            end
            else begin
                CounterNext = CounterReg + 1'b1;
            end
        end
        else begin
            if(CounterReg==0) begin
                CounterNext = CounterReg + 1'b1;
            end
            else begin
                CounterNext = CounterReg - 1'b1;
            end
        end
    end // if(iEn)
    else begin
        CounterNext = {N{1'b0}};
    end
end
//Next state of ValidReg
always@(*) begin
    if(iEn) begin
        ValidNext = 1'b1;
    end
    else begin
        ValidNext = 1'b0;
    end
end
/*   Output Signals */
assign oDirFlag  = DirFlagReg;
assign oCount    = CounterReg;

assign oMaxTick = (ValidReg&&CounterReg==2**N-1);
assign oMinTick = (ValidReg&&CounterReg==0);

assign oValid    = ValidReg;
endmodule
```

本例中 ROM 采用 11 位地址线，寻址范围为 $0 \sim 2^{11}-1$，数据位宽为 10 位。对正弦信号采样 2048 点，每点采用 10 位数字信号进行量化。Listing11.3 给出产生.mif 文件的 MATLAB 代码，文件名为 sin.mif。利用 Quartus Prime 的 MegaWizard Plug-In Manager 工具设置 ROM 参数时，通过文件 sin.mif 初始化片上 ROM。

Listing11.3　产生.mif 文件的 MATLAB 代码

```matlab
clear;
clc;
```

```
WIDTH = 10;
DEPTH = 2048;

file_handle = fopen('sin.mif','w+');
fprintf(file_handle,'--Created by Author WJM--\r\n');
fprintf(file_handle,'WIDTH = %d;\r\n',WIDTH);
fprintf(file_handle,'DEPTH = %d;\r\n',DEPTH);
fprintf(file_handle,'ADDRESS_RADIX = HEX;\r\n');
fprintf(file_handle,'DATA_RADIX = HEX;\r\n');
fprintf(file_handle,'CONTENT BEGIN\r\n');

for i = 0 : DEPTH-1
    fprintf(file_handle,'%4x:%4x;    \r\n',i,floor((0.5+0.5*sin(2*pi*i/DEPTH) ) *(2^WIDTH - 1)));
end
fprintf(file_handle,'END;\r\n');
fclose(file_handle);
```

片上 ROM 采用 Quartus Prime 提供的 IP 核，通过实例化单端口 ROM:1-PORT 实现，具体步骤如下：

（1）新建工程 DutySin，将 DutySin.v 加入工程。

（2）在 Quartus Prime 主窗口，选择右侧的 IP Catalog 面板，选择 Library→Basic Functions→On Chip Memory→ROM:1-PORT 选项，如图 11.3 所示。

双击 ROM:1-PORT 选项，弹出 Save IP Variation 对话框，勾选 Verilog HDL 选项，设置保存文件名 usin.v，单击 OK 按钮，弹出 MegaWizard Plug-In Manager[page 1 of 5]对话框，对 ROM:1-PORT 参数进行设置。设置数据端口位宽：10，寻址范围：2048 字，如图 11.4 所示，单击 Next 按钮。

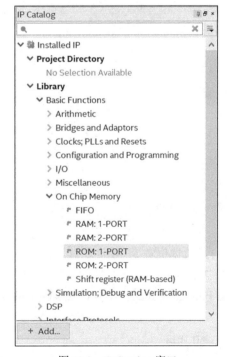

图 11.3　IP Catalog 窗口

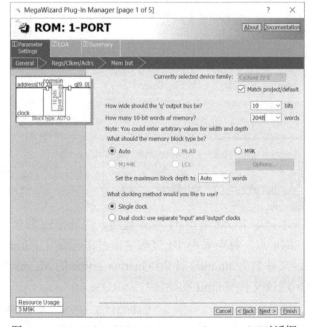

图 11.4　MegaWizard Plug-In Manager [page 1 of 5]对话框

弹出 MegaWizard Plug-In Manager[page 2 of 5]对话框，设置输入和输出是否需要寄存，以及是否需要时钟使能信号、异步清零信号及读使能信号。本例采用默认设置，单击 Next 按钮。

弹出 MegaWizard Plug-In Manager[page 3 of 5]对话框，选择 sin.mif 文件作为 ROM 初始化文件，如图 11.5 所示，单击 Next 按钮。

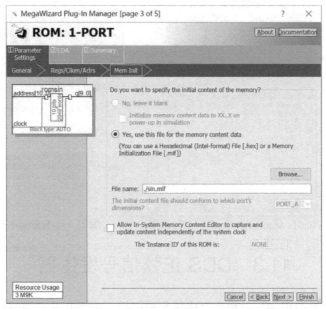

图 11.5 MegaWizard Plug-In Manager [page 3 of 5]对话框

弹出 MegaWizard Plug-In Manager[page 4 of 5]对话框，勾选 Generate netlist 选项，产生时序网表，如图 11.6 所示。网表包含后续仿真需要的时序信息，单击 Next 按钮。

图 11.6 MegaWizard Plug-In Manager[page 4 of 5]对话框

弹出 MegaWizard Plug-In Manager[page 5 of 5]对话框，总结 ROM 模块参数设置，运行选择产生的文件类型，如图 11.7 所示，单击 Next 按钮。

弹出 Quartus Prime IP Files 对话框，提示将产生的 IP 核文件添加到工程，如图 11.8 所示，单击 Yes 按钮。新建的 IP 核文件会加入工程中，通过实例化方式可以使用。

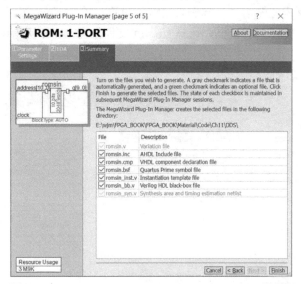

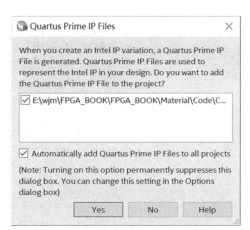

图 11.7 MegaWizard Plug-In Manager[page 5 of 5]对话框　　图 11.8 Quartus Prime IP Files 对话框

11.3　DDS 正弦信号发生器

直接数字合成器最初作为一种频率合成技术被提出，由于其具有控制简单、相位连续、输出频率稳定度高等优点，被广泛应用于任意波形发生器（Arbitrary Waveform Generator，AWG）。DDS 任意波形发生器采用高速存储器作为查找表（Look Up Table，LUT），通过高速数模转换器（Digital Analog Converter，DAC）产生任意信号。DDS 任意波形发生器不仅能产生正弦波、余弦波、方波、三角波和锯齿波等常见波形，还可以利用各种编辑手段产生传统信号发生器所不能产生的任意波形信号。

11.3.1　工作原理

DDS 任意波形发生器的基本结构如图 11.9 所示，由相位累加器、ROM 正弦查找表、DAC和低通滤波器等构成。

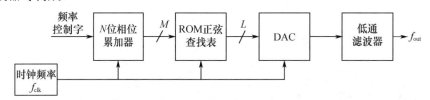

图 11.9　DDS 任意波形发生器的基本结构

在时钟频率 f_{clk} 的控制下，相位累加器对频率控制字 FWord（取值为 K）进行累加，得到相应的相位，依据相位产生 ROM 的读/写地址，实现相位-幅值转换，信号幅值经过 DAC 得到阶梯波，最后低通滤波器对阶梯波进行平滑处理，得到由频率控制字 FWord 决定的频率可调的正弦信号。ROM 正弦查找表通常由高速存储器实现，存储的信号幅值与正弦信号有关。正弦信号在一个周期内相位与幅值的变化关系采用相位圆描述，如图 11.10 所示。相位圆上每一个点对应一个特定的幅值。N 位相位累加器对应相位圆上 2^N 个相位点，相位分辨率为 $2\pi/2^N$。例如，若 $N=32$，共有 2^{32} 种相位值与 2^{32} 种幅值相对应，相位分辨率为 $2\pi/2^{32}$。相位对应的幅值存储于

ROM 中，存储器深度（存储器的寻址范围）决定了相位的量化误差，量化比特数（ROM 存储数据的位宽）决定了幅值的量化误差。

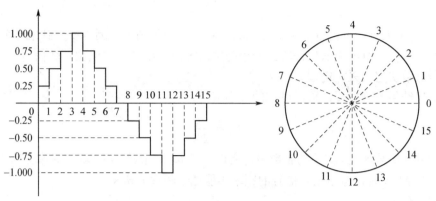

图 11.10 正弦信号相位与幅值的变化关系

频率控制字 FWord 表示相位增量，相位累加器以 FWord 为步长线性累加，相位累加器的累加结果超过最大值时产生溢出，完成一个累加周期，即 DDS 任意波形发生器输出信号周期。通常情况下，N 位相位累加器的最小值为 0，最大值为 2^N-1。输出正弦信号的频率为

$$f_{out} = K \cdot \frac{f_{clk}}{2^N}$$

注意：K 表示频率控制字 FWord 的取值。频率分辨率的大小为

$$f_{out} = \frac{f_{clk}}{2^N}$$

频率分辨率表示频率变化的最小单位，DDS 任意信号发生器输出信号的频率是频率分辨率的整数倍。在实际应用中，根据实际需要计算出的 K 不一定为整数，不可避免地存在频率误差。如果舍去 K 的小数部分，输出信号的频率误差不超过频率分辨率；如果将 K 的小数部分四舍五入，则频率误差不超过 0.5 倍的频率分辨率。

N 位相位累加器支持 2^N 个相位，如果一一对应，意味着需要深度为 2^N 的 ROM 来存储正弦值。存储 2^N 个数据需要 N 根地址线（N 的典型取值为 24～32），对存储容量要求过高。在实际应用中，ROM 正弦查找表往往使用相位累加值的高 $M(M < N)$ 位，下面对上述过程进行详细分析。

（1）$N = M$

如果选择 $N = M$，相位累加器的每个时钟周期都执行累加操作，ROM 地址（相位）值会不断增加，如果 ROM 中所有数据都输出一次，对应 $K=1$，输出信号的周期 T_{out} 为

$$T_{out} = \frac{1}{f_{clk}} \cdot 2^N$$

对应的输出频率为

$$f_{out} = \frac{f_{clk}}{2^N}$$

此频率为 DDS 任意波形发生器能够输出的最低频率。如果让 ROM 每间隔一个数据输出一次，也就是 ROM 中只有一半数据输出，即 $K=2$，则相位累加器每次累加的值为 2。当相位累加器溢出时，ROM 中的数据也会完成一次输出，此时输出信号的周期为

$$T_{out} = \frac{1}{f_{clk}} \cdot 2^{N-1}$$

此时输出信号的频率为

$$f_{\text{out}} = 2 \times \frac{f_{\text{clk}}}{2^N}$$

当 K 变得更大时，分析方法类似。当然，K 不能无限制大，因为要受到采样个数的限制，当采样率非常低时，可能无法保证输出一个完整的波形。K 的最大值由正弦信号一个周期输出的最小采样点数决定（采样定理）。

分析上述结果不难发现，输出频率的最小值为

$$f_{\text{out}} = \frac{f_{\text{clk}}}{2^N}$$

而且输出的频率值只能是 $f_{\text{clk}}/2^N$ 的整数倍。所以，称 $f_{\text{out}}=f_{\text{clk}}/2^N$ 为 DDS 的频率分辨率。

注意：当 $M=N$ 时，输出正弦信号的频率不能低于频率分辨率。

（2）$N>M$

在实际应用中，通常设计 ROM 的深度 M 小于位宽 N，按照上面的分析，频率分辨率等于

$$f_{\text{out}} = \frac{f_{\text{clk}}}{2^M}$$

通过设置 K，不是每个时钟周期 $1/f_{\text{clk}}$ 都从 ROM 正弦查找表中取数值，而是多个时钟取一个值，这样能保证相位累加器溢出时，ROM 正弦查找表正好取出一个周期的采样点。

为了简化分析过程，假设 $N=32$，$M=11$，相位累加器的高 11 位作为 ROM 地址线。在这种情况下，如果 K=21'h100000，相位累加器的每个时钟周期 $1/f_{\text{clk}}$ 累加 21'h100000，相当于 ROM 地址加 1，即 ROM 地址在每个 $1/f_{\text{clk}}$ 时钟周期加 1，2^M 个 $1/f_{\text{clk}}$ 时钟周期完成数据输出，输出信号的频率为

$$f_{\text{out}} = \frac{f_{\text{clk}}}{2^M}$$

当 K=22'h200000 时，ROM 地址在每个 $1/f_{\text{clk}}$ 时钟周期加 2，需要 $\frac{2^M}{2}$ 个 $1/f_{\text{clk}}$ 时钟周期完成数据输出，输出信号的频率为

$$f_{\text{out}} = 2 \times \frac{f_{\text{clk}}}{2^M}$$

如果 K 继续增大，分析方法一致。注意：K 并不连续取值。

接下来，讨论当 K 连续变化时会发生什么情况？

K 是相位累计器每次累加的值，要得到这个系统的基频，则需要每个时钟沿都对 ROM 的地址加 1，即 32 位相位累加器的第 21 位加 1，则输入的 K=21'h100000，基频为

$$\frac{50\text{MHz}}{2048} = \frac{50\text{MHz}}{2^{11}} = 24414\text{Hz}$$

式中，2048 表示 ROM 的深度，等于 $2^{32}/K$。输出频率可以表示为

$$f_{\text{out}} = K \cdot \frac{50\text{MHz}}{2^{32}}$$

假设系统频率为 f_{clk}，相位累加器的位宽为 N，则

$$f_{\text{out}} = K \cdot \frac{f_{\text{clk}}}{2^N}$$

连续调整 K，可实现调节输出正弦波频率的目的。

11.3.2 性能参数

事实上，DDS 任意波形发生器可以理解为模拟信号转化成数字信号的逆过程，即是将单频正弦模拟信号采样、量化的逆过程。单频正弦模拟信号的频率对应于 DDS 任意波形发生器的输出信号频率，采样频率对应于 DDS 任意波形发生器的时钟频率 f_{clk}，量化比特数对应于 DDS 任意波形发生器的数模转换比特数。如果要求 DDS 任意波形发生器的输出频率范围为 $f_{min} \sim f_{max}$，则 f_{clk} 应大于 $2f_{max}$，这是由奈奎斯特（Nyquist）采样定理决定的。为了使输出波形更好，同时减少对低通滤波器的参数要求，一般要求 f_{clk} 至少取 $4f_{max}$ 以上。DDS 任意波形发生器中的 DAC 的转换时间应小于 $1/f_{clk}$，数模转换比特数越大，则波形失真及量化误差越小。但受价格等因素的限制，只能取一个适当的值。f_{min} 是 DDS 任意波形发生器的频率分辨率或输出的最小频率。当要求的最小输出频率大于要求的频率分辨率时，f_{min} 应取要求的频率分辨率，同时可计算出相位累加器的位宽 N 为

$$f_{min} = \frac{f_{clk}}{2^N}$$

一般情况下，N 选得大一些对数字电路是比较容易的，所以 DDS 任意波形发生器可以很容易实现高频率分辨率、大频率变化比（最大输出频率与最小输出频率之比）的信号。另外，如果 N 比较大，一个周期内时间轴被分为 2^N 个点，ROM 正弦查找表中是否必须存储 2^N 个点的数据呢？答案是否定的。这是因为 DDS 任意波形发生器的数模转换比特数是有限的，一般不太大，特别对于高速 DAC，高数模转换比特数没有太大必要。这样，ROM 正弦查找表中如果存储非常多的点，则很多相邻点存储的是同样的幅值。

11.3.3 设计实现

本节设计一个功能完整的 DDS 正弦信号发生器，电路的输入、输出信号见表 11.1。DDS 正弦信号发生器的具体功能描述如下：

表 11.1　输入、输出信号

信号	方向	位宽	功能描述
iEn	输入	1	使能信号，高电平有效
iPword	输入	32	初相位控制字
iFword	输入	32	频率控制字
oData	输出	32	正弦输出信号
oValid	输出	1	正弦输出信号有效指示

① 在使能信号 iEn 控制下，系统开始或停止工作，使能信号高电平有效。

② iFword 和 iPword 可以随时改变，但不会影响输出信号。使能信号上升沿时刻的 iFword 和 iPword，才会影响输出信号。也就是说，每次改变输出信号的频率或相位时，先给出 iFword 和 iPword 值，然后给出 iEn 的上升沿，并一直保持 iEn 为高电平。如果禁止输出信号，则 iEn 保持低电平。

③ 每次改变 iFword 和 iPword，需要拉低 iEn 信号，拉低时间需要超过 1 个时钟周期。Listing11.4 给出 DDS 正弦信号发生器的 Verilog HDL 描述。

Listing11.4　DDS 正弦信号发生器的 Verilog HDL 描述

```
module DDS#(
    parameter N = 32,    // Accumulater width
```

```verilog
                    M = 11,  // ROM address width
                    W = 10   // ROM width
)(
    //control signals
    input wire [N-1:0]iFword, //Frequency control word
    input wire [N-1:0]iPword, //Phase control word
    //
    input wire iClk, iRst_n,
    input wire iEn,                //Enable Signal
    //
    output wire [W-1:0]oData,
    output wire oValid
);
    reg   [N-1:0]FwordReg;
    wire  [N-1:0]FwordNext;

    reg   [N-1:0]PwordReg;
    wire  [N-1:0]PwordNext;

    reg   [N-1:0]AccReg;
    reg   [N-1:0]AccNext;

    reg   ValidReg;
    reg   ValidNext;

    //ROM address signals
    wire [M-1:0] RomAddr;
    always@(posedge iClk, negedge iRst_n) begin
        if(!iRst_n) begin
            AccReg    <= 0;
            PwordReg  <= 0;
            FwordReg  <= 0;
            ValidReg  <= 0;
        end
        else begin
            PwordReg <= PwordNext;
            FwordReg <= FwordNext;
            AccReg    <= AccNext;
            ValidReg  <= ValidNext;
        end
    end
    // Next state logic
    // iEn also acts as Enable of PwordReg and FwordReg
    assign PwordNext   = (~iEn) ? iPword: PwordReg;
    assign FwordNext   = (~iEn) ? iFword: FwordReg;

    always@(*) begin
        if(iEn) begin //En is high level
            if(AccReg > 2^N-1) begin
```

```
                    AccNext = PwordReg;
                end
                AccNext = AccReg + FwordReg;
                ValidNext = 1'b1;
            end
            else begin
                AccNext = iPword;
                ValidNext = 0;
            end
        end
        //
        assign RomAddr = AccReg[N-1:N-M];
        // ROM table
        SinRom SinRomU1(
        .address(RomAddr),
        .clock(iClk),
        .q(oData));
        //
        assign oValid = ValidReg;
endmodule
```

设计使用片上 ROM 实现 ROM 正弦查找表,保存正弦信号数据,每个时钟周期从片上 ROM 中读取一个数据并输出。相位累加器在每个时钟周期累加 iFword 作为片上 ROM 的读/写地址,输入信号 iFword 实现对片上 ROM 读/写地址的控制,进而实现对输出正弦信号频率的控制。设计中输入信号 iFword 并不对应某个具体频率,需要根据所需输出的频率值计算对应的 iFword。模块 SinRom 是一个片上 ROM,用于存储正弦信号数据。

Listing11.5 给出 Listing11.4 对应的 Testbench 模块。设定相位累加器的位宽 N=32,M=11,W=10。仿真时,要注意 iFword 的选取方法,iFword 取为 32'h200000 时,相当于每个时钟周期 ROM 地址加 2,输出频率等于

$$f_{out} = 2 \times \frac{f_{clk}}{2^M}$$

Listing11.5　DDS 正弦信号发生器的 Testbench 模块

```
module DDSTb();
    reg [N-1:0]iPword;
    reg [N-1:0]iFword;
    //
    reg iClk, iRst_n;
    reg iEn;
    wire [W-1:0]oData;
    wire oValid;
    //
    initial begin
        iClk   = 1'b0;
        iRst_n = 1'b0;
        iEn    = 1'b0;
        #2
        iRst_n = 1'b1;
        #14
```

```
            iEn       = 1'b1;
            #40960
            iEn = 1'b0;
            #17
            iEn = 1'b1;
    end
    //Clock Period = 10
    always #5 iClk = ~iClk;
    initial begin
            iPword = 32'h0;
            iFword = 32'h0;
            #2
            iPword = 32'h20000000;
            iFword = 32'h200000;
            #2048
            iPword = 32'h00000000;
            iFword = 32'h400000;
    end
    initial begin
            #122880 $stop();
    end
    // Inst of UUT
    DDS #(
            .N(32),    // Accumulater width
            .M(11),    // ROM address width
            .W(10)     // ROM width
            )dds_u1(
            //control signals
            .iPword(iPword),
            .iFword(iFword),
            //
            .iClk(iClk),
            .iRst_n(iRst_n),
            .iEn(iEn),
            //
            .oData(oData),
            .oValid(oValid));
endmodule
```

11.4 思 考 题

1. 试述 DDS 任意波形发生器工作的基本原理。

2. 总结采用表格法产生正弦信号的具体过程。

3. 总结采用表格法产生正弦信号时数据位宽和数据量与 ROM 参数的关系。

4. 按照 DDS 任意波形发生器的原理，考虑如何实现三角波、锯齿波、梯形波信号发生器。
提示：考虑控制信号的相位和频率。

11.5 实 践 练 习

1. 设计三角波信号发生器（基于片上 ROM 实现），接口如下：

```
module TriangleGen#(
    parameter  N = 32,    /* Accumulater width */
               M = 11,    /* ROM address width */
               W = 10     /* ROM width          */
)(
    //control signals
    input wire [N-1:0]iFword, //Frequency control word
    input wire [N-1:0]iPword, //Phase control word
    //
    input wire iClk, iRst_n,
    input wire iEn,              //Enable signal
    //
    output wire [W-1:0]oData,
    output wire oValid
);

//Add your code here

endmodule
```

2. 设计三角波信号发生器（不使用片上 ROM），接口如下：

```
module TriangleGen#(
    parameter N = 32    /* Accumulater width */
)(
    //control signals
    input wire [N-1:0]iFword, //Frequency control word
    input wire [N-1:0]iPword, //Phase control word
    //
    input wire iClk, iRst_n,
    input wire iEn,              //Enable signal
    //
    output wire [W-1:0]oData,
    output wire oValid
);

/* Add your code here */

endmodule
```

第12章　有符号数加法器和乘法器

本章讨论运算电路，包括定点数、浮点数、有符号数及无符号数加法和乘法电路的工作原理与实现方法。通过本章学习，读者可熟悉定点数、有符号数加法器和乘法器的实现方法，能够设计各种结构的有符号数加法器和乘法器。

12.1　定点数和浮点数

根据小数点位置是否固定，数值分为定点数和浮点数。小数点位置固定的数值称为定点数，小数点位置不固定（浮动）的数值称为浮点数。定点数表示的数值范围和精度有限，硬件实现相对简单。浮点数表示的数值范围更大，精度更高，硬件实现会消耗更多的逻辑资源。定点数表示会损失一定精度，有些情况下甚至导致算法性能下降，无法满足设计需求。因此，设计者需要合理选择定点数的范围和精度，在节省逻辑资源的同时，保证算法执行的精度在可接受的范围。

数字电路使用的 0-1 序列通常解释为整数，有些情况下也会解释为小数。8 位 0-1 序列 $a = 01010110_2$，如果解释为整数，表示 86_{10}。假设第 4 位和第 5 位（从右边数）之间存在一个小数点，即 $a = 0101.0110_2$，对应的十进制结果按下式计算得

$$a = 0 \times 2^3 + 1 \times 2^2 + 0 \times 2^1 + 0 \times 2^0 + 0 \times 2^{-1} + 1 \times 2^{-2} + 1 \times 2^{-3} + 0 \times 2^{-4} = 5.375$$

再次强调，FPGA 内部保存 a 时，并不保存小数点（只保存 0-1 序列）。设计人员解释 a 的方式不同，得到的结果也不同，关键在于设计人员如何解释 0-1 序列。如果 a 的小数点位于第 4 位和第 5 位之间，电路内部实际保存的值为 01010110。如果将 01010110 看作整数，除以比例因子 2^{-4}，即可获得对应小数表示，即

$$\frac{01010110_2}{2^4} = 0101.0110_2$$

如果考虑小数点在第 5 位和第 6 位之间，即 $a = 010.10110_2$，对应的十进制数表示 $a = 2.6875_{10}$。

为了明确 0-1 序列整数部分和小数部分的位宽，给出一种称为 Q 格式的表示方法。例如，定点数的整数部分 3 位，小数部分 4 位，称为 Q3.4 格式。有些情况下，如果字长（定点数的全部位宽）确定，只需指定小数部分的宽度，称为简化 Q 格式。例如，字长固定为 16 的数值系统中，如果采用 15 位表示小数，简化 Q 格式表示为 Q15，完整格式表示为 Q1.15。

12.2　有符号数和无符号数

无符号数（Unsigned Number）只能表示正数，有符号数（Signed Number）可以表示正数、零和负数。有符号数的编码方式通常有 3 种：符号/幅值、反码（1 的补码）、补码（2 的补码），最常用的是补码。

通常情况下，有符号数和无符号数是针对整数而言的。然而，除了一个隐含的比例因子，Q 格式的定点数与整数没有区别，可以按照二进制整数的处理方式进行处理。Q 格式定点数可

以采用补码表示。值得强调的是，有符号数的最高位表示符号位。补码是表示有符号数的一种方法，采用补码表示的主要原因是简化计算。采用补码表示，能够采用同样电路实现加法和减法运算，有效减少门电路的数量，降低系统的功耗和成本。

12.2.1 无符号数

下面讨论采用补码表示无符号数的优势。电路设计中采用加法器计算两个加数 a、b 和进位 cin 的和，即 $a+b+cin$。现在的问题是：能否通过加法器执行减法操作，也就是说，通过加法器计算 $S=a-b$。考虑到

$$S = a + M - b - M \tag{12.1}$$

如果 M 足够大，有

$$B = M - b > 0 \tag{12.2}$$

将式（12.2）代入式（12.1），得

$$S = a + B - M \tag{12.3}$$

计算式（12.3）需要 1 个加法器和 1 个减法器，此外还需要计算减法 $B=M-b$。从表面上看，问题似乎变得更复杂了。计算 $S=a-b$ 需要 1 个减法器，计算式（12.1）需要 1 个加法器和 2 个减法器。然而，式（12.1）中的 2 个减法有一个共同特征：2 个减法操作涉及共同的操作数 M。问题转化为：能否确定一个合适的 M，简化式（12.2）和式（12.3）的计算。如果有可能，采用式（12.3）的加法操作取代原来的减法操作就是可行的。问题关键在于：如何确定常量 M。事实上，对于 k 位二进制数减法操作，取 $M=2^k$。

假设 b 是 4 位二进制数，计算 $M-b$。为了简化减法操作，取 $M=10000_2=16_{10}$。考虑到 $M=(M-1)+1$，有

$$B = 10000_2 - b = (01111_2 - b) + 00001_2 \tag{12.4}$$

01111_2-b 容易计算，等于 b 按位取反，例如，$b=0011_2$，那么

$$B = (01111_2 - 0011_2) + 00001_2 = 01100_2 + 00001_2$$

括号中的减法运算结果等于对 b 按位取反。因此，为了计算 $M-b$，只需对 b 按位取反，然后加上 00001_2。从实现的角度看，一个数按位取反再加 00001_2 比计算减法更容易。

如果已经计算好 B，使用加法器计算 $a+B$，为了获得最终结果，需要从 $a+B$ 中减去 M。两个加数都是 4 位二进制数，当 $a=1111_2$ 和 $b=0000_2$ 时，$S=a-b$ 的最大值 $S=1111_2=15_{10}$。所以，采用 4 位二进制数表示 $a-b$ 的计算结果已足够。选择 $M=10000_2=16_{10}$，即 M 加 $a-b$ 只改变 $a-b$ 结果中的第 5 位值，因此式（12.3）将 $-M$ 去掉并不影响计算结果。换句话说，为了执行式（12.3）的减法，需丢弃第 5 位。丢弃最高位本质上等价于模 M 计算，意味着将计算结果限制在小于或等于 $M-1$ 的范围。

一般地，如果 a 和 b 是两个 k 位二进制数，$a-b$ 通过计算 $M-b$ 与 a 的和，并丢弃第 $k+1$ 位实现，其中 $M=2^k$ 称为补码常数。

在模 M 算术中，$M-b$ 称为 b 相对于补码常数 M 的补，其中 $M=2^k$；b 加 $M-b$ 等于 M，M 等价于 0。基于这一思想，b 为 $M-b$ 的补。按照上面的讨论，数 b 的补码等于 a 的反码（按位取反）加 1。

【例 12.1】计算 $a-b$，其中 $a=1011_2=11_{10}$，$b=0110_2=6_{10}$，都为无符号 4 位二进制数。

解 因为 a 和 b 都是 4 位二进制数，因此 $M=2^k=2^4$，根据上面的讨论，采用 $B=M-b$ 取代 $-b$，有

$$B = (M-1) - b + 1 = 01111_2 - 0110_2 + 00001_2 = 01001_2 + 00001_2 = 01010_2$$

接下来，计算 $a+B$ 得

$$a+B=1011_2+01010_2=10101_2$$

丢弃最高位，有

$$a-b=0101_2=5_{10}$$

【例 12.2】计算 $a-b$，其中 $a=10111_2=23_{10}$，$b=01001_2=9_{10}$，都为无符号 5 位二进制数。

解 因为 a 和 b 都是 5 位二进制数，因此 $M=2^k=2^5$，根据上面的讨论，采用 $B=M-b$ 取代 $-b$，有

$$B=(M-1)-b+1=011111_2-01001_2+000001_2=010110_2+000001_2=010111_2$$

接下来，计算 $a+B$ 得

$$a+B=10111_2+010111_2=101110_2$$

丢弃最高位，有

$$a-b=01110_2=14_{10}$$

12.2.2 有符号数

在模 M 算术中，M 与 0 等价，b 加 $M-b$ 的结果为 M。因此，定义 $M-b$ 为 b 的补。表 12.1 给出 3 位二进制数及其补。第 1 列给出二进制数对应的十进制数（正数部分）。令 $M=2^3$，第 3 列给出第 1 列十进制数的补。容易验证，第 2 列和第 3 列数值的模 M 加法运算结果均为 0。表 12.1 所列二进制数增加 1 位符号位（最高位），0 表示正数，1 表示负数。除符号位外的其余位表示幅值。例如，0010_2 表示 $+2$，1010_2 解释为 -16_{10}。事实上，采用 4 位二进制数表示有符号数，只有 3 位用于表示数值的幅值。3 位二进制数前面加上符号位共有 16 种组合，如图 12.1 所示。无符号数表示对应的十进制数标注在圆外，例如 1010_2 对应的十进制数 10_{10}。有符号数表示对应的十进制数标注在圆内，例如 1010_2 表示一个负数，对应的十进制数为 -6_{10}，即 $1010_2=-6_{10}$。

表 12.1 3 位二进制数及其补

b_{10}	b	$-b$
0	000	000
1	001	111
2	010	110
3	011	101
4	100	100
5	101	011
6	110	010
7	111	001

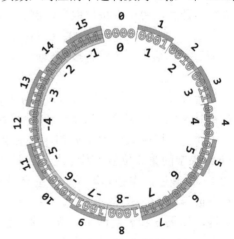

图 12.1 补码表示示意图

图 12.1 的补码常量 $M=2^4$，容易验证补码计算的正确性。例如，-5 的补码表示为 1011，由 10000_2-0101_2 获得。图 12.1 同时给出有符号数和无符号数表示数值的范围，4 位二进制无符号数表示范围为 $0\sim15$，4 位有符号数表示范围为 $-8\sim7$。注意有符号数补码表示具有不对称性。

【例 12.3】确定 a 和 b 对应的十进制数，其中 $a=01110_2$，$b=10110_2$，都为有符号数。

解 a 是正数，对应的十进制数为

$$a=2^3+2^2+2^1=14_{10}$$

b 是负数，有

$$b=-(b\text{ 的补})=-(01001_2+00001_2)=-(01010)_2=-10_{10}$$

【例 12.4】 计算 $a-b$，其中 $a=01001_2$，$b=00101_2$，都是 5 位有符号数，用补码表示。

解 a 和 b 都是正数，为了计算 $a-b$，首先确定 $-b$，然后将 $-b$ 与 a 相加。

$$-b=b\text{ 的补码}=11010_2+00001_2=11011_2$$

因此，有

$$a+(-b)=01001_2+11011_2=00100_2$$

【例 12.5】 计算 $a-b$，其中 $a=10111_2$，$b=00110_2$，都是 5 位有符号数，用补码表示。

解 a 和 b 都是有符号数，b 是正数，等于 6_{10}，但 a 是负数，有

$$a=-(a\text{ 的补码})=-(01000_2+00001_2)=-(01001_2)=-9_{10}$$

为了计算 $a-b$，需要确定 $-b$，然后与 a 相加，两个 8 位二进制数相加，结果是一个 9 位二进制数。

$$-b=b\text{ 的补码}=11001_2+00001_2=11010_2$$

因此，有

$$a+(-b)=10111_2+11010_2=110001_2$$

操作数是 5 位，因此丢弃最高的第 6 位，有

$$a-b=10001_2$$

因此，得

$$a-b=-(01111_2)=-15_{10}$$

在例 12.3 和例 12.4 中，直接丢弃最高位（第 6 位），都得到了正确的结果。

【例 12.6】 计算 $a-b$，其中 $a=10111_2$，$b=01001_2$，都是 5 位有符号数，用补码表示。

解 a 和 b 都是有符号数，b 是正数，等于 9_{10}。a 是负数，因此

$$a=-(a\text{ 的补码})=-(01000_2+00001_2)=-(01001_2)=-9_{10}$$

为了计算 $a-b$，先确定 $-b$，然后与 a 相加，得

$$-b=b\text{ 的补码}=10110_2+00001_2=10111_2$$

因此

$$a+(-b)=10111_2+10111_2=101110_2$$

a 和 b 都是 5 位二进制数，直接丢弃结果中的第 6 位，得

$$a-b=01110_2=14_{10}$$

事实上，正确的计算结果为

$$a-b=-9_{10}-9_{10}=-18_{10}$$

本例计算结果给出一个正数，计算结果明显错误，原因在于计算结果超出 5 位二进制数所能表示的最大正数 $01111_2=15_{10}$。也就是说，计算必须确保计算结果不能发生溢出。如果两个正数相加结果是一个负数或两个负数相加结果是一个正数，表明发生溢出。采用补码表示，一个正数与一个负数相加不可能发生溢出。

12.3 定点数的范围和精度

采用 FPGA 实现算法时，一般需要将浮点数表示的算法定点化，为此需要合理选择定点数的格式，即表示范围和精度。

确定定点数格式，主要考虑如下两个因素：

① 算法需要表示的最大数——确定整数部分位宽；

② 算法实现允许的最大误差——确定小数部分位宽。

【例 12.7】将定点数 $a = 9.2169574360911198_{10}$ 转化为浮点数。

解 定点数字长为 16（5+11），a 的整数部分介于 $8(2^3) \sim 16(2^4)$ 之间，整数部分至少需要 4 位。采用有符号数表示时，小数点左侧需要 5 位，最高位表示符号位。小数点右侧则有 11 位表示小数部分。因此，采用 Q5.11 格式定点数表示。Q5.11 格式表示 a，小数点位于右边第 11 位和第 12 位之间，与其对应的整数值（没有小数点，或者说小数点位于最左侧）等于

$$a \times 2^{11}$$

因此，为了获得 Q5.11 格式 a 的二进制数表示，用 a 乘以 2^{11}，结果取整（向最接近的整数取整），然后将结果表示为二进制格式，即

$$a \times 2^{11} = 18876.3288 \approx 18876_{10} = 100\ 1001\ 1011\ 1100_2$$

因为 a 是正数，符号位为 0。因此，Q5.11 格式的表示为

$$01001.00110111100$$

对于负数，首先确定其绝对值的 $Qn.m$ 格式表示，然后将其转换为补码表示，注意考虑符号位。

【例 12.8】定点数十进制转二进制。其中 $b = -4.23949387_{10}$，定点数采用 Q5.11 格式。

解

$$b = -4.23949387_{10}$$

为了获取 b 的 Q5.11 格式的定点数表示，首先乘以 2^{11}，得

$$b \times 2^{11} = -4.23949387_{10} \times 2^{11} = -8682.48344576_{10} \approx -8682_{10}$$

计算 8682_{10} 的补码，得

$$2^{16} - 8682_{10} = 56854_{10} = 1101\ 1110\ 0001\ 0110$$

因此，b 对应的 Q5.11 格式的浮点数表示为

$$11011.11000010110$$

再次强调，本例多次提到二进制小数，并且使用了小数点。而实际硬件实现时，小数点并不存在。

【例 12.9】 计算有符号数 $a = 10.01_2$ 对应的十进制数，采用 Q2.2 格式。

解 $a = 10.01_2$ 是补码表示，为了计算对应的十进制数表示，只需要计算 a 相对于 2^4 的补，得

$$16_{10} - 1001_2 = 2^4_{10} - 9_{10} = 7_{10} = 0111_2$$

考虑到符号位为 1，因此

$$a = -01.11_2 = -1.75_{10}$$

12.4 定点数加法

本节讨论定点数加法的工作原理，主要包括有符号定点数的符号位扩展和有符号定点数加法的计算原理及实现方法。

12.4.1 符号位扩展

无符号数加法相对简单，如果是整数加法，若两个加数位宽不一致，将位宽较短的加数补 0，直接进行二进制数加法操作，即可获得正确的计算结果。无符号定点数加法与无符号整数操

作类似，但需要执行小数点对齐操作，再对整数部分位宽较小的操作数进行补 0 操作，最后，按照无符号二进制整数加法的计算方式进行。

有符号数加法，两个加数可能具有不同位宽。这种情况下，需要将位宽较短的加数扩展到与位宽较长的加数相同的宽度。位宽扩展需要执行符号位扩展，否则可能导致结果不正确。例如，对 1011_2 进行符号位扩展，结果为 111011_2。注意：在正数前面添加若干个 0 不会改变正数的数值。

符号位扩展原理基于如下事实：负数进行符号位扩展，数值不变。补码表示中，负数基于补码常量定义，采用 N 位补码常量，即 $M = 2^N$。如果位宽为 4，补码常量 $M = 2^4$，b 对应补码常量 M 的补-b 表示（获得 b 的补码表示）为 $M-b$，如何将 4 位有符号数扩展到 6 位有符号数？采用 6 位有符号数表示，补码常量 $M'=2^6$，$-b$ 表示（获得 b 的补码表示）为 $M'-b$，$-b$ 的 6 位有符号数和 4 位有符号数表示的差为

$$(M'-b)-(M-b)= M'-M =0110000_2$$

事实上，采用 6 位二进制数表示 4 位二进制负数时，需要将原来的 4 位二进制数表示与 0110000_2 相加，相当于进行符号位扩展。

符号位扩展只改变补码常量（也就是位宽），并不改变数值本身，通过计算对应的十进制数表示可以验证上述过程。补码 1011_2 对应的十进制数表示为$-0101_2=-5_{10}$，类似地，111011_2 对应的十进制数表示为$-000101_2 = -5_{10}$。

无符号定点数加法与二进制整数加法一样，设计者只需注意隐含的小数点位置即可，不需要特殊处理。位宽不同的两个定点数加法，只需要对齐小数点，对位宽较小的加数进行左侧（高位）补 0 操作，然后执行加法操作。

12.4.2 有符号定点数加法

两个有符号定点数相加，对齐两个定点数的小数点，然后对位宽较短的定点数进行符号位扩展。

【例 12.10】计算 $a+b$，其中 $a =-1.25$，Q2.2 格式，$b=+3.25$，Q3.3 格式。

解 有符号数 $a=-1.25$，二进制数表示为-1.01_2，补码表示为 10.11_2；有符号数 $b=+3.25$，补码表示为 011.010_2。

对齐两个操作数的小数点，对位宽较短的 a 执行符号位扩展，如图 12.2 所示。除了一个隐含的比例因子，有符号定点数加法与两个补码表示的二进制整数加法相似。补码表示基于模 M 运算，计算结果中高于符号位的位直接舍弃。因此，得

```
   110.11      -1.25
+  011.010     +3.25
 ─────────    ──────
  1010.000      +2
```

图 12.2 例 12.10 的计算过程

$$a + b = 010.000_2=+2_{10}$$

如果不进行符号位扩展，可能导致错误的计算结果。

继续考虑例 12.10，10.11_2 如果扩展为 $010.11_2=2.75_{10}$，再与 3.25_{10} 相加，其计算结果不等于 $10.11_2= -1.25_{10}$ 加 3.25_{10}。

有符号定点数算术运算需要考虑定点数表示的有符号数范围。例如，定点数 a 采用 Qna.ma 格式，b 采用 Qnb.mb 格式，对位宽较短的数据进行符号位扩展，运算结果 c 采用 Qnc.mc 格式，其中 nc=max(na, nb)，mc=max(ma, mb)。

考虑到两个 N 位二进制数相加，结果可能为 $N+1$ 位，如果采用 Qnc.mc 格式表示上述结果，可能导致溢出。

【例 12.11】 计算 $a + b$ 的值，其中 $a = 10.11_2$，$b = 100.001_2$，都是有符号数，格式分别为 Q2.2 和 Q3.3。

解 对齐两个操作数的小数点，然后对位宽较短的操作数进行符号位扩展，然后执行加法操作，计算过程如图 12.3 所示。

如果丢弃整数部分的第 4 位，结果为 $010.111_2 = 2.875_{10}$，两个负数的相加结果为正数，发生溢出，原因在于 Q3.3 格式能表示的最小数为 $100.000_2 = -4_{10}$，计算结果小于 -4_{10}。

```
  110.11      -1.25
+ 100.001     -3.875
─────────────────────
 1010.111     -5.125
```

图 12.3 例 12.11 的计算过程

为了克服加法操作的溢出问题，一种方法是对输入进行比例缩小，第二种方法是采用 Q4.3 格式表示。为了避免两个 Q3.3 格式的定点数相加时发生溢出，将两个操作数扩展为 Q4.3 格式。

【例 12.12】 计算 $a + b$ 的值，其中 $a = 10.11_2$，$b = 100.001_2$，都是有符号数，格式分别为 Q2.2 和 Q3.3。

解 对齐两个加数的小数点，两个加数 a 和 b 整数部分的位宽小于 4，将两个操作数扩展为 Q4.3 格式，然后执行加法操作，如图 12.4 所示。

```
  1110.11      -1.25
+ 1100.001     -3.875
─────────────────────
 11010.111     -5.125
```

图 12.4 Q4.3 格式定点数加法

丢弃最高位，有 $a + b = 1010.111_2 = -5.125_{10}$。

在许多设计中，选择加法器输出寄存器的位宽大于输入寄存器位宽若干位，额外多出的位称为保护位（Guard Bits）。通过设置保护位，保证设计中尽管存在一定数量的累加操作也不会发生溢出，不需要对输入信号进行比例缩小。具有 n 个保护位的累加器，允许累加 2^n 个值而不发生溢出。

尽管可以使用位宽更宽的加法器避免产生溢出，但是通常不能无限制地增加位宽。在某些情况下，必须对加法的结果进行截断以缩减位宽，意味着需要为加法计算结果的整数部分分配更多位宽以表示更大的数。

12.5 有符号数加法器的 Verilog HDL 描述

事实上，对于 FPGA 设计而言，加法电路可以直接使用 "+" 实现，Quartus Prime 都能正确识别并综合出正确的电路实现。Listing12.1 给出 n 位加法器的 Verilog HDL 描述。

Listing12.1 n 位加法器的 Verilog HDL 描述

```verilog
/* n-bit adder */
module adder_n#(
    parameter N = 8
)(
    input [N-1:0]a, b,
    input cin,
    output [N-1:0]sum,
    output co
);
    assign {co, sum} = a + b + cin;
endmodule
```

Listing12.2 给出 Listing12.1 描述的加法器的 Testbench 模块。

Listing12.2　　*n* 位加法器的 Testbench 模块

```verilog
/* Testbench for n-bit adder*/
module tb_adder_n();
    reg[7:0] a,b;
    reg cin;
    wire[7:0] sum;
    wire co;
    initial begin:tb
        integer i;
        a=255;
        b=0;
        cin=0;
        for(i=0;i<200;i=i+1) begin
            #5
            a = a - 3;
            b = b + 1;
        end
        #50 $stop();
    end
    adder_n (.N(8)) adderN_U0(.a(a),
                    .b(b),
                    .cin(cin),
                    .sum(sum),
                    .co(co));
endmodule
```

注意：

① 参与运算的两个操作数无论是有符号数，还是无符号数，上述电路都能给出正确的结果，这个结果只有当参与运算的两个操作数位宽相同时才成立。如果两个操作数的位宽不一样，有符号数加法需要进行符号位扩展。

② 如果将操作数 *a* 和 *b* 理解为有符号数，两个加数采用补码表示，以保证计算结果的正确性。

③ 仿真过程中没有出现溢出情况，如果出现溢出，对于有符号数，上述电路需要特殊处理。

补码加法运算溢出判断的 3 种方法。

① 如果 Xs、Ys 分别表示两个加数的符号位，Rs 为运算结果符号位。当 Xs = Ys = 0（两个加数同时为正），而 Rs = 1（结果为负数）时，发生溢出，或者当 Xs = Ys = 1（两数同为负），而 Rs = 0（结果为正）时，发生溢出。

② Cs 表示符号位的进位，Cp 表示最高数值位进位，⊕ 表示异或。若 Cs ⊕ Cp = 0，无溢出；若 Cs ⊕ Cp = 1，有溢出。

③ 用变形补码进行双符号位运算（正数符号为 00，负数符号为 11），若运算结果的双符号位为 01，则正溢出；若运算结果的双符号位为 10，则负溢出；若运算结果的双符号位为 00 或 11，无溢出。

第 1 种判断溢出的方法最直观：如果两个加数符号相同，但它们的和与它们有不同的符号，则产生溢出。

有符号数加法电路（考虑溢出）的 Verilog HDL 描述参考 Listing12.3，对应的 Testbench 模块参考 Listing12.4。

Listing12.3　有符号数加法电路（考虑溢出）的 Verilog HDL 描述

```verilog
/* n-bit adder*/
module adder_signed#(
    parameter N = 8
)(
    input    [N-1:0]a, b,
    output   [N-1:0]sum,
    output overflow
);
    assign sum = a + b ;
    assign overflow = (a[N-1]&b[N-1]&~sum[N-1])|(~a[N-1]&~b[N-1]&sum[N-1]);
endmodule
```

Listing12.4　有符号数加法电路（考虑溢出）的 Testbench 模块

```verilog
module tb_adder_n();
    reg [7:0] a,b;
    wire [7:0] sum;
    wire overflow;
    initial begin:tb
        integer i;
        a=127;
        b=0;
        for(i=0;i<200;i=i+1) begin
            #5
            //a = a - 1;
            b = b + 2;
        end
        #50 $stop();
    end
    adder_signed(.N(8))adder_signed_U1(.a(a),.b(b),.sum(sum),.overflow(overflow));
endmodule
```

　　如果参与运算的操作数的位宽不同，需要区分参与运算的操作数的数据类型：有符号数或无符号数。不同的数据类型，位宽扩展方式不同。无符号数前置若干个 0，称为 0 扩展。有符号数需要前置若干个符号位，称为符号位扩展。−5 采用 4 位二进制有符号数表示为 1011_2，当扩展成 8 位时，应变为 1111 1011，而不是 0000 1011。举例来说，设 a 和 sum 为 8 位二进制数，b 为 4 位二进制数，表示为 $b_3\ b_2\ b_1\ b_0$。考虑连续赋值语句：

`assign sum = a + b;`

　　需要将 4 位的 b 扩展为 8 位。如果是无符号数，那么 b 扩展为 0000 $b_3\ b_2\ b_1\ b_0$；如果是有符号数，那么 b 扩展为 $b_3\ b_3\ b_3\ b_3\ b_3\ b_2\ b_1\ b_0$。上述表达式所引用的硬件包括位宽扩展电路和加法器。对于有符号数和无符号数来说，扩展电路不同，硬件实现也会有所不同。

　　最好将参与运算的操作数，显式地声明为有符号数。Verilog HDL 中默认无符号数，如果希望声明有符号数，可使用关键字 signed。

12.5.1　Verilog-1995 中的有符号数

　　在 Verilog-1995 中，只有 integer 类型的数据认为是有符号数，reg 和 wire 类型的数据都认为是无符号数。integer 类型的数据固定为 32 位，不够灵活。通常只能手动添加扩展位来实现有符号数运算。举例见 Listing12.5。

Listing12.5　无符号数添加扩展位举例的 Verilog HDL 描述

```
reg [7:0]a, b;
reg [3:0]c;
reg [7:0]sum1, sum2, sum3, sum4;
/* same width: can be applied to signed and unsigned */
sum1 = a + b;
/* automatic 0 extension */
sum2 = a + c;
/* manual 0 extension */
sum3 = a + {4{1'b0}};
/* manual sign extension */
sum4 = a + {4{c[3]},c};
```

语句 sum1 = a + b;中，a、b 和 sum1 有相同的位宽，无论是有符号数还是无符号数，综合结果一致。语句 sum2 = a + c;中，c 的位宽为 4，加法运算中，它的位宽会被调整。因为 reg 类型的数据作为无符号数看待，所以 c 的前面会被自动置入 0 进行扩展。语句 sum3 = a + {4{1'b0}};中，给 c 手动前置 4 个 0，以实现和语句 sum2 = a + c;一样的效果。最后一条语句中，基于拼接操作重复赋值 c 的最高位 4 次。

12.5.2　Verilog-2001 中的有符号数

在 Verilog-2001 中，有符号数被扩展到 reg 和 wire 数据类型中，新增一个关键字 signed。

```
reg signed [7:0]a, b;
reg signed[3:0]c;
reg [7:0]sum1, sum2, sum3, sum4;
/* same width: can be applied to signed and unsigned */
sum1 = a + b;
/* automatic sign extension */
sum2 = a + c;
```

语句 sum1=a+b;将引用常规加法器，因为 a、b 和 sum1 具有相同的位宽。语句 sum2=a+c;中，所有的右边变量都是 signed 类型，c 被自动扩展符号位到 8 位，无须手动添加符号位。Verilog HDL 允许在同一表达式中无符号变量和有符号变量混用。根据 Verilog HDL 标准，只有当所有右边的变量都是 signed 类型时，才扩展符号位，否则只扩展 0。考虑如下代码段：

```
reg signed [7:0]a, sum;
reg signed[3:0]b;
reg [3:0]c;
  /* automatic 0 extension due to c is unsigned */
sum1 = a + b + c;
```

由于 c 不是 signed 类型，因此右边变量 b 和 c 的扩展位为 0。Verilog HDL 提供两个系统函数：$signed()和$unsigned()，用以将括号内的表达式转化为 signed 和 unsigned 类型。

```
reg signed [7:0]a, sum;
reg signed[3:0]b;
reg [3:0]c;
  /* manual 0 extension due to c is unsigned */
sum1 = a + b + singed(c);
```

混用 signed 和 unsigned 类型可能产生难以调试的错误，建议避免混用有符号数和无符号数。如果必须混用，建议使用系统函数执行类型转换，以确保数据类型一致。在 FPGA 设计中，如果涉及不同位宽操作数的加法操作，建议采用 Intel 公司提供的 IP 核直接实现。举例见 Listing 12.6。

Listing12.6　不同位宽有符号数加法举例的 Verilog HDL 描述

```verilog
module AdderSignedNM#(
    parameter  N = 8,
               M = 4
)(
    input signed [N-1:0]iDataA,
    input signed [M-1:0]iDataB,
    output signed [N:0]oDataY      /*How to select N */
);
    assign oDataY = {iDataA[N-1],iDataA} + {{(N-M){iDataB[M-1]}},iDataB};
endmodule
/* */
module tb_AdderSignedNM();
    parameter N = 8;
    parameter M = 4;
    reg [N-1:0]DataA;
    reg [M-1:0]DataB;
    wire [N:0]DataY;
    initial begin:BlockA
        integer j;
        DataA = 0;
        DataB = 0;
        for(j=0;j<1000;j=j+1) begin
        #10
        DataA = random %(2**N);
        DataB = random %(2**M);
        end
        #10 $stop();
    end
    AdderSignedNM#(.N(N),.M(M))U0(.iDataA(DataA),.iDataB(DataB),.oDataY(DataY));
endmodule
```

12.6　定点数乘法

本节讨论定点数乘法器的设计与实现。

12.6.1　无符号数乘以无符号数

【例 12.13】设 $a = 101.001_2$，$b = 100.010_2$ 是两个 Q3.3 格式的无符号数，试确定 $a \times b$ 的结果。

解　考虑到 a、b 都是定点数，有

$$a = 101001_2 \times (2^{-3})_{10}$$
$$b = 100010_2 \times (2^{-3})_{10}$$

因此

$$a \times b = (101001_2 \times (2^{-3})_{10}) \times (100010_2 \times (2^{-3})_{10})$$

化简得

$$a \times b = ((101001)_2 \times (100010)_2) \times (2^{-6})_{10}$$

这意味着可以忽略 a 和 b 的小数点，把它们当作整数执行乘法操作，获得乘积结果后，将小数点放在左边第 6 位，就可以获得正确的结果。

因此，为了计算两个无符号数 a 和 b 的乘积 $a \times b$，首先忽略 a 和 b 的小数点，然后执行乘法操作。选择一个乘数，从右向左每次取一位，确定该位与另一个乘数的积作为对应的部分积（Partial Product）。接下来，按照类似于十进制数乘法相同的方式，将部分积向左移动若干位，然后进行相加。图 12.5 中同时给出了对应的十进制乘数及乘积，用于验证二进制数乘法的运算结果。为了方便后续讨论，标出行号。最后，小数点置于乘积从右边数第 6 位的位置，即

$$a \times b = 10101.110010_2 = 21.78125_{10}$$

1					1	0	1	0	0	1			41
2		×			1	0	0	0	1	0			34
3					0	0	0	0	0	0			
4				1	0	1	0	0	1				
5			0	0	0	0	0	0					
6		0	0	0	0	0	0						
7	0	0	0	0	0	0							
8	+	1	0	1	0	0	1						
9	1	0	1	0	1	1	1	0	0	1	0		1394

图 12.5 例 12.13 的计算过程

乘积可能比乘数或被乘数大很多，因此，乘积的位宽需要足够大才能正确表示计算结果。到底需要多少位才能避免所有可能的溢出呢？考虑最开始两个部分积的和（也就是第 3 行和第 4 行），需要将 6 位二进制数

$$p_1 = 000000_2$$

加上一个 7 位二进制数

$$p_2 = 1010010_2$$

注意：第二个部分积已经向左移动了一位。两个数的和 $p_1 + p_2$ 可能是一个 8 位的二进制数（比 p_2 多一位）。将第三个部分积左移两位，并采用 p_3 表示

$$p_3 = 00000000$$

将 $p_1 + p_2$ 的结果与 p_3 相加，两个 8 位二进制数相加，结果是一个 9 位二进制数，比加数多一位。继续这一过程不难发现，乘积位宽等于将最后一个部分积左移若干位再加一位。例如，上面乘积计算中最后一个部分积左移 5 位

$$p_6 = 10100100000_2$$

是一个 11 位的二进制序列，因此，乘积 $a \times b$ 的结果最多有 12 位。

一般情况下，a 和 b 是两个二进制数，位宽分别为 L_a 和 L_b，为了避免发生溢出，$a \times b$ 结果的位宽应该为 $L_a + L_b$。

总结：定点数 a 和 b 分别具有 $Q_{n1.m1}$ 和 $Q_{n2.m2}$ 格式，a 和 b 的乘积 $a \times b$ 具有 $Q_{n.m}$ 格式，其中 $n = n1 + n2$，$m = m1 + m2$，此时乘积的位宽为 $n + m$，乘积运算不会发生溢出。为了计算 $a \times b$ 的结果，直接将 a 和 b 看作整数进行乘积计算，计算结果除以 2^m（相当于在第 m 位增加小数点）即可获得对应的正确结果。

12.6.2 有符号数乘以无符号数

【例 12.14】 计算 $a \times b$，其中 $a = 101.001_2$ 是 Q3.3 格式的有符号数，$b = 100.010_2$ 是 Q3.3 格式的无符号数。

解 两个乘数 a 和 b 与例 12.13 中的乘数完全一样，但是本例中假设 a 是有符号数。例 12.13 中部分积都是无符号数，例如第二个部分积通过 1_2 乘以一个正数获得，即

$$101001_2$$

然而，本例中乘数 a 是有符号数，因此所有的部分积都是有符号数。注意：不同位宽的两个有符号数相加，需要进行符号位扩展。因此，为了执行有符号数与无符号数的乘法，必须对部分积进行符号位扩展。首先，忽略小数点位置，将两个数 a 和 b 都看作整数，与例 12.13 进行比较不难发现，唯一的区别在于部分积的符号位扩展方式。注意，因为 a 和 b 是两个 6 位二进制数，结果位宽为 12 位。计算过程如图 12.6 所示。

1								1	0	1	0	0	1	−23
2	×							1	0	0	0	1	0	34
3		0	0	0	0	0	0	0	0	0	0	0	0	
4		1	1	1	1	1	1	0	1	0	0	1		
5		0	0	0	0	0	0	0	0	0	0			
6		0	0	0	0	0	0	0	0	0				
7		0	0	0	0	0	0	0	0					
8	+	1	1	0	1	0	0	1						
9	1	1	1	0	0	1	1	1	1	0	0	1	0	−782

图 12.6 例 12.14 的计算过程

因此，所有的部分积符号位扩展到 12 位。而且，有符号数使用补码表示，加法运算是模 M 加法，本例中 $M = 2^{12}$。因此，可以直接丢弃计算结果中的第 13 位。如果考虑小数点位置，有

$$a \times b = 110011.110010_2 = -(001100.001110_2) = -12.21875_{10}$$

这与采用十进制数进行计算的结果是等价的，即

$$-12.21875 = -\frac{782}{64}$$

【例 12.15】 计算 $a \times b$，其中 $a = 100.000_2$ 是 Q3.3 格式的有符号数，$b = 111.111_2$ 是 Q3.3 格式的无符号数。

解 计算过程与例 12.14 类似，如图 12.7 所示。为了使计算过程更加简单，可以将部分积两个两个地相加。当所有加法完成之后，直接丢弃符号左边的高位，同时考虑小数点位置，有

$$a \times b = 100000.100000_2$$

在继续后面的讨论之前，介绍补码表示的一个重要特征。

假设

$$x_{10} = (x_{M-1} \, x_{M-2} \cdots x_0)_2$$

是一个采用补码表示的二进制数，则

$$x_{10} = -x_{M-1} \times 2^{M-1} + \sum_{i=0}^{M-2} x_i \times 2^i \tag{12.5}$$

这表示可以通过与无符号数一样的方法计算补码表示的二进制数对应的十进制数，唯一的

1						1	0	0	0	0	0	−32
2	×					1	1	1	1	1	1	63
3		1	1	1	1	1	1	1	0	0	0	0	0
4		1	1	1	1	1	1	0	0	0	0	0
5		1	1	1	1	1	0	0	0	0	0
6		1	1	1	1	0	0	0	0	0
7		1	1	1	0	0	0	0	0
8	+	1	1	0	0	0	0	0
9		1	0	0	0	0	0	1	0	0	0	0	0	−2016

图 12.7　例 12.15 的计算过程

不同之处在于符号位权重为符号位的负值。例如，假设 x_{10} 的补码表示为

$$x = 101_2$$

根据式（12.5），有

$$x_{10} = -1 \times 2^2 + 0 \times 2^1 + 1 \times 2^0 = -3 \tag{12.6}$$

采用常规的计算补码对应十进制数的方法，也可以获得相同的结果，因为 x 是一个负数，有

$$x = -(011_2) = -3_{10}$$

12.6.3　无符号数乘以有符号数

【例 12.16】　计算 $a \times b$，其中 $a = 01.001_2$ 是 Q2.3 格式的无符号数，$b = 10.010_2$ 是 Q2.3 格式的有符号数。

解　计算过程如图 12.8 所示，注意第 7 行部分积，因为乘数 b 是有符号数，其最高有效位表示符号位。前面已经讨论，补码形式的二进制数转化为十进制数时，可以采用与无符号数类似的处理方法，当然需要将符号位解释为负权重。按照这一原理，可以将乘数 b 当作无符号数处理，但是对 b 的符号位必须做特殊处理。因此，本例中，最后一个部分积通过采用 a 的补码计算。考虑小数点位置，有

$$a \times b = 1110.000010_2$$

计算结果明显是一个有符号数，因为最后一个部分积是有符号的。等价的十进制值为

$$a \times b = -(0001.111110_2) = -1.96875_{10}$$

结果与采用十进制数进行计算的结果一致，即

$$-1.96875 = -\frac{126}{64}$$

1				0	1	0	0	1	9
2	×			1	0	0	1	0	−14
3				0	0	0	0	0
4			0	1	0	0	1
5		0	0	0	0	0
6	0	0	0	0	0
7	+	1	1	0	1	1	1
8		1	1	1	0	0	0	0	0	1	0	−126

图 12.8　例 12.16 的计算过程

注意：①除了最后一个部分积，所有的部分积都是无符号数，因此，只需要对最后一个部分积进行符号位扩展；②计算最后一个部分积时，必须采用比乘数多一位的位宽。例如，上面的计算中，a 取值为 001001_2，比实际 $a(01001_2)$ 的位宽多 1，然后确定补码为 110111_2。错误的做法：先将 a 当作 5 位二进制数，确定其补码 10111，然后进行符号位扩展，有

$$a = 110111_2$$

【例 12.17】 计算 $a \times b$，其中 $a = 11.001_2$ 是 Q2.3 格式的无符号数，$b = 10.010_2$ 是 Q2.3 格式的有符号数。

解 计算过程如图 12.9 所示。考虑小数点位置，有

$$a \times b = 1010.100010_2$$

计算结果是一个有符号数，因为最后一个部分积是有符号数。因此，有

$$a \times b = -(0101.011110_2) = -5.46875_{10}$$

与十进制数的计算结果一致，即

$$-5.46875 = -\frac{350}{64}$$

1				1	1	0	0	1		25
2	×			1	0	0	1	0		−14
3				0	0	0	0	0		
4			1	1	0	0	1			
5		0	0	0	0	0				
6		0	0	0	0	0				
7	+	1	0	0	1	1	1			
8	1	0	1	0	1	0	0	0	1	0	−350

图 12.9　例 12.17 的计算过程

计算最后一个部分积时，位宽比乘数位宽多一位。这里，a 取为 011001，比正常 a 的位宽多 1，然后确定 a 的补码，这样计算得到最后部分积为 100111_2，有符号的部分积是负的。事实上，a 是无符号数，b 的最高有效位具有负权重。下面尝试另一种计算方式：首先采用 5 位二进制数确定 a 的补码，有

$$00111_2$$

然后进行符号位扩展，有

$$000111_2$$

这样导致计算结果不正确。

总结：在计算最后一个部分积时，必须首先将乘数扩展 1 位，然后确定其补码。

12.6.4　有符号数乘以有符号数

【例 12.18】 计算 $a \times b$，其中 $a = 11.001_2$，$b = 10.010_2$，都是 Q2.3 格式的有符号数。

解 类似于有符号数乘以无符号数，部分积是有符号的，需要进行符号位扩展，然后执行加法操作。需要注意：最后一个部分积需要特殊处理。因为是两个 5 位二进制数的乘积，计算结果为 10 位，因此部分积符号位扩展到 10 位。类似于无符号数乘以有符号数，必须将 b 的最高有效位看作一个负权重。因此，如图 12.10 所示，最后一个部分积通过 a 的补码实现。在计算 a 的补码时，必须以多一位位宽计算 a 的补码。因为 a 是有符号数，采用多一位位宽表示 a 相当于对 a 进行符号位扩展。

1						1	1	0	0	1		−7
2	×					1	0	0	1	0		−14
3		0	0	0	0	0	0	0	0	0	0	
4		1	1	1	1	1	1	0	0	1		
5		0	0	0	0	0	0	0	0			
6		0	0	0	0	0	0	0				
7	+	0	0	0	1	1	1					
8		0	0	0	1	1	0	0	0	1	0	98

图 12.10　例 12.18 的计算过程

【例 12.19】 计算 $a \times b$，其中 $a = 10.000_2$，$b = 10.010_2$，都是 Q2.3 格式的有符号数。

解　计算过程如图 12.11 所示，考虑十进制数的计算过程，确认计算过程是正确的。下面考虑容易出错的一种计算方法（见图 12.12），在计算最后一个部分积时，先计算 a 的补码，然后进行符号位扩展，由图 12.12 不难发现，计算结果是一个负数，正确的结果应该是正值。因此，应先进行符号位扩展，然后计算补码。

1						1	0	0	0	0		−16
2	×					1	0	0	1	0		−14
3		0	0	0	0	0	0	0	0	0	0	
4		1	1	1	1	1	1	0	0	0		
5		0	0	0	0	0	0	0	0			
6		0	0	0	0	0	0	0				
7	+	0	1	0	0	0	0					
8		0	0	1	1	1	0	0	0	0	0	224

图 12.11　例 12.19 的计算过程（正确）

1						1	0	0	0	0		−16
2	×					1	0	0	1	0		−14
3		0	0	0	0	0	0	0	0	0	0	
4		1	1	1	1	1	0	0	0	0		
5		0	0	0	0	0	0	0	0			
6		0	0	0	0	0	0	0				
7	+	1	1	0	0	0	0					
8		1	0	1	1	1	0	0	0	0	0	224

图 12.12　例 12.19 的计算过程（错误）

12.7　有符号数乘法器的实现

在 FPGA 设计中，乘法器最简单的实现方式是直接采用“*”，有符号数乘法器的乘数、乘积声明为有符号数，无符号数乘法器的乘数和乘积声明为无符号数。注意：设计中避免使用有符号数和无符号数混用的情况。举例见 Listing12.7。

Listing12.7　乘法器（位宽相同）的 Verilog HDL 描述

```
/* mulplier: unsigned */
module mulplier#(
    parameter N = 4
)(
```

```verilog
    input [N-1:0]a,b,
    input signed[N-1:0]c,d,
    output [2*N-1:0]y,
    output signed[2*N-1:0]y1
);
    assign y  = a*b;
    assign y1 = c*d;
endmodule
/* Testbench */
module tb_mulplier();
    parameter N = 4;
    reg [N-1:0]a, b;
    wire [2*N-1:0]y;
    reg signed[N-1:0]c, d;
    wire signed [2*N-1:0]y1;
    mulplier #(.N(N))U0(.a(a),.b(b),.y(y),.c(c),.d(d),.y1(y1));
    initial begin:BlockA
        integer j;
        a = 0;
        b = 0;
        c = 0;
        d = 0;
        for(j=0; j < 30; j=j+1) begin
            #10
            /* generate a unsigned random number between 0~16-1 */
            a = {random} % 16;
            b = {random} % 16;
            /* generate a singed random number between -8 ~ 8-1 */
            c =    random % 16;
            d =    random % 16;
        end
        $stop();
    end
endmodule
```

注意：两个位宽为 N 的二进制数，为了防止溢出，结果需要有 $2 \times N$ 位。仿真过程使用了 Verilog HDL 提供的产生随机数的系统函数$random，关于 $random 的使用，请参考文献[3]。

两个乘数的位宽不同时，处理方式与位宽相同的情况基本类似。举例见 Listing12.8。

Listing12.8　乘法器（位宽不同）的 Verilog HDL 描述

```verilog
module mulplier#(
    parameter  N = 4,
               M = 4
)(
    input [N-1:0]a,
    input [M-1:0]b,
    input signed[N-1:0]c,
    input signed[M-1:0]d,
    output [N+M-1:0]y,
    output signed[N+M-1:0]y1
```

```
);
    assign y   = a*b;
    assign y1 = c*d;
endmodule
```

两个乘数的位宽分别为 N 和 M，为了防止溢出，乘积的位宽为 $N+M$。处理位宽不同的操作数赋值操作时，Verilog HDL 遵循以下规则：短位宽数据赋值给长位宽数据时，对高位进行符号位扩展，具体是扩展 1 还是扩展 0，依赖于右操作数。具体规则如下：

① 右操作数是无符号数，则无论左操作数是什么类型，高位都扩展成 0；

② 右操作数是有符号数，则要看右操作数的符号位，按照右操作数的符号位扩展，符号位是 1 就扩展 1，是 0 就扩展 0，也就是进行符号位扩展；

③ 位扩展后的左操作数按照是无符号数还是有符号数解释成对应的十进制数，如果是无符号数，则直接转换成十进制数，如果是有符号数，则看成 2 的补码解释成十进制数；

从上面 3 条规则看出，有符号数赋值成无符号数会出现数据错误的情况，因此要避免这种赋值，而其他情况都是可以保证数据正确的。

Listing12.9 给出参数化设计的有符号数流水线乘法器。为了实现不同位宽的乘数，设计中采用参数化位宽，这样造成设计的可读性下降。

Listing12.9　有符号数流水线乘法器（位宽不同）的 Verilog HDL 描述

```
/* pipeline mulplier signed number times number */
module PipelineMulNM#(
    parameter  N = 4,   /*width of the mulplier */
               M = 4
)(
    input iClk, iRst,
    input signed[N-1:0]a,
    input signed[M-1:0]b,
    output reg signed[N+M-1:0]y
);
    reg [N+M-1:0]PartialProductReg[M-1:0];
    reg [N+M-1:0]PartialProductNext[M-1:0];
    /* partial product register */
    always@(posedge iClk, posedge iRst) begin
        if(iRst) begin:BlockA
            integer j;
            for(j=0;j<M;j=j+1) begin
                PartialProductReg[j] <= 0;
            end
        end
        else begin:BlockB
            integer j;
            for(j=0;j<M;j=j+1) begin
                PartialProductReg[j] <= PartialProductNext[j];
            end
        end
    end
    /* partial product next logic */
    genvar j;
```

```verilog
        generate
            for(j=0;j<M-1;j=j+1) begin:BlockX
                always@(*) begin:BlockC
                    /* M-j MSB of the partial product , partial product, j 1'b0 */
                    PartialProductNext[j] = {{(M-j){b[j]&a[N-1]}},a & {N{b[j]}},{j{1'b0}}};
                end
            end
        endgenerate
        /* The last partial product */
        always@(*) begin
            PartialProductNext[M-1]= {(~{a[N-1],a}+1'b1)&{(N+1){b[M-1]}},{(M-1){1'b0}}};
        end
        /* sum all the partial product */
        always@(*) begin:BlockD
            integer j;
            y = 0;
            for(j=0;j<M;j=j+1) begin
                y = y + PartialProductReg[j];
            end
        end
    endmodule
    /*Testbench */
    module tb_PipelineMulNM();
        parameter N = 4;
        parameter M = 4;
        reg iClk;
        reg iRst;
        reg [N-1:0]a;
        reg [M-1:0]b;
        wire [N+M-1:0]y;
        /* clock signal */
        always #10 iClk= ~iClk;
        initial begin:BlockA
            integer j;
            a = 0;
            b = 0;
            iClk = 0;
            iRst = 1;
            #10
            iRst = 0;
            # 10000
            $stop();
        end
        /* generate multipliers */
        always@(posedge iClk) begin
            a = random % (2**N);
            b = random % (2**M);
        end
        /* */
```

```
PipelineMulNM #(.N(N), .M(M))U0(
    .iClk(iClk),
    .iRst(iRst),
    .a(a),
    .b(b),
    .y(y));
endmodule
```

为了使用参数化设计，设计中使用 generate 语句。采用两级流水线设计，部分积和输出信号各使用了一级寄存器。

12.8 生 成 语 句

生成语句（generate 语句）用于动态地生成 Verilog HDL 代码，当对向量中的多个位进行重复操作时，或者当进行多个模块的实例化引用的重复操作时，或者根据参数的定义来确定程序中是否应该包含某段 Verilog HDL 代码时，使用 generate 语句可有效简化程序的编写过程。

generate 语句的所有表达式都必须是常量表达式，并在详细解析阶段确定。generate 语句可能受参数值的影响，但不受动态变量的影响。常用的 generate 语句包括：循环结构 generate 语句、条件结构 generate 语句，包括 if generate 结构和 case generate 形式。更多细节参考文献[3]。

循环结构 generate 语句在使用时必须采用关键字 genvar 声明循环索引变量。genvar 声明的循环索引变量被用作整数，用来判断循环次数。genvar 声明可以出现在 generate 结构的内部或外部，相同的循环索引变量可以出现在多个 generate 循环中，只要这些循环不嵌套。

Listing12.10 给出 N 位加法器的 Verilog HDL 描述，为了实现参数化描述，设计中使用 generate 语句。因为第 1 个和最后 1 个 FullAdder 模块中，有信号需要特殊处理，在 for 循环语句中使用了 if 语句。对应存在某些需要特殊处理的情况，也可以采用 Listing12.9 的处理方式。

Listing12.10 N 位加法器的 Verilog HDL 描述（使用 generate 语句）

```
module FullAdder(
    input iA, iB,
    input iCin,
    output oSum,
    output oCout
);
    assign oSum = iA^iB^iCin;
    assign oCout = ((iA^iB)&iCin)|(iA&iB);
endmodule
/* */
module FullAdderN#(
    parameter N = 4
)(
    input [N-1:0]iDataA,iDataB,
    input iCin,
    output [N-1:0]oSum,
    output oCout
);
    wire [N-2:0]Cout;
    genvar j;
```

```verilog
        generate
            for(j=0;j<N;j=j+1) begin:BlockA
                if(j==0) begin
                    FullAdder FullAdderU1(.iA(iDataA[0]),
                                          .iB(iDataB[0]),
                                          .iCin(iCin),
                                          .oSum(oSum[0]),
                                          .oCout(Cout[0]));
                end
                else if(j==N-1)begin
                    FullAdder FullAdderUN(.iA(iDataA[N-1]),
                                          .iB(iDataB[N-1]),
                                          .iCin(Cout[N-2]),
                                          .oSum(oSum[N-1]),
                                          .oCout(oCout));
                end
                else begin
                    FullAdder FullAdderU(.iA(iDataA[j]),
                                          .iB(iDataB[j]),
                                          .iCin(Cout[j-1]),
                                          .oSum(oSum[j]),
                                          .oCout(Cout[j]));
                end
            end
        endgenerate
endmodule
/* Testbench */
module tb_FullAdderN();
    parameter N = 4;
    wire [N-1:0]Sum;
    wire Cout;
    reg [N-1:0]A,B;
    reg Cin;
    /* */
    initial begin:BlockA
        integer j;
        A = 0;
        B = 0;
        Cin = 0;
        for(j=0;j<1000;j=j+1) begin
            #10
            A = random % (2**N);
            B = random % (2**N);
        end
        #100
        $stop();
    end
    FullAdderN U0(.iDataA(A),.iDataB(B),.iCin(Cin),.oSum(Sum),.oCout(Cout));
endmodule
```

注意：如果没有特殊说明，N 位乘法器采用连续赋值语句直接描述更为紧凑，本例的目的在于演示 generate 语句的使用方法及模块实例化实现 N 位加法器的方式。

为了提高代码的参数化程度，多数情况下需要使用 generate 语句或 for 循环，这样提高代码通用性的同时降低了代码的可读性。

12.9 思　考　题

1．试述定点数与浮点数的区别。
2．总结不同位宽有符号数相加时位宽的扩展规则。
3．总结不同位宽无符号数相加时位宽的扩展规则。
4．总结有符号数加法溢出条件的判断规则。
5．举例说明有符号数乘法器的工作原理。
6．说明有符号数乘法和无符号数乘法工作原理的区别与联系。

12.10 实　践　练　习

1．考虑 4 级流水线 4 位乘法器设计。
（1）写出设计的完整 Verilog HDL 描述。
（2）编写 Testbench 模块，基于 ModelSim 工程仿真流程，给出仿真结果。
（3）在 DE2-115 开发板上验证电路，要求采用数码管显示计算结果。
2．设计一个 2 级流水线 4 位无符号数乘以有符号数乘法器。
（1）写出设计的完整 Verilog HDL 描述。
（2）编写 Testbench 模块，基于 ModelSim 工程仿真流程，给出仿真结果。
（3）在 DE2-115 开发板上验证电路，要求采用数码管显示计算结果。
3．基于模块实例化语句设计 N 位 8 选 1 数据选择器。
（1）给出 1 位宽的 8 选 1 数据选择器的 Verilog HDL 描述。
（2）采用 generate 语句，基于模块实例化语句给出 N 位 8 选 1 数据选择器的 Verilog HDL 描述。
（3）编写 Testbench 模块，基于 ModelSim 工程仿真流程，给出仿真结果。
（4）设计实验，在 DE2-115 开发板上验证电路。

第 13 章　有限冲激响应滤波器

本章介绍有限冲激响应（Finite Impulse Response，FIR）滤波器的工作原理、结构、设计方法及 FPGA 实现，目的在于帮助读者了解滤波器的基本概念、FIR 滤波器的工作原理及其实现方法，了解不同结构 FIR 滤波器的优势与缺点，能够基于 FPGA 设计不同结构的 FIR 滤波器。

13.1　滤　波　器

大多数情况下，使用滤波器的目的是选择特定频率范围的信号。典型低通滤波器的频率响应如图 13.1 所示。信号低于 ω_p 的频率成分能够几乎无损地通过滤波器，频率范围 $0\sim\omega_\text{p}$ 称为滤波器的通带（Passband）。高于 ω_s 的频率成分会衰减，频率范围 $\omega_\text{s}\sim\infty$ 称为阻带（Stopband）。频率范围 $\omega_\text{p}<\omega<\omega_\text{s}$ 称为过渡带（Transition Band）。通带内信号最大值和最小值的差称为通带纹波（Passband Ripple）。阻带内信号最大值和最小值的差称为阻带纹波（Stopband Ripple）。

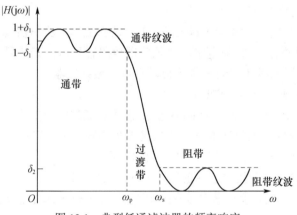

图 13.1　典型低通滤波器的频率响应

基于 FPGA 设计数字滤波器一般包含 4 个步骤。

1. 确定滤波器参数

滤波器设计的第一步是根据具体应用场合，确定滤波器的性能指标，如通带频率、阻带频率、通带纹波、阻带纹波等参数。

2. 确定系统函数

根据滤波器的性能指标，确定滤波器的系统函数 $H(z)$，系统函数有时也称为传输函数。

$$H(z) = \frac{\sum_{k=0}^{M-1} b_k z^{-k}}{\sum_{k=0}^{N-1} a_k z^{-k}} \tag{13.1}$$

通过系统函数确定滤波器的抽头系数 a_k、b_k。

3．确定滤波器的结构

已知滤波器的系统函数 $H(z)$，设计者需要选择一个合适的滤波器结构。也就是说，相同的系统函数可能对应多种电路结构，设计者需要从众多电路结构中选择一个合适的电路结构。直接结构 I 型、直接结构 II 型、级联结构、并联结构、转置结构或网格结构都可以实现某个特定的系统函数。确定滤波器结构的一个重要原则：电路结构对应信号位宽的敏感程度。在数字滤波器最终实现中，信号和抽头系数采用有限位宽的二进制数表示。有些实现结构对于系数量化方式非常敏感，比如直接结构。级联结构和并联结构对抽头系数和位宽的敏感程度则更低。

4．实现

采用 Verilog HDL 对选定的结构进行描述，通过 ModelSim 验证设计功能的正确性，最后是板级实现。

13.2　FIR 滤波器原理

FIR 滤波器是一种特殊结构的滤波器，式（13.1）中如果系数 $a_i= 0(i=0, 1, \cdots, N-1)$，则

$$H(z) = \sum_{k=0}^{M-1} b_k z^{-k} \tag{13.2}$$

当 $M=3$ 时，直接结构 FIR 滤波器如图 13.2 所示。FIR 滤波器通过 3 种器件实现：加法器、乘法器和延迟单元。图 13.2 所示滤波器包括 3 个抽头系数（b_0，b_1，b_2）和 2 个延迟单元（z^{-1}）。相比无限冲激响应（Infinite Impulse Response，IIR）滤波器，FIR 滤波器具有两个重要优势。

① 从结构上看，FIR 滤波器没有反馈环。由于没有反馈环，FIR 滤波器永远是稳定的。而 IIR 滤波器的稳定性需要验证。

② FIR 滤波器能够实现线性相位，线性相位是 FIR 滤波器的主要优势。同样指标的滤波器，IIR 滤波器比 FIR 滤波器具有更低阶数。

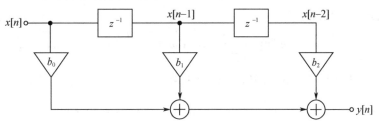

图 13.2　直接结构 FIR 滤波器

为了实现线性相位 FIR 滤波器，时域中滤波器必须具有对称结构，即

$$b[n]=b[M-1-n]$$

图 13.2 所示二阶 FIR 滤波器中，要求

$$b_0=b_2$$

因此，有

$$H(z)=b_0+b_1\mathrm{e}^{-\mathrm{j}\omega}+b_0\mathrm{e}^{-\mathrm{j}2\omega}=\mathrm{e}^{-\mathrm{j}\omega}(b_1+2b_0\cos\omega) \tag{13.3}$$

其中 $b_k(i=0, 1, \cdots, M)$ 是实数，$H(z)$ 的相位为

$$\angle H(z) = \begin{cases} \omega_\mathrm{p} & b_1 + 2b_0 \cos\omega > 0 \\ -\omega_\mathrm{p} + \pi & b_1 + 2b_0 \cos\omega < 0 \end{cases} \tag{13.4}$$

即 FIR 滤波器的相位是线性的。

上面讨论了二阶 FIR 滤波器的相位情况，对于 M 阶 FIR 滤波器，时域内抽头系数的对称性都能够保证滤波器的线性相位。考虑连续时间情况，假设系统的频率响应为

$$H(s)=\alpha e^{-j\beta\omega}$$

其中，α、β 为实数，系统的相位是线性的，即

$$\angle H(s)=-\beta\omega$$

如果系统输入为

$$x(t)=A\cos(\omega_1 t)$$

系统输出为

$$y(t)=\alpha A\cos(\omega_1 t-\beta\omega_1)=\alpha x(t-\beta)$$

因此，线性相位对应一个常数延迟。如果系统相位响应是非线性的，即使 $|H(s)|$ 是常数，输出也会产生畸变。在非线性相位的滤波器中，输入不同频率成分的信号，延迟不同。假设系统的相位响应为

$$\angle H(z)=-k\omega(k\in\mathbf{N})$$

同样可以证明线性相位等价于常数延迟。

13.3 FIR 滤波器的设计：窗函数

设计低通滤波器，截止频率为 ω_c，期望的频率响应为

$$H_d(j\omega)=\begin{cases}1 & |\omega|<\omega_c \\ 0 & 其他\end{cases} \tag{13.5}$$

为了确定等价的时域表示，计算傅里叶逆变换

$$h_d[n]=\frac{1}{2\pi}\int_{-\pi}^{+\pi}H_d(j\omega)e^{j\omega n}d\omega \tag{13.6}$$

将式（13.5）代入式（13.6），得

$$h_d[n]=\frac{1}{2\pi}\int_{-\omega_c}^{+\omega_c}e^{j\omega n}d\omega=\frac{\sin(n\omega_c)}{n\pi} \tag{13.7}$$

当 $\omega_c=\dfrac{\pi}{4}$ 时，式（13.7）所示图像如图 13.3 所示。为了达到滤波的目的，需要无数多个输入信号，且系统不是因果的。为此，需要对时域响应进行截断。例如，只使用 21 个抽头系数，其他抽头系数都置 0。不为 0 的抽头系数越多，截断后的脉冲响应越接近理想脉冲响应，频域响应也就更接近式（13.5）。抽头系数增多，硬件实现需要更多资源。使用 21 个抽头系数有 3 种选择，如图 13.4 至图 13.6 所示。图 13.4 所示系统属于非因果系统。非因果系统不可实现。图 13.6 所示系统具有线性相位，属于因果系统，但缺点是延迟问题。换句话说，发生在 $n=0$ 时刻的冲激响应，需要在

$$\frac{M-1}{2}$$

时刻才能获得。截断单位冲激响应等价于将理想单位冲激响应 $h_d[n]$ 乘以一个矩形窗函数 $w[n]$，其中

$$w[n]=\begin{cases}1 & n=0,1,\cdots,M-1 \\ 0 & 其他\end{cases} \tag{13.8}$$

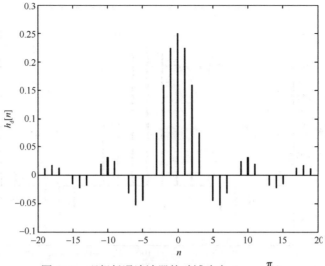

图 13.3 理想低通滤波器的时域响应 ($\omega_c = \dfrac{\pi}{4}$)

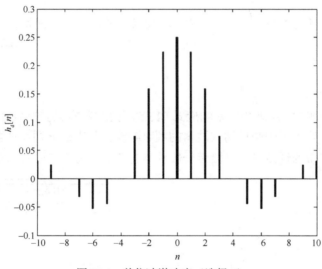

图 13.4 单位冲激响应 (选择 1)

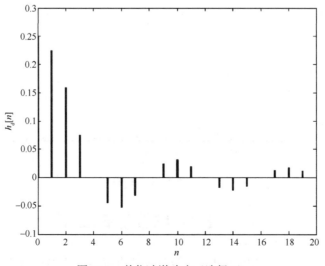

图 13.5 单位冲激响应 (选择 2)

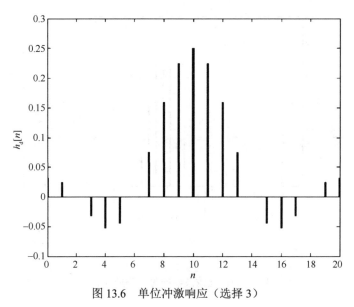

图 13.6　单位冲激响应（选择 3）

因此，理想单位冲激响应右移 $\dfrac{M-1}{2}$ 个单位，再乘以窗函数 $w[n]$，即希望设计 FIR 的单位冲激响应，为

$$h[n] = h_{\mathrm{d}}\left[n - \frac{M-1}{2} \right] w[n] \tag{13.9}$$

通过施加矩形窗函数，从理想频率响应式（13.5）导出滤波器的频率响应，如图 13.7 所示，为了比较，图中同时给出了理想低通滤波器的频率响应。与理想低通滤波器不同，设计滤波器存在一个从通带到阻带的过渡带，过渡带一般都是光滑的。通带和阻带都存在纹波。

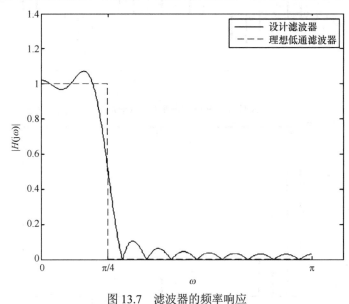

图 13.7　滤波器的频率响应

13.4　FIR 滤波器的结构

如果已知系统函数 $H(z)$，FIR 滤波器的设计方法有很多，比如窗函数法、频率采样法等，

需要选择一种滤波器结构，换句话说，对于同一个系统函数 $H(z)$，存在多种实现结构。

在进行滤波器结构选择时，一个需要重点考虑的问题是：电路结构对抽头系数量化误差的敏感程度。因为在 FPGA 实现中，使用有限位宽表示信号和抽头系数，在选择滤波器结构时，希望抽头系数量化对滤波器的滤波效果影响最小。此外，计算复杂度也是滤波器结构选择需要考虑的一个问题，有些滤波器结构会显著降低系统的复杂性。

13.4.1　直接结构

直接结构可以从滤波器差分方程直接获得，FIR 滤波器的差分方程为

$$y[n] = \sum_{k=0}^{M-1} b_k x(n-k) \tag{13.10}$$

根据式（13.10），计算滤波器当前时刻的输出 $y[n]$，需要当前时刻输入 $x[n]$ 及之前的 $M-1$ 个输入 $x[n-i]$（$i=1, 2, \cdots, M-1$）。值得注意的是，$M-1$ 阶 FIR 滤波器直接结构需要 M 个乘法器。直接结构 FIR 滤波器的一个显著优势是线性相位。考虑到线性相位 FIR 滤波器的抽头系数具有对称性，即

$$b_k = b_{M-1-k} \tag{13.11}$$

具体地，对于 $M=5$，有

$$y[n] = b_0 x[n] + b_1 x[n-1] + b_2 x[n-2] + b_3 x[n-3] + b_4 x[n-4] \tag{13.12}$$

式（13.12）对应的电路结构如图 13.8 所示。

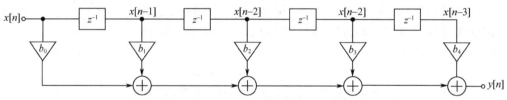

图 13.8　直接结构 FIR 滤波器（$M=5$）

图 13.8 所示直接结构 FIR 滤波器需要 5 个乘法器，考虑到抽头系数的对称性，图 13.9 所示的线性相位 FIR 滤波器需要 3 个乘法器。如果 M 是奇数，线性相位 $M-1$ 阶 FIR 滤波器需要的乘法器数目从 M 个降低为 $(M+1)/2$ 个。

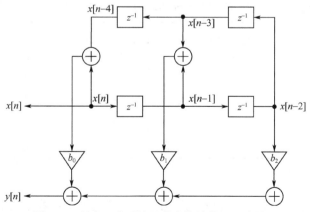

图 13.9　具有 3 个乘法器的直接结构 FIR 滤波器

13.4.2　级联结构

直接结构 FIR 滤波器由差分方程获得，而级联结构 FIR 滤波器从系统函数 $H(z)$ 获得则更为

方便。具体思路：将系统函数 $H(z)$ 分解为若干二阶 FIR 滤波器的级联，即需要确定若干二阶系统，满足

$$H(z) = \sum_{k=0}^{M-1} b_k z^{-k} = \prod_{k=1}^{P} (b_0^k + b_1^k z^{-1} + b_2^k z^{-2}) \qquad (13.13)$$

其中，P 等于 $M/2$ 的整数部分。例如，如果 $M=5$，系统函数 $H(z)$ 是一个 4 阶多项式，可以分解为 2 个二阶多项式。每个二阶多项式采用直接结构二阶滤波器实现。一般要求每个二阶多项式具有一对共轭复根，以保证滤波器的抽头系数都是实数。将 $H(z)$ 分解为二阶系统的原因：级联结构 FIR 滤波器的优势在于对抽头系数量化误差不敏感。

【例 13.1】 设计级联结构 7 阶 FIR 滤波器，滤波器的抽头系数见表 13.1。

解 系统函数 $H(z)$ 为

$$H(z)=-0.0977+0.1497z^{-2}+0.2813z^{-3}+0.3333z^{-4}+0.2813z^{-5}+0.1497z^{-6}-0.0977z^{-8} \qquad (13.14)$$

分解为

$$H(z)=GH_1(z)H_2(z)H_3(z)H_4(z) \qquad (13.15)$$

其中

表 13.1　滤波器的抽头系数

序号 k	抽头系数 b_k
0 和 8	−0.0977
1 和 7	0
2 和 6	0.1497
3 和 5	0.2813
4	0.3333

$$G = -0.0977$$
$$H_1(z) = 1 - 2.5321z^{-1} + z^{-2} \qquad H_2(z) = 1 - 0.3474z^{-1} + z^{-2} \qquad (13.16)$$
$$H_3(z) = 1 + 1.8794z^{-1} + z^{-2} \qquad H_4(z) = 1 + z^{-1} + z^{-2}$$

滤波器的级联结构如图 13.10 所示。每个二阶子系统采用直接结构的滤波器实现，例如，$H_1(z)$ 的实现如图 13.11 所示。容易验证，$H_1(z)$ 具有一对实数零点，为

$$z_1 = 2.0425，z_2 = 0.4896$$

其他 3 个二阶子系统具有一对共轭虚根，例如，$H_2(z)$ 的两个零点为

$$z_1 = 0.1737 + j0.9848，z_2 = 0.1737 - j0.9848$$

确定级联结构滤波器涉及复杂的数学计算，建议采用 MATLAB 软件或专门的滤波器设计软件。

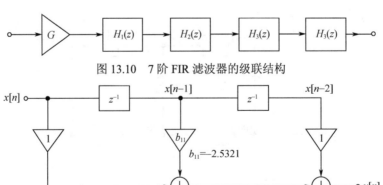

图 13.10　7 阶 FIR 滤波器的级联结构

图 13.11　$H_1(z)$ 的实现

【例 13.2】 设计级联结构 8 阶 FIR 滤波器，滤波器的抽头系数见表 13.2。

解 系统函数写成二阶子系统的级联形式

$$H(z)=GH_1(z)H_2(z)H_3(z)H_4(z)H_5(z) \qquad (13.17)$$

其中

G=10.0024

$H_1(z)$=1-7.7465z^{-1} $H_2(z)$=1+0.8709z^{-1}-0.1291z^{-2}

$H_3(z)$=1+1.7922z^{-1}+1.6972z^{-2} $H_4(z)$=1+0.9858z^{-1}+z^{-2}

$H_5(z)$=1+1.0560z^{-1}+0.5892z^{-2}

表 13.2	滤波器的抽头系数
序号 k	抽头系数 b_k
0 和 9	−0.0024
1 和 8	0.0073
2 和 7	0.0606
3 和 6	0.1691
4 和 5	0.2654

系统函数 $H(z)$ 是 9 阶多项式，有 9 个零点。因此，$H_1(z)$ 只有一个零点。

为了降低计算量，考虑到图 13.2 和图 13.9，线性相位滤波器使用更少数量的乘法器实现。值得注意的是，目标系统是线性相位的，分解的级联子系统中只有 $H_4(z)$ 具有线性相位（因为 $H_4(z)$ 的系数对称）。

考虑分解线性相位 FIR 滤波器，使得分解的二阶子系统保持线性相位。对于线性相位 FIR 滤波器，系统函数的多项式系数 b_k 的对称性导致系统函数零点不对称。特别地，如果 z_1 和 z_1^* 是系统函数的零点，那么 $\dfrac{1}{z_1}$ 和 $\dfrac{1}{z_1^*}$ 同样也是系统函数的一对零点。利用这一性质，按照某种方式对系统函数零点重新分组，将系统函数分解为线性相位的二阶子系统。通过 MATLAB 求根命令，确定系统函数的零点。

```
N=[-0.0024  0.0073  0.0606  0.1691  0.2654  0.2654  0.1691  0.0606  0.0073  -0.0024];
roots (N)
```

因此，得

z_1=−1.0000 z_2= 7.7465 z_3=0.1291

z_4=−0.4929+j0.8701 z_5=−0.4929−j0.8701 z_6=−0.5280+j0.5571

z_7=−0.5280−j0.5571 z_8=−0.8961+j0.9456 z_9=−0.8961+j0.9456

容易验证

$$z_2=\frac{1}{z_3}, \qquad z_4=\frac{1}{z_5^*}$$

$$z_6=\frac{1}{z_7^*}, \qquad z_8=\frac{1}{z_9^*}$$

将 z_2、z_3 看作线性相位二阶子系统的两个零点，有

$H_{LP1}(z)$=[1−(−0.4929+j0.8701)z^{-1}] [1−(−0.4929−j0.8701)z^{-1}]=1+0.9858z^{-1}+z^{-2}

类似地，将 z_4 和 z_5 看作一组，有

$H_{LP2}(z)$=(1−0.1291z^{-1})(1−7.7465z^{-1})=1−7.8756z^{-1}+z^{-1}

如果组合 z_6、z_7、z_8、z_9，有

$H_{LP3}(z)$= 1+2.8428z^{-1}+4.1790z^{-2}+2.8428z^{-3}+z^{-4}

考虑 z_1，还需要一个一阶子系统，即

$H_{LP4}(z)$= 1+z^{-1}

线性相位子系统构成的级联结构 FIR 滤波器的系统函数为

$$H(z)=GH_{LP1}(z)H_{LP2}(z)H_{LP3}(z)H_{LP4}(z)$$

其中，G=−0.0024。线性相位 FIR 滤波器的零点可能有 4 种情况，如图 13.12 所示。

① 一对不在单位圆上的共轭复根，如 z_1 和 z_1^* 以及 $\dfrac{1}{z_1}$ 和 $\dfrac{1}{z_1^*}$。

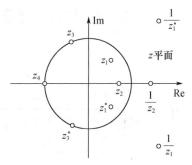

图 13.12　线性相位 FIR 滤波器的零点图

② 单位圆上的共轭复根，如 z_3 和 z_3^*。

③ 不在单位圆上的实数零点及其倒数，如 z_2 和 $\dfrac{1}{z_2}$。

④ 单位圆上的实数零点，如 z_4。

分解系统函数 $H(z)$，保证二阶子系统具有线性相位，实现滤波器需要 5 个乘法器，具体见表 13.3。而不保证二阶子系统具有线性相位，实现滤波器需要 9 个乘法器，见表 13.4。为了获得线性相位二阶子系统，需要对系统的零点合理配对。使用线性相位二阶子系统级联，可减少乘法器的使用。为了保证抽头系数对称，有些子系统可能是 4 阶的。

表 13.3　滤波器需要的乘法器个数（线性相位）

子系统	G	$H_{LP1}(z)$	$H_{LP2}(z)$	$H_{LP3}(z)$	$H_{LP4}(z)$
乘法器个数	1	1	1	2	0

表 13.4　滤波器需要的乘法器个数（非线性相位）

子系统	G	$H_1(z)$	$H_2(z)$	$H_3(z)$	$H_4(z)$	$H_5(z)$
乘法器个数	1	1	2	2	1	2

13.5　FIR 滤波器的实现

确定滤波器结构之后，根据应用的具体情况，给出滤波器的 Verilog HDL 描述。为此，需要确定如下问题：

① 滤波器的抽头系数如何实现，采用常数直接实现，还是保存在寄存器或 RAM 中；
② 滤波器抽头系数和信号采用何种格式的定点数表示。

13.5.1　组合逻辑 FIR 滤波器

将 FIR 滤波器数据流图（Dataflow Diagram）直接映射为对应的计算单元，可获得 FIR 滤波器的直接实现。由于涉及多个乘法和加法运算，为了防止因溢出造成的计算错误，需要合理设置信号位宽。此外，FIR 滤波器数据流图使用输入信号的延迟，需要移位寄存器保存输入信号及其延迟。

采用 MATLAB 软件的 Filter Design & Analysis Tool 工具设计滤波器，设置滤波器阶数：8，响应类型：Lowpass，采样频率：10000Hz，通带截止频率：1000Hz，阻带截止频率：3000Hz，如图 13.13 所示。

滤波器的抽头系数采用十进制有符号数形式，为

coefs = [−0.0325, −0.0384, 0.0784, 0.2874, 0.3984, 0.2874, 0.0784, −0.0384, −0.0325]

Listing13.1 给出十进制小数转换为二进制补码表示的 Python 脚本。

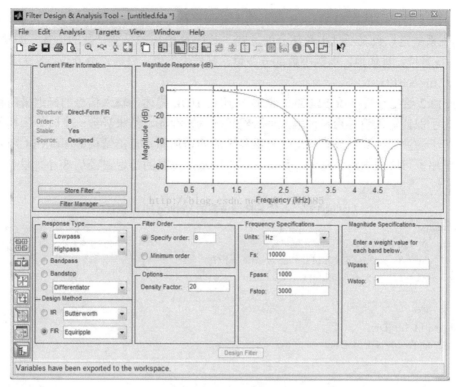

图 13.13　滤波器性能指标设定

Listing13.1　十进制小数转换为二进制补码（Python 脚本）

```
from matplotlib import pyplot as plt
import numpy as np
import math
# return a complement code of num in binary
N = 8      #系数位宽，N-M-1 位表示整数部分，最高位是符号位
M = 7      #系数二进制补码表示，7 表示小数部分位宽
def com_bin(num,N=8):
    if(num>=0):
        num_b = format(num,'#0'+str(N+2)+'b')
    else:
        t = (2**N) - abs(num)
        num_b = format(t,'#0'+str(N+2)+'b')
    return num_b
# FIR 滤波器的抽头系数，有符号数
coefs = [-0.0325,-0.0384,0.0784,0.2874,0.3984,0.2874,0.0784,-0.0384,-0.0325]
#二进制补码表示的系数保存到文件
coef_file = "fir_coe1.txt"
fid = open(coef_file,'w')
for i in range(len(coefs)):
    t = com_bin(round(coefs[i]*(2**M)),N)
    s = "assign COEF{0} = {1}'{2};".format(i,N,t[1:]);
    fid.write(s)
    fid.write('\n')
fid.close()
```

Listing13.1 的作用是将 MATLAB 提供的十进制有符号数抽头系数转换为二进制补码。参数 M 指定抽头系数定点数表示时小数部分的位宽，参数 N 给出的是整个数的位宽，即整数部分+小数部分+符号位。具体地，本例小数部分 7 位，符号位 1 位，整数部分 0 位，N 为 8 位。转化后结果写入 fir_coe1.txt 文件。

Listing13.2 给出一种 8 阶 FIR 滤波器的 Verilog HDL 描述，输入信号的延迟采用移位寄存器实现。为了保证输入信号稳定，输入信号经过输入寄存器，结果导致一个时钟周期的延迟。输出信号等于滤波器抽头系数与延迟信号乘积之后的累加和，直接结构如图 13.14 所示。调整加法执行顺序，可降低电路的延迟，如图 13.15 所示，电路的延迟路径从 8 个加法器降低到 4 个加法器。

Listing13.2　8 阶 FIR 滤波器的 Verilog HDL 描述

```verilog
module FirCom#(
    parameter    N = 8,      /* order of the filter */
                 W = 8,      /* bit width of the tap coefficient */
                 M = 12      /* bit width of the input data          */
)(
    input iClk, iRst,
    input signed[M-1:0]iDin,
    output signed[W+M+N-1:0]oDout
);
    /* tape coefficient */
    /* tap coefficient, sign bit: 1bit, fraction part: 7bit, complementation */
    wire signed[W-1:0]COEF0, COEF1, COEF2, COEF3, COEF4, COEF5, COEF6, COEF7, COEF8;
    assign COEF0 = 8'b11111100;
    assign COEF1 = 8'b11111011;
    assign COEF2 = 8'b00001010;
    assign COEF3 = 8'b00100101;
    assign COEF4 = 8'b00110011;
    assign COEF5 = 8'b00100101;
    assign COEF6 = 8'b00001010;
    assign COEF7 = 8'b11111011;
    assign COEF8 = 8'b11111100;
    /* N-order filter need (N+1) coefficients */
    reg signed[M-1:0]DataReg0, DataReg1, DataReg2, DataReg3, DataReg4;
    reg signed[M-1:0]DataReg5, DataReg6, DataReg7, DataReg8;
    /* shift register */
    always@(posedge iClk, posedge iRst)begin
        if(iRst) begin
            DataReg0 <= 0;
            DataReg1 <= 0;
            DataReg2 <= 0;
            DataReg3 <= 0;
            DataReg4 <= 0;
            DataReg5 <= 0;
            DataReg6 <= 0;
            DataReg7 <= 0;
            DataReg8 <= 0;
        end
        else begin
```

```
            DataReg0 <= iDin;
            DataReg1 <= DataReg0;
            DataReg2 <= DataReg1;
            DataReg3 <= DataReg2;
            DataRcg4 <= DataReg3;
            DataReg5 <= DataReg4;
            DataRcg6 <= DataReg5;
            DataReg7 <= DataReg6;
            DataReg8 <= DataReg7;
        end
    end
    /* */
    assign oDout =      DataReg0*COEF0 + DataReg1*COEF1 + DataReg2*COEF2 +
                        DataReg3*COEF3 + DataReg4*COEF4 + DataReg5*COEF5 +
                        DataReg6*COEF6 + DataReg7*COEF7 + DataReg8*COEF8;

endmodule
```

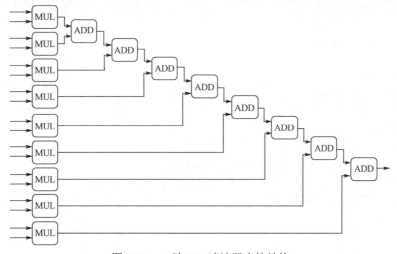

图 13.14　8 阶 FIR 滤波器直接结构

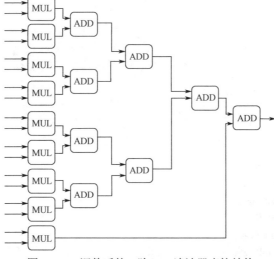

图 13.15　调整后的 8 阶 FIR 滤波器直接结构

根据 FIR 滤波器抽头系数的对称性，可以进一步优化电路结构，具体实现参考 Listing13.3。

Listing13.3　调整后的 8 阶 FIR 滤波器的 Verilog HDL 描述

```
module FirCom1#(
    parameter   N = 8,    /* order of the filter */
                W = 8,    /* bit width of the tap coefficient */
                M = 12    /* bit width of the input data         */
)(
    input iClk, iRst,
    input signed[M-1:0]iDin,
    output signed[W+M+N-1:0]oDout
);
    /* tape coefficient */
    /* tap coefficient, sign bit: 1bit, fraction part: 7bit, complementation */
    wire signed[W-1:0]COEF0, COEF1, COEF2, COEF3, COEF4, COEF5, COEF6, COEF7, COEF8;
    assign COEF0 = 8'b11111100;
    assign COEF1 = 8'b11111011;
    assign COEF2 = 8'b00001010;
    assign COEF3 = 8'b00100101;
    assign COEF4 = 8'b00110011;
    assign COEF5 = 8'b00100101;
    assign COEF6 = 8'b00001010;
    assign COEF7 = 8'b11111011;
    assign COEF8 = 8'b11111100;
    /* N-order filter need (N+1) coefficients */
    reg signed[M-1:0]DataReg0, DataReg1, DataReg2, DataReg3, DataReg4;
    reg signed[M-1:0]DataReg5, DataReg6, DataReg7, DataReg8;
    /* shift register */
    always@(posedge iClk, posedge iRst)begin
        if(iRst) begin
            DataReg0 <= 0;
            DataReg1 <= 0;
            DataReg2 <= 0;
            DataReg3 <= 0;
            DataReg4 <= 0;
            DataReg5 <= 0;
            DataReg6 <= 0;
            DataReg7 <= 0;
            DataReg8 <= 0;
        end
        else begin
            DataReg0 <= iDin;
            DataReg1 <= DataReg0;
            DataReg2 <= DataReg1;
            DataReg3 <= DataReg2;
            DataReg4 <= DataReg3;
            DataReg5 <= DataReg4;
            DataReg6 <= DataReg5;
            DataReg7 <= DataReg6;
```

```
                DataReg8 <= DataReg7;
        end
    end
    /*Output logic*/
    assign oDout =   (DataReg0+DataReg8)*COEF0 +
                     (DataReg1+DataReg7)*COEF1 +
                     (DataReg2+DataReg6)*COEF2 +
                     (DataReg3+DataReg5)*COEF3 +
                     DataReg4*COEF4;

endmodule
```

与 Listing13.2 实现相比,Listing13.3 使用的乘法器明显减少,由原来的 8 个降低到 5 个。

综合软件能够实现一定程度的电路结构优化,但并不是所有情况下都能给出最优结构的电路。Verilog HDL 描述风格很大程度上决定了综合结果,设计者应知晓电路结构与 Verilog HDL 描述的对应关系。描述时,尽可能明确给出电路结构。

13.5.2 流水线结构 FIR 滤波器

为了提高 FIR 滤波器的最高工作频率,下面介绍流水线结构的 FIR 滤波器。组合逻辑乘法器延迟较大,为了实现流水线结构,考虑在乘法器后面增加一级寄存器,即在每个乘法器后面增加寄存器以保存乘法器的输出,将乘法器与加法器的级联结构打断。增加一级流水线,可提高电路的最高工作频率。增加寄存器的不利方面是增加一个时钟周期的延迟。

Listing13.4 给出流水线结构 FIR 滤波器的 Verilog HDL 描述。

Listing13.4 流水线结构 FIR 滤波器的 Verilog HDL 描述

```
module FirPipline#(
        parameter N = 8,     /* order of the filter */
                  W = 8,     /* bit width of the tap coefficient */
                  M = 12     /* bit width of the input data      */
        )(
        input iClk, iRst,
        input signed[M-1:0]iDin,
        output signed[W+M+N-1:0]oDout
);
        /* tape coefficient */
        /* tap coefficient, sign bit: 1bit, fraction part: 7bit, complementation */
        wire signed[W-1:0]COEF0, COEF1, COEF2, COEF3, COEF4, COEF5, COEF6, COEF7, COEF8;
        assign COEF0 = 8'b11111100;
        assign COEF1 = 8'b11111011;
        assign COEF2 = 8'b00001010;
        assign COEF3 = 8'b00100101;
        assign COEF4 = 8'b00110011;
        assign COEF5 = 8'b00100101;
        assign COEF6 = 8'b00001010;
        assign COEF7 = 8'b11111011;
        assign COEF8 = 8'b11111100;
        /* N-order filter need (N+1) coefficients */
        reg signed[M-1:0]DataReg0, DataReg1, DataReg2, DataReg3, DataReg4;
        reg signed[M-1:0]DataReg5, DataReg6, DataReg7, DataReg8;
```

```verilog
/* partial product register: bit width: N+M */
reg signed[W+M-1:0]PProdReg0, PProdReg1, PProdReg2, PProdReg3, PProdReg4;
reg signed[W+M-1:0]PProdReg5, PProdReg6, PProdReg7, PProdReg8;
/* partial product register */

always@(posedge iClk, posedge iRst)begin
    if(iRst) begin
            PProdReg0 <= 0;
            PProdReg1 <= 0;
            PProdReg2 <= 0;
            PProdReg3 <= 0;
            PProdReg4 <= 0;
            PProdReg5 <= 0;
            PProdReg6 <= 0;
            PProdReg7 <= 0;
            PProdReg8 <= 0;
    end
    else begin
            PProdReg0 <= DataReg0*COEF0;
            PProdReg1 <= DataReg1*COEF1;
            PProdReg2 <= DataReg2*COEF2;
            PProdReg3 <= DataReg3*COEF3;
            PProdReg4 <= DataReg4*COEF4;
            PProdReg5 <= DataReg5*COEF5;
            PProdReg6 <= DataReg6*COEF6;
            PProdReg7 <= DataReg7*COEF7;
            PProdReg8 <= DataReg8*COEF8;
    end
end
/* shift register */
always@(posedge iClk, posedge iRst)begin
    if(iRst) begin
            DataReg0 <= 0;
            DataReg1 <= 0;
            DataReg2 <= 0;
            DataReg3 <= 0;
            DataReg4 <= 0;
            DataReg5 <= 0;
            DataReg6 <= 0;
            DataReg7 <= 0;
            DataReg8 <= 0;
    end
    else begin
            DataReg0 <= iDin;
            DataReg1 <= DataReg0;
            DataReg2 <= DataReg1;
            DataReg3 <= DataReg2;
            DataReg4 <= DataReg3;
            DataReg5 <= DataReg4;
```

```
                        DataReg6 <= DataReg5;
                        DataReg7 <= DataReg6;
                        DataReg8 <= DataReg7;
                end
        end
        /* */
        assign oDout =   ((PProdReg0 + PProdReg1) +
                         (PProdReg2 + PProdReg3)) +
                         ((PProdReg4 + PProdReg5) +
                         (PProdReg6 + PProdReg7)) +
                         PProdReg8;

endmodule
/* Testbench */
module tb1_fir();
    reg Clk, Rst;
    wire signed [27:0]Dout;
    reg signed [11:0]Din;
    reg signed[11:0]MemReg[4096-1:0];
    integer j;
    integer fid;
    FirPipline u0(.iClk(Clk),.iRst(Rst),.iDin(Din),.oDout(Dout));
    //fir u0(.clk(Clk),.rst(Rst),.din(Din),.dout(Dout));
    always #10 Clk = ~Clk;
    initial begin
        fid = fopen("fir_dout.txt");
    end
    always@(j) begin
        fdisplay(fid,"%d", Dout);
    end
    initial begin:Block2
        readmemb("fir_signals.txt",MemReg,0,4095);
        Clk = 1'b0;
        Rst = 1'b1;
        #25
        Rst = 1'b0;
    end
    always@(posedge Clk, posedge Rst) begin
        if(Rst) begin:Block1
            Din <= 0;
            j    <= 0;
        end
        else begin
            Din <= MemReg[j];
            j    <= j + 1'b1;
        end
    end
endmodule
```

图 13.15 对应的流水线结构 FIR 滤波器的 Verilog HDL 描述参考 Listing13.5。

Listing13.5　图 13.15 对应的流水线结构 FIR 滤波器的 Verilog HDL 描述

```verilog
module FirPipline1#(
    parameter   N = 8,     /* order of the filter */
                W = 8,     /* bit width of the tap coefficient */
                M = 12     /* bit width of the input data         */
)(
    input iClk, iRst,
    input signed[M-1:0]iDin,
    output signed[W+M+N-1:0]oDout
);
    /* tape coefficient */
    /* tap coefficient, sign bit: 1bit, fraction part: 7bit, complementation */
    wire signed[W-1:0]COEF0, COEF1, COEF2, COEF3, COEF4;
    assign COEF0 = 8'b11111100;
    assign COEF1 = 8'b11111011;
    assign COEF2 = 8'b00001010;
    assign COEF3 = 8'b00100101;
    assign COEF4 = 8'b00110011;
    /* N-order filter need (N+1) coefficients */
    reg signed[M-1:0]DataReg0, DataReg1, DataReg2, DataReg3, DataReg4;
    reg signed[M-1:0]DataReg5, DataReg6, DataReg7, DataReg8;
    /* partial product register: bit width: N+M */
    reg signed[W+M:0]PProdReg0, PProdReg1, PProdReg2, PProdReg3, PProdReg4;
    /* partial product register */
    always@(posedge iClk, posedge iRst)begin
        if(iRst) begin
            PProdReg0 <= 0;
            PProdReg1 <= 0;
            PProdReg2 <= 0;
            PProdReg3 <= 0;
            PProdReg4 <= 0;
        end
        else begin
            PProdReg0 <= (DataReg0+DataReg8)*COEF0;
            PProdReg1 <= (DataReg1+DataReg7)*COEF1;
            PProdReg2 <= (DataReg2+DataReg6)*COEF2;
            PProdReg3 <= (DataReg3+DataReg5)*COEF3;
            PProdReg4 <= (DataReg4*COEF4);
        end
    end
    /* shift register */
    always@(posedge iClk, posedge iRst)begin
        if(iRst) begin
            DataReg0 <= 0;
            DataReg1 <= 0;
            DataReg2 <= 0;
            DataReg3 <= 0;
            DataReg4 <= 0;
            DataReg5 <= 0;
```

```
                DataReg6 <= 0;
                DataReg7 <= 0;
                DataReg8 <= 0;
            end
        else begin
            DataReg0 <= iDin;
            DataReg1 <= DataReg0;
            DataReg2 <= DataReg1;
            DataReg3 <= DataReg2;
            DataReg4 <= DataReg3;
            DataReg5 <= DataReg4;
            DataReg6 <= DataReg5;
            DataReg7 <= DataReg6;
            DataReg8 <= DataReg7;
        end
    end
    /* */
    assign oDout =(PProdReg0+PProdReg1)+(PProdReg2+PProdReg3)+PProdReg4;
endmodule
```

总结：

① 保存乘法器计算结果的寄存器的位宽为 $W+M+1$ 位，这是因为两个 M 位的有符号数的和为 $M+1$ 位，再与 W 位有符号数相乘，结果为 $W+M+1$ 位。乘法器的位宽增加了 1 位。

② 输出求和部分的加法器减少。

③ 通过在组合路径中插入寄存器可以增加流水线级数，进而提高系统的最高工作频率，但不是流水线级数越高越好。

13.5.3　参数化 FIR 滤波器

当设计的滤波器阶数发生改变时，需要重新设计，Listing13.6 给出一种参数化实现方式。虽然全部采用参数实现，降低了当阶数等参数改变时代码的修改难度，但是代码的可读性有所下降。

Listing13.6　参数化 FIR 滤波器的 Verilog HDL 描述

```
module fir#(
    parameter   N = 50,
                W = 8,      /* bit width of the tap coefficient */
                M = 12      /* bit width of the input data */
)(
    input iClk, iRst,
    input iEn, /* Enable signal */
    input signed[M-1:0]iDin,
    output wire oDoutValid,
    output wire signed[W+M+6-1:0]oDout
);
    /* tap coefficient, sign bit: 1bit, fraction part: 7bit, com */
    wire signed [W-1:0] COEF[N:0];
    /* tap coefficients generated by    */
    assign COEF[0]   = 8'b00000000;
    assign COEF[1]   = 8'b00000000;
```

```
assign COEF[2]  = 8'b00000000;
assign COEF[3]  = 8'b00000000;
assign COEF[4]  = 8'b00000010;
assign COEF[5]  = 8'b00000010;
assign COEF[6]  = 8'b00000001;
assign COEF[7]  = 8'b11111111;
assign COEF[8]  = 8'b11111111;
assign COEF[9]  = 8'b00000001;
assign COEF[10] = 8'b00000010;
assign COEF[11] = 8'b00000000;
assign COEF[12] = 8'b11111110;
assign COEF[13] = 8'b11111111;
assign COEF[14] = 8'b00000010;
assign COEF[15] = 8'b00000011;
assign COEF[16] = 8'b11111110;
assign COEF[17] = 8'b11111100;
assign COEF[18] = 8'b00000000;
assign COEF[19] = 8'b00000110;
assign COEF[20] = 8'b00000100;
assign COEF[21] = 8'b11111000;
assign COEF[22] = 8'b11110101;
assign COEF[23] = 8'b00001001;
assign COEF[24] = 8'b00101000;
assign COEF[25] = 8'b00110111;
assign COEF[26] = 8'b00101000;
assign COEF[27] = 8'b00001001;
assign COEF[28] = 8'b11110101;
assign COEF[29] = 8'b11111000;
assign COEF[30] = 8'b00000100;
assign COEF[31] = 8'b00000110;
assign COEF[32] = 8'b00000000;
assign COEF[33] = 8'b11111100;
assign COEF[34] = 8'b11111110;
assign COEF[35] = 8'b00000011;
assign COEF[36] = 8'b00000010;
assign COEF[37] = 8'b11111111;
assign COEF[38] = 8'b11111110;
assign COEF[39] = 8'b00000000;
assign COEF[40] = 8'b00000010;
assign COEF[41] = 8'b00000001;
assign COEF[42] = 8'b11111111;
assign COEF[43] = 8'b11111111;
assign COEF[44] = 8'b00000001;
assign COEF[45] = 8'b00000010;
assign COEF[46] = 8'b00000010;
assign COEF[47] = 8'b00000000;
assign COEF[48] = 8'b00000000;
assign COEF[49] = 8'b00000000;
assign COEF[50] = 8'b00000000;
```

```verilog
/* output register */
reg signed[W+M+6-1:0]DoutReg,DoutNext;
reg DoutValidReg;
wire DoutValidNext;
reg signed[M-1:0]DataReg[N:0];
/* */
reg signed[W+M:0]MulReg[N:0];
/* shift register */
always@(posedge iClk, posedge iRst)begin
    if(iRst) begin:block3
        integer j;
        for(j=0;j<=N;j=j+1) begin
            DataReg[j] <= 0;
        end
    end
    else if(iEn)begin:block4
        integer j;
        DataReg[0] <= iDin;
        for(j=0;j<=N-1;j=j+1) begin
            DataReg[j+1] <= DataReg[j];
        end
    end
end
/* */
always@(posedge iClk, posedge iRst) begin
    if(iRst) begin
        DoutValidReg <= 0;
    end
    else begin
        DoutValidReg <= DoutValidNext;
    end
end
/* */
assign DoutValidNext = iEn;
/* register for product of COEF and datain */
always@(posedge iClk, posedge iRst) begin
    if(iRst) begin:blockA
        integer j;
        for(j=0;j<=N;j=j+1) begin
            MulReg[j] <= 0;
        end
    end
    else begin:blockB
        integer j;
        for(j=0;j<=N;j=j+1) begin
            MulReg[j] <= DataReg[j]*COEF[j];
        end
    end
end
```

```
    /* */
    always@(posedge iClk, posedge iRst) begin:BlockC
        if(iRst) begin
            DoutReg <= 0;
        end
        else begin
            DoutReg <= DoutNext;
        end
    end
    /* accumulator: */
    always@(*) begin:BlockD
        integer j;
        DoutNext = 0;
        for(j=0;j<=N;j=j+1) begin
            DoutNext = DoutNext + MulReg[j];
        end
    end
    assign oDout       = DoutReg;
    assign oDoutValid= DoutValidReg
endmodule
/* Testbench */
module tb1_fir();
    reg clk, rst;
    reg iEn;
    wire oDoutValid;
    wire signed [25:0]dout;
    reg signed [11:0]din;
    reg signed[11:0]memreg[4096-1:0];
    integer j;
    integer fid;

    fir u0(.iClk(clk),.iRst(rst),.iDin(din),.oDout(dout),.iEn(iEn),.oDoutValid(oDoutValid));

    always #10 clk = ~clk;
    initial begin
        fid = fopen("fir_dout.txt");
    end
    /* Generate Stimulus */
    initial begin
        iEn = 1'b0;
        #15
        iEn = 1'b1;
    end
    always@(j) begin
        fdisplay(fid,"%d", dout);
    end
    initial begin:block2
        readmemb("fir_signals.txt",memreg,0,4095);
        clk = 1'b0;
```

```
        rst = 1'b1;
        25
        rst = 1'b0;
    end
    always@(posedge clk, posedge clk) begin
        if(rst) begin:block1
            din <= 0;
            j    <= 0;
        end
        else begin
            din <= memreg[j];
            j    <= j + 1'b1;
        end
    end
endmodule
```

13.6   思　考　题

1．总结不同结构的 FIR 滤波器特点，讨论采用不同结构 FIR 滤波器对逻辑资源消耗和延迟指标的影响。

2．总结基于 MATLAB 和 Verilog HDL 设计 FIR 滤波器的步骤及方法。

3．总结 FIR 滤波器抽头系数的量化方法以及在仿真软件中不同格式（位置）对仿真结果的影响。

13.7   实　践　练　习

设计定点数 FIR 滤波器。具体要求如下：

（1）说明滤波器抽头系数的量化方法及量化过程中具体的参数值，即说明抽头系数定点数格式。

（2）说明输入信号量化方法及量化过程中的具体参数值。

（3）采用 Verilog HDL 给出 FIR 滤波器的具体描述。

（4）编写 Testbench 模块，基于 ModelSim 软件给出仿真结果。

第14章 设计优化：面积和速度

硬件描述语言的代码风格虽然不能完全决定电路的最终结构，但在一定程度上决定了电路的整体框架。设计输入对电路面积和速度的影响巨大，除了最基本的能够正确描述设计，还要考虑代码的清晰、简洁、可移植性及综合效率等问题。

14.1 操作符共享

如果希望使用更少的逻辑资源，一个可行的办法是确定设计中是否存在不同操作共享的逻辑资源（加法器、乘法器等）。但资源共享通常导致某些设计性能下降，设计人员必须对此做出平衡。

Listing14.1 给出一种加法电路。

Listing14.1　加法电路

```
always@(*) begin
    if (boolean_exp)
        r = a + b;
    else
        r = a + c;
    end
```

图 14.1（a）所示电路使用两个加法器和一个数据选择器，考虑到同一时刻只执行一个加法操作，修改上述设计，采用一个加法器，参考 Listing14.2。

Listing14.2　操作符共享电路

```
reg tmp;
always@(*) begin
    if (boolean_exp)
        tmp = b;
    else
        tmp = c;
end
assign r = a + tmp;
```

实现结果如图 14.1（b）所示，相比图 14.1（a），图 14.1（b）给出的实现方式节省了一个加法器。

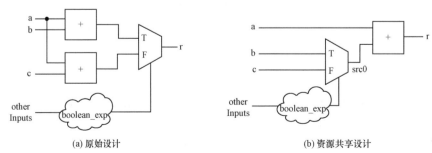

(a) 原始设计　　　　　　　　　　　(b) 资源共享设计

图 14.1　操作符共享

假设加法器、数据选择器和 boolean_exp 电路的传播延迟分别为 T_{adder}、T_{mux} 和 $T_{boolean\_exp}$。图 14.1（a）所示的实现方式，boolean_exp 电路和加法器操作并行执行，整个电路的传播延迟为 $\max(T_{adder}, T_{boolean\_exp}, T_{mux})$。图 14.1（b）所示的实现方式，整个电路的传播延迟为 $T_{adder} + T_{boolean\_exp} + T_{mux}$。虽然节省了一个加法器，付出的代价却是传播延迟有所增加。如果 boolean_exp 电路的传播延迟较小，两种实现方式的传播延迟比较接近。

考虑 Listing14.3 所示的 Verilog HDL 描述，电路实现如图 14.2（a）所示。

Listing14.3　设计示例的 Verilog HDL 描述

```
always@(*) begin
    if (boolean_exp_1)
        r = a + b;
    else if (boolean_exp_2)
        r = a + c;
    else
        r = d + 1;
end
```

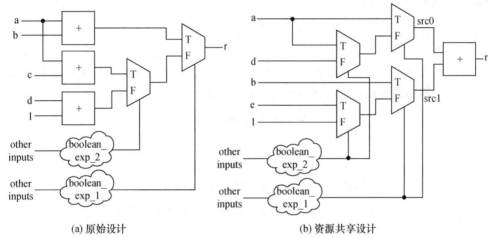

(a) 原始设计　　　　　　　　(b) 资源共享设计

图 14.2　操作符共享设计示例

图 14.2（a）使用两个加法器、一个加 1 电路和两个数据选择器。同一时刻 if 语句的多个分支只能有一个执行，因此考虑共享加法器和加 1 电路。假设信号为 8 位，改进代码如 Listing14.4。

Listing14.4　设计示例的资源共享方案

```
reg [7:0]src0,
always@(*) begin
    if (boolean_exp_1) begin
        src0 = a;
        src1 = b;
    end
    else if (boolean_exp_2) begin
        src0 = a;
        src1 = c;
    end
    else begin
        src0 = d;
        scr1 = 8'b00000001;
    end
```

```
end
assign r = src0 + src1;
```

电路实现如图 14.2（b）所示。使用两个数据选择器将期望的加数送到加法器的输入端，实现中多使用了两个数据选择器，节省了一个加法器和一个加 1 电路。通常情况下，与加法器相比，数据选择器的电路面积要小。通过共享加法器，可减小电路面积。

电路传播延迟依赖于电路 boolean_exp_1 和 boolean_exp_2 及数据选择器的传播延迟。图 14.2（a）中两个加法器、一个加 1 电路和两个数据选择器并行执行，图 14.2（b）中条件判断电路和加 1 电路级联，因此，图 14.2（a）实现的传播延迟要小于图 14.2（b）实现的传播延迟。

14.2　电路结构与速度

与速度相关的电路参数有吞吐率、延迟和最高工作频率（或关键路径延迟），本节主要讨论不同电路结构对吞吐率、延迟和最高工作频率的影响。

14.2.1　高吞吐率设计

高吞吐率设计以稳态条件下系统处理数据的速度为目标，对具体某一数据的处理时间并不是很关注。流水线设计是提高系统吞吐率的重要手段。本节通过一个例子，讨论如何实现流水线设计及流水线设计对系统吞吐率的影响。Listing14.5 给出 x 的 3 次幂的软件实现过程，这是一个迭代过程，相同的变量和地址重复使用，直至完成计算过程。

Listing14.5　乘幂运算

```
XPower = 1;
for(i=0; i<3; i++)
    XPower = X * XPower;
```

Listing14.5 对应迭代结构的硬件电路，实现如 Listing14.6 所示。

Listing14.6　乘幂运算的 Verilog HDL 描述:迭代结构

```
module power3iteration(
    input wire clk, start,
    input wire [7:0] x,
    output reg [7:0] x_power,
    output wire finished
);
    reg [7:0] count;
    assign finished = (ncount == 0);
    always@(posedge clk)
        if(start) begin
            x_power <= x
            ncount <= 2;
        end
        else if(!finished) begin
            ncount <= ncount - 1;
            x_power <= x_power * x
        end
endmodule
```

在 Listing14.6 中，寄存器和乘法器反复使用，直至完成整个计算过程。在迭代结构的电路中，当前计算完成之前，无法开始下一次计算过程，实现过程与软件实现非常相似。迭代结构电路一般需要附加握手信号。Listing14.6 使用 start 和 finished 两个握手信号，指示计算过程的开始和结束。外部电路通过检测两个握手信号的状态，决定是否向模块传递新数据和读取计算结果。电路的主要性能指标为：数据吞吐率，$\frac{8}{3}$ 位/时钟周期；延迟，3 个时钟周期；关键路径延迟，1 个乘法器延迟时间。

流水线结构的乘幂运算电路的 Verilog HDL 描述参考 Listing14.7。

Listing14.7　乘幂运算的 Verilog HDL 描述:流水线结构

```
module power3pipeline(
    input wire clk,
    input wire [7:0] x,
    output reg[7:0] x_power
);
    reg   [7:0] x_power1, x_power2;
    reg   [7:0] x1, x2;
    always@(posedge clk) begin
        // Pipeline stage 1
        x1 <= x
        x_power1 <= x
        // Pipeline stage 2
        x2 <= x1;
        x_power2 <= x_power1 * x1;
        // Pipeline stage 3
        x_power <= x_power2 * x2;
    end
endmodule
```

在 Listing14.7 中，每一级流水线独立完成一次乘法操作，x 值必须在流水线的每一级传递。当第一级流水线使用 x 进行乘法操作后，新 x 被加入流水线的第一级，如图 14.3 所示。流水线结构同时处理处于不同计算阶段的多个计算过程。在 Listing14.7 中，前一次 x 的第二个乘法操作和下一次新输入 x 的第一个乘法操作同时执行。电路的主要性能指标为：数据吞吐率，8 位/时钟周期；延迟，3 个时钟周期；关键路径延迟，1 个乘法器延迟时间。与 Listing14.6 迭代结构相比，吞吐率提高了 3 倍。一般而言，如果算法需要 n 次迭代实现，通过流水线设计可提高吞吐率 n 倍。流水线设计延迟等于 3 个时钟周期，关键路径延迟为 1 个乘法器延迟，并没有增加。但是，流水线设计消耗更多的逻辑资源（增加面积）。迭代结构需要一个寄存器和一个乘法器（附加控制逻辑），而流水线设计中，每一级流水线都需要两个寄存器和一个乘法器。

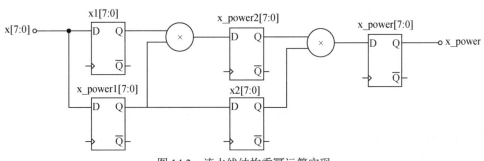

图 14.3　流水线结构乘幂运算实现

14.2.2 低延迟设计

低延迟设计通过减少中间处理过程的延迟，尽可能快速处理输入数据并产生输出，提高设计的并行性，去除设计中的流水线寄存器。再次考虑计算 x 的 3 次幂的例子，迭代结构实现方式中，因为必须每次使用寄存器保存乘法操作结果，无法再降低延迟。但是，流水线结构实现方式中，由于每一级流水线乘法操作的结果直到下一个时钟有效沿才传递给下一级，去除流水线寄存器，可以降低输入到输出的延迟。

Listing14.8 去除了流水线寄存器，组合逻辑执行单元直接级联，如图 14.4 所示。电路的设计性能指标：吞吐率，8 位/时钟周期（假设每个时钟周期加入输入）；延迟，1 个时钟周期；关键路径延迟，2 个乘法器延迟时间。去除流水线寄存器，延迟降低为 1 个时钟周期，但带来的问题也很明显：电路的最小时钟周期明显提高，因为关键路径延迟至少为 2 个乘法器级联的延迟。

Listing14.8　乘幂运算的 Verilog HDL 描述:低延迟结构

```verilog
module power3low(
    input wire [7:0] x,
    output wire [7:0] x_power
);
    reg [7:0] x_power1, x_power2;
    reg [7:0] x1, x2;


    assign x_power = x_power2 * x2;
    always@(*) begin
        x1 = x;
        x_power1 = x;
    end
    always@(*) begin
        x2 = x1;
        x_power2 = x_power1* x1;
    end
endmodule
```

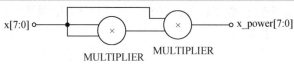

图 14.4　乘幂运算电路（低延迟结构）

14.2.3 高速设计

电路的最小时钟周期取决于关键路径延迟。相比上面讨论的电路结构对吞吐率、延迟等参数的影响，更低抽象层次设计（物理设计）对时钟速度的影响更大。例如，在不确定物理实现细节之前，无法确定流水线设计是否比迭代结构更快。但是这里必须强调，电路结构确实影响电路的最小时钟周期。

1．加入寄存器

第一种改进时序性能的方法是在关键路径加入寄存器，这种方法主要应用在增加若干时钟周期延迟并不违反设计要求的流水线设计中，而且要求增加寄存器不影响设计的整体功能。Listing14.9 给出 FIR 滤波器一种实现方式。

Listing14.9　FIR 滤波器的 Verilog HDL 描述

```verilog
module fir(
    input wire clk,
    input wire [7:0]coe_a, coe_b, coe_c, x,
    input wire validsample,
    output reg [7:0] y
);
    reg[7:0] x1, x2;
    always@(posedge clk)
        if(validsample) begin
            x1 <= x;
            x2 <= x1;
            y <= coe_a*x + coe_b* x1 + coe_c* x2;
        end
endmodule
```

所有的乘、加操作在同一时钟周期执行，电路结构如图 14.5 所示。如果乘法器和加法器级联的关键路径无法满足时序要求（最小时钟周期大于设计约束），而且并不要求延迟必须为 1 个时钟周期，在乘法器后加入寄存器，加大设计的流水线级数，可以提高电路的时序性能。注意：必须为每条路径同时加入寄存器。

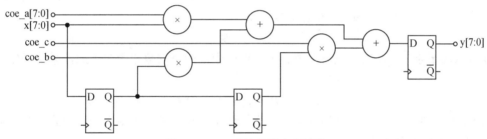

图 14.5　FIR 滤波器的电路结构

Listing14.10 打断加法器和乘法器的级联结构，加入寄存器，电路结构如图 14.6 所示。如果上述实现仍不能满足时序要求，可以打断乘法器（流水线执行单元）加入寄存器层，进一步增加流水线级数。打断加法器加入寄存器也是允许的，但是加入寄存器数是有限制的。

Listing14.10　FIR 滤波器的 Verilog HDL 描述：加入寄存器

```verilog
module fir_pipe(
    input wire clk,
    input wire validsample,
    input wire [7:0] coe_a, coe_b, coe_c, x,
    output reg [7:0] y
);
    reg [7:0] x1, x2;
    reg [7:0] prod1, prod2, prod3;
    always@(posedge clk) begin
        if(validsample) begin
            x1 <= x;
            x2 <= x1;
            prod1 <= coe_a * x;
            prod2 <= coe_b * x1;
            prod3 <= coe_c * x2;
```

```
            end
          y <= prod1 + prod2 + prod3;
       end
endmodule
```

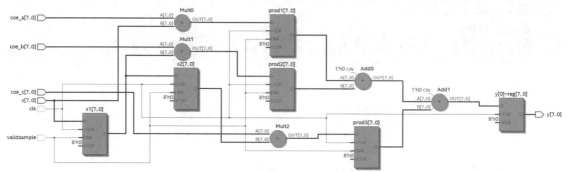

图 14.6　FIR 滤波器的电路结构（加入寄存器）

2．并行电路结构

　　改进时序性能的第二个策略：提高关键路径的并行性，这种方法适合于关键路径可以由级联改为并行的情形。考虑前面介绍的 x 的 3 次幂运算电路，如果流水线结构电路不满足时序要求，可考虑采用并行结构电路实现。为了实现并行结构，将乘法器划分为若干独立操作。例如，8 位二进制数可以分为半字节 A、B 的拼接，即

$$X = \{A, B\}$$

其中 A 表示高半字节，B 表示低半字节。上面例子中，两个乘数相等，因此，乘法操作可以表示为

$$X \times X = \{A,B\} * \{A,B\} = \{\{A*A\}, \{2*A*B\}, \{B*B\}\}$$

　　因此，8 位乘法操作转换为多个 4 位乘法，将 4 位乘法结果重新组合可得到最终结果。设计的 Verilog HDL 描述参考 Listing14.11。

Listing14.11　乘幂计算的 Verilog HDL 描述:并行结构

```
module power3parallel(
    input wire clk,
    input wire [7:0] x,
    output wire [7:0] x_power
);
    reg [7:0] x_power1;
    // partial product registers
    reg [3:0] x_power2_ppAA, x_power2_ppAB, x_power2_ppBB;
    reg [3:0] x_power3_ppAA, x_power3_ppAB, x_power3_ppBB;
    reg [7:0] x1, x2;
    wire [7:0] x_power2;
    // nibbles for partial products (A is MS nibble, B is LS nibble)
    wire [3:0] x_power1_A = x_power1[7:4];
    wire [3:0] x_power1_B = x_power1[3:0];
    wire [3:0] x1_A = x1[7:4];
    wire [3:0] x1_B = x1[3:0];
    wire [3:0] x_power2_A = x_power2[7:4];
    wire [3:0] x_power2_B = x_power2[3:0];
    wire [3:0] x2_A = x2[7:4];
```

```
    wire [3:0] x2_B = x2[3:0];
    // assemble partial products
    assign x_power2 = (x_power2_ppAA << 8) + (2*x_power2_ppAB << 4)+ x_power2_ppBB;
    assign x_power = (x_power3_ppAA << 8)  + (2*x_power3_ppAB << 4)+ x_power3_ppBB;
    //
    always@(posedge clk) begin
        // Pipeline stage 1
        x1 <= x;
        x_power1 <= x;
        // Pipeline stage 2
        x2 <= x1;
        // create partial products
        x_power2_ppAA <= x_power1_A * x1_A;
        x_power2_ppAB <= x_power1_A * x1_B;
        x_power2_ppBB <= x_power1_B * x1_B;
        // Pipeline stage 3
        // create partial products
        x_power3_ppAA <= x_power2_A * x2_A;
        x_power3_ppAB <= x_power2_A * x2_B;
        x_power3_ppBB <= x_power2_B * x2_B;
    end
endmodule
```

Listing14.11 描述的电路实现如图 14.7 所示。8 位乘法器被划分为并行执行的 4 位乘法器，关键路径延迟变为 4 位乘法器延迟，与原设计相比，时序性能显著提高。注意：本设计并未考虑溢出问题，但并不影响问题的讨论。

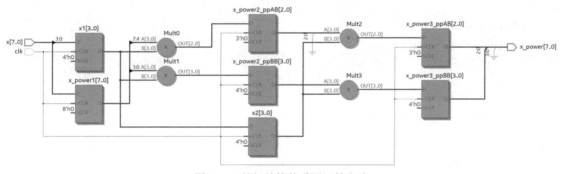

图 14.7   并行结构的乘幂运算电路

3．并列逻辑结构

提高时序性能的第三个策略：并列结构逻辑电路。在不影响电路设计要求的前提下，尽量避免使用具有优先级级联结构的路由网络，取而代之为并列结构逻辑电路。Listing14.12 给出一种带有优先级结构的路由网络实现的寄存器写入电路的 Verilog HDL 描述。

Listing14.12   带有优先级级联结构的路由网络实现寄存器写入电路的 Verilog HDL 描述

```
module regwriteprior(
    input wire clk, in,
    input wire [3:0] ctrl
    output reg [3:0] rout
);
    always@(posedge clk)
```

```
        if (ctrl[0])
            rout[0] <= in;
        else if(ctrl[1])
            rout[1] <= in;
        else if( ctrl[2])
            rout[2] <= in;
        else if(ctrl[3])
            rout[3] <= in;
        else
            rout <= 4'b0000;
endmodule
```

如果设计者保证控制信号互斥，即 4 位控制信号 ctrl 同一时间只有 1 位为高电平（有效电平），可以采用并列逻辑结构电路。采用并列方式进行编码，更能体现出控制信号的本质。

4．平衡寄存器

提高时序性能的第四个策略：平衡寄存器（Balance Register），即重新平均分布寄存器间的组合逻辑，使寄存器之间的组合逻辑电路延迟最小。当关键路径延迟与其他路径延迟严重不平衡时，使用平衡寄存器技术可以改善电路的时序性能。电路速度由关键路径延迟决定，很小的改变有可能使关键路径平均分布。

Listing14.13 给出级联结构加法电路的 Verilog HDL 描述。

Listing14.13　级联结构加法电路的 Verilog HDL 描述

```
module adderseries(
    input wire clk,
    input wire [7:0] a_in, b_in, c_in,
    output reg [7:0] sum
);
    reg [7:0] reg_a, reg_b, reg_c;
    always@(posedge clk) begin
        reg_a <= a_in;
        reg_b <= b_in;
        reg_c <= c_in;
        sum <= reg_a + reg_b + reg_c;
    end
endmodule
```

第一级寄存器有 3 个，分别为 reg_a、reg_b、reg_c，第 2 级寄存器为 sum，两级寄存器之间是一个三输入加法器（或两个二输入乘法器级联）。输入和第一级寄存器之间不包含任何逻辑（假设其他模块输出到本模块经过寄存器），如图 14.8 所示。本设计的关键路径延迟为三输入加法器（或两个二输入加法器级联）的路径延迟，如果将一些逻辑电路转移到前一级，两级流水线逻辑电路会更平衡。改进电路的 Verilog HDL 描述参考 Listing14.14。

Listing14.14　寄存器平衡结构的加法电路的 Verilog HDL 描述

```
module adderregister(
    input wire clk,
    input wire [7:0] reg_a, reg_b, reg_c,
    output reg [7:0] sum
);
    reg [7:0] rab_sum , rc_buf;
    always@(posedge clk) begin
```

```
        rab_sum    <= reg_a + reg_b;
        rc_buf     <= reg_c;
        sum <= rab_sum + rc_buf;
    end
endmodule
```

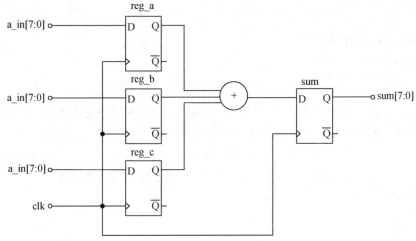

图 14.8   级联结构的加法电路

Listing14.14 将一个加法操作移至输入和第一级寄存器之间，关键路径延迟减少，具体实现方式如图 14.9 所示。

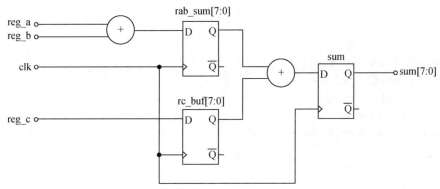

图 14.9   寄存器平衡结构的加法电路

14.3   电路结构与面积

逻辑资源共享是减小电路面积的主要手段。如果要求电路面积最小，本质的方法是提高逻辑资源的复用性。流水线设计将数据计算或处理过程分布在不同阶段，数据计算或处理过程本质上是并行的。如果各级执行的数据计算或处理操作类似，将流水线设计中空间上级联的各级计算或处理操作转化为时间上连续的操作，可实现逻辑资源共享。

14.3.1   定点数乘法器

下面考虑定点数乘法器的设计。输入信号 a_in 表示整数，小数点位于最低有效位（LSB）右侧，输入 b_in 的小数点位于最高有效位（MSB）左侧。具体实现参考 Listing14.15。

Listing14.15　定点数乘法器的 Verilog HDL 描述

```
module mult8(
    input wire clk,
    input wire [7:0] a_in, b_in,
    output wire [7:0]product
);
    reg[15:0] prod16;
    assign product = prod16[15:8];
    always@(posedge clk)
        prod16 <=a_in * b_in;
endmodule
```

　　在 Listing14.15 中，每个时钟周期都计算一个乘积，设计中的流水线似乎并不明显。乘法器本身具有相对较差的延迟路径，通过加入寄存器容易实现流水线设计。Listing14.16 给出的设计对流水线乘法器进行处理，将多级流水线设计修改为只有一级操作，实现逻辑资源的共享。

Listing14.16　定点数乘法器的 Verilog HDL 描述（减少流水线）

```
module mult8pipeline(
    input wire clk,
    input wire start,
    input wire [7:0] a_in, b_in,
    output wire done,
    output reg [7:0] product
);
    reg [4:0] multcounter; // counter for number of shift/add ops
    reg [7:0] shiftB; // shift register for B
    reg [7:0] shiftA; // shift register for A
    wire     adden; // enable addition
    assign   adden = shiftB[7] & !done;
    assign   done = multcounter[3];
    always@(posedge clk) begin
        // increment multiply counter for shift/add ops
        if(start)
            multcounter <= 0;
        else if(!done)
            multcounter <= multcounter + 1;
        // shift register for B
        if (start)
            shiftB <= b_in;
        else
            shiftB[7:0] <= {shiftB[6:0], 1'b0};
        // shift register for A
        if(start)
            shiftA <= a_in;
        else
            shiftA[7:0] <= {shiftA[7], shiftA[7:1]};
        // calculate multiplication
        if(start)
            product <= 0;
        else if(adden)
```

```
            product <= product + shiftA;
        end
endmodule
```

Listing14.16 给出的乘法器使用移位和加法操作，是一种非常紧凑的乘法器实现方式，如图 14.10 所示。根据 b_in 各位值的不同，经过移位 a_in 值进行累加，但同时带来一定的负面影响，需要 8 个时钟周期完成乘法操作。注意：本例与 8.3 节介绍的乘法器设计思想一致，但在具体实现和编码方式上有很大不同，请读者细心体会。对于上述乘法操作，不需要增加额外的控制信号来控制移位和加法操作的执行，只需要一个计数器，指示结束移位和加法操作。通常情况下，为了实现流水线设计，需要增加控制电路，以协调逻辑资源的使用。

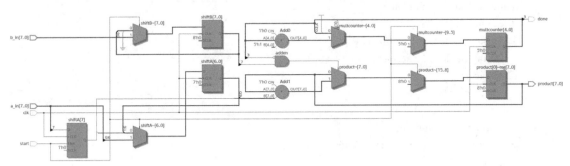

图 14.10　定点数乘法器

14.3.2　流水线结构 FIR 滤波器

考虑如下一个低通滤波器设计

$$Y=coeffA \times X[0]+coeffB \times X[1]+coeffC \times X[2]$$

Listing14.17 使用一个乘法器和累加器实现 FIR 滤波器，为了实现多个乘法操作，需要有限状态机控制乘法的操作过程。有限状态机控制系数和样本并送给乘法器，执行乘法操作：$coeffA \times X[0]$，$coeffB \times X[1]$，$coeffC \times X[2]$。

Listing14.17　流水线结构 FIR 滤波器的 Verilog HDL 描述

```
module lowpassfir(
    input wire clk,
    input wire [7:0] datain, // X[0]
    input wire datavalid, // X[0] is valid
    input wire [7:0] coeffA, coeffB, coeffC,
    output reg done,
    output reg [7:0] filtout
);
    localparam [1:0]   S0 = 2'b00,
                       S1 = 2'b01,
                       S2 = 2'b10,
                       S3 = 2'b10;
    // Define input/output samples
    reg [7:0] X0, X1, X2;
    reg multdonedelay;
    reg multstart; // signal to multiplier to begin computation
    reg [7:0] multdat;
    reg [7:0] multcoeff; // the registers that are multiplied together
    reg [2:0] state; // holds state for sequencing through mults
```

```verilog
reg [7:0] accum; // accumulates multiplier products
reg clearaccum; // sets accum to zero
reg [7:0] accumsum;
wire multdone; // multiplier has completed
wire [7:0] multout; // multiplier product
// shift--add multiplier
mult88 mult88(.clk(clk), .dat1(multdat),
              .dat2(multcoeff), .start(multstart),
              .done(multdone), .multout(multout));
always@(posedge clk) begin
    multdonedelay <= multdone;
    // accumulates sample--coeff product
    accumsum <= accum + multout[7:0];
    // clearing and loading accumulator
    if(clearaccum)
        accum <= 0;
    else if(multdonedelay)
        accum <= accumsum;
    // do not process state machine if multiply is not done
    case(state)
        S0: begin
        // idle state
            if(datavalid) begin
                // if a new sample has arrived
                // shift samples
                X0 <= datain;
                X1 <= X0;
                X2 <= X1;
                multdat <= datain; // load mult
                multcoeff <= coeffA;
                multstart <= 1;
                clearaccum <= 1; // clear accum
                state <= S1;
            end
            else begin
                multstart <= 0;
                clearaccum <= 0;
                done <= 0;
            end
        end
        S1: begin
            if(multdonedelay) begin
                // A*X[0] is done, load B*X[1]
                multdat <= X1;
                multcoeff <= coeffB;
                multstart <= 1;
                state <= S2;
            end
            else begin
```

```verilog
                                    multstart <= 0;
                                    clearaccum <= 0;
                                    done <= 0;
                            end
                    end
                S2: begin
                    if(multdonedelay) begin
                            // B*X[1] is done, load C*X[2]
                            multdat <= X2;
                            multcoeff <= coeffC;
                            multstart <= 1;
                            state <= S3;
                    end
                    else begin
                            multstart <= 0;
                            clearaccum <= 0;
                            done <= 0;
                    end
                end
                S3: begin
                    if(multdonedelay) begin
                            // C*X[2] is done, load output
                            filtout <= accumsum;
                            done <= 1;
                            state <= S0;
                    end
                    else begin
                            multstart <= 0;
                            clearaccum <= 0;
                            done <= 0;
                    end
                end
                default:
                    state <= S0;
        endcase
    end
endmodule
module mult88 (
    input clk,
    input[7:0] dat1,
    input[7:0] dat2,
    input start,
    output done,
    output multout
);
// Body
endmodule
```

14.4 思 考 题

1. 试述流水线设计如何影响吞吐率。
2. 试述电路结构与电路面积之间的关系。
3. 试述电路结构与电路速度之间的关系。
4. 总结 Verilog HDL 编码方式与电路结构和面积的关系。
5. 总结 Listing14.17 和 Listing13.4 的 Verilog HDL 代码风格特点，总结代码风格对电路结构的影响。

14.5 实 践 练 习

1. Listing8.3 给出 4 级流水线设计，设计 2 级流水线乘法器。
（1）给出 2 级流水线乘法器的电路结构。
（2）编写 2 级流水线乘法器的 Verilog HDL 代码。
（3）编写 Testbench 模块，给出仿真结果。
（4）设计实验方案，在 DE2-115 开发板上验证电路的正确性。
2. 考虑 Listing14.17 的 FIR 滤波器设计。
（1）编写 Testbench 模块，给出仿真结果。
（2）采用如下方式改进上述设计：
① 考虑参数化设计，数据位宽用参数 N 表示；
② 考虑滤波器抽头系数通过输入总线初始化；
③ 考虑滤波器阶数用参数 M 表示。
（3）基于 IP 核设计 FIR 滤波器。
3. 考虑乘幂运算电路 Listing14.7。
（1）编写 Testbench 模块，给出仿真结果。
（2）基于 DE2-115 开发板验证电路的正确性。

参 考 文 献

[1] 王建民，田晓华，江晓林. Verilog HDL 数字系统设计[M]. 哈尔滨：哈尔滨工业大学出版社，2017.

[2] 王建民. Verilog HDL 数字系统设计原理与实践[M]. 北京：机械工业出版社，2018.

[3] JOHN W. Digital design principles and prairies[M].4ed. Pearson Education, 2007.

[4] SAMIR P.Verilog HDL 数字设计与综合[M]. 夏宇闻，胡燕祥，刁岚松译.2 版.北京：电子工业出版社，2004.

[5] RAJEEV M. Verilog HDL reference guide[M]. Automata Publishing Company, CA, 1993.

[6] 夏宇闻. Verilog HDL 数字系统教程[M]. 北京：北京航空航天大学出版社，2008.

[7] PONG P C. FPGA prototyping by Verilog examples[M]. Wiley & Sons，2008.

[8] JUSTIN D，ROBERT R. Finite state machine datapath design, optimization, and implementation[M]. Morgan & Claypool，2008.

[9] 康华光，邹寿彬.电子技术基础数字部分[M].5 版. 北京：高等教育出版社，2005.

[10] 阎石. 数字电子技术基础[M]. 5 版. 北京：高等教育出版社，2005.

[11] PONG P C. RTL hardware design using VHDL[M]. Wiley & Sons，2006.

[12] MICHAEL D C. Advanced digital design with the Verilog HDL[M]. Prentice Hall，2004.

[13] ROBERT B R，MITCHELL A T. Introduction to logic synthesis using Verilog HDL[M]. Morgan & Claypool，2006.

[14] DONALD E T，PHILIP R M. The Verilog hardware description language[M].5ed.Kluwer Academic Publishers，2002.

[15] JAMES O H, TYSON S H, MICHAEL D F. Rapid prototyping of digital systems（SOPC Edition）[M]. Springer, 2007.

[16] CLIFFORD E C. Synthesis and scripting techniques for designing multi-asynchronous clock designs[C]. SNUG-2001, 2001.

[17] STEPHEN B，ZVONKO V. Fundamentals of digital logic with VHDL design[M].3ed. McGraw Hill，2009.

[18] CLIFFORD E C. Simulation and synthesis techniques for asynchronous FIFO design[C].SNUG-2002, 2002.

[19] CLIFFORD E C，Peter A. Simulation and synthesis techniques for asynchronous FIFO design with asynchronous pointer comparision. SNUG-2002, 2002.

反侵权盗版声明

　　电子工业出版社依法对本作品享有专有出版权。任何未经权利人书面许可，复制、销售或通过信息网络传播本作品的行为；歪曲、篡改、剽窃本作品的行为，均违反《中华人民共和国著作权法》，其行为人应承担相应的民事责任和行政责任，构成犯罪的，将被依法追究刑事责任。

　　为了维护市场秩序，保护权利人的合法权益，我社将依法查处和打击侵权盗版的单位和个人。欢迎社会各界人士积极举报侵权盗版行为，本社将奖励举报有功人员，并保证举报人的信息不被泄露。

举报电话：（010）88254396；（010）88258888

传　　真：（010）88254397

E-mail：　dbqq@phei.com.cn

通信地址：北京市万寿路 173 信箱
　　　　　电子工业出版社总编办公室

邮　　编：100036